AF565126

US-KAMPFPANZER

BIS 1945

Alexander Lüdeke

Einbandgestaltung: Sven Rauert

Bildnachweis: Sofern nicht anders vermerkt, stammen die Bilder aus dem Nationalarchiv der USA (NARA).

ISBN 978-3-613-04557-6

1. Auflage 2023

Sie finden uns im Internet unter www.motorbuch-verlag.de

Lektorat: Martin Benz
Innengestaltung: WS – WerbeService Linke, 76185 Karlsruhe
Druck und Bindung: Conzella, 85609 Aschheim-Dornach
Printed in Germany

Inhalt

Vorwort

Thema des Buches sind die Kampfpanzer der USA im Zeitraum von 1915 bis zum Ende des Zweiten Weltkriegs im September 1945. Will man die betreffenden Modelle nicht nur oberflächlich behandeln, macht es der begrenzte Umfang dieses Werks leider möglich, andere Fahrzeuge wie z.B. Jagdpanzer, Selbstfahrlafetten und Bergepanzer zu berücksichtigen. Die Prototypen der zu Kriegsende in Auftrag gegebenen schweren Typen, z.B. T28, T29, T30 oder T34 wurden erst nach September 1945 fertiggestellt und fallen daher außerhalb des Rahmens dieses Buches.

Wie immer waren mir zahlreiche Personen und Institutionen bei der Erstellung dieses Buches behilflich. Ihnen allen schulde ich Dank. Hier seien besonders das Digital History Archive und das Nationalarchiv (NARA) der USA, sowie Vincent Bourguignon und Oliver Missing erwähnt. Nicht zu vergessen sind auch meine Frau Martina sowie unsere Kinder Thore und Ida.

Einleitung

Obgleich in den USA entwickelte zivile Kettenschlepper zu Anfang des Jahrhunderts weltweit eine führende Rolle einnahmen, besaßen die USA, als sie im April 1917 auf Seiten der Entente in den Krieg eintraten, keine Kampfpanzer. Zwar waren seit der Jahrhundertwende in den USA gepanzerte Radfahrzeuge entworfen, gebaut und auch bei Strafexpeditionen gegen Mexiko im Kampf eingesetzt worden, jedoch keine Kettenfahrzeug. Die Panzer der U.S.Army waren daher zunächst französische leichte Tanks des Typs Renault FT und britische Mk IV. Obwohl die US-Industrie eigene Entwürfe vorlegte, fehlte ihr noch die Erfahrung, um wirkungsvolle Panzer zu konstruieren. Zudem war geplant, das U.S. Tank Corps rasch mit Tausenden von Kampffahrzeugen auszurüsten, weshalb sich die Vereinigten Staaten entschlossen, den Renault FT leicht verändert als M1917 in Lizenz zu produzieren, vor Ende des Krieges konnten jedoch nur 64 Exemplare fertiggestellt werden, insgesamt wurden schließlich 950 Panzer dieses Typs in den USA gebaut. Auch die Beschaffung des leichten Ford 3-ton (M1918) wurde erheblich reduziert, anstelle von 15.000 Stück endete die Produktion nach nur 15 Exemplaren und vom schweren Mk VIII entstanden 1919/20 nur 100 Stück.

Relativ rasch nach Ende der Ersten Weltkriegs wurde am 2. Juni 1920 per Gesetz (National Defense Act) das selbstständige Tank Corps aufgelöst und die vorhandenen Panzer der Infanterie zugeordnet. Der Kavallerie, damals noch eine eigene Waffengattung, war der Besitz und Betrieb von Panzern (»tanks«) aufgrund des National Defence Acts untersagt. Um dennoch solche Kampffahrzeuge einsetzten zu können, wurden die Panzer der US-Kavallerie bis 1940 kurzerhand als »combat car« bezeichnet.

Offiziell war die Rolle von Kampfpanzern in der US-Armee damit auf die Infanterieunterstützung beschränkt. Hinzu kam ein sehr knapper Verteidigungshaushalt, der die Möglichkeiten zur Entwicklung und Beschaffung von Panzern auf wenige Exemplare pro Jahr beschränkte. Die beiden Faktoren führten dazu, dass die US-Entwürfe jener Zeit zwar mechanisch solide, aber in keinster Weise wegweisend oder gar revolutionär waren. Das Zusammenspiel dieser Faktoren lähmte die Panzerentwicklung in den USA bis kurz vor Eintritt des Landes in den Zweiten Weltkrieg.

Erst der Krieg in Europa und die verblüffenden Siege der Wehrmacht in Polen und vor allem in Frankreich sorgten dafür, dass die Panzerentwicklung in den USA vorangetrieben wurde. Basierend auf den Entwürfen, die seit Mitte der 1930er Jah-

Der M1917 war mit 950 Exemplaren der meistgebaute und wichtigste US-Panzer in der Zeit nach dem Ersten Weltkrieg. Dieser M1917 wurde 1921 in Camp Meade, Maryland, USA, aufgenommen.

Ein M4A1 der U.S. Army im Jahre 1943 in Italien.

M4 Sherman der 9th Armored Division, Deutschland, 10. April 1945.

re erprobt worden waren, wurden nun neue und verbesserte Panzer in Auftrag gegeben. Dabei zahlte sich aus, dass die US-Armee Wert auf zuverlässige, robuste und einfache Konstruktionen gelegt hatte.

Der Bau großer Stückzahlen erforderte jedoch, dass die USA sich auf wenige, erprobte Konstruktionen verließen, um den Produktionsfluss nicht zu unterbrechen. So blieb der mittlere M4 von 1942 bis Kriegsende der Haupttyp der US-Panzerverbände – auch wenn spätestens Ende 1943 klar wurde, dass dieser Typ seinen Zenit überschritten hatte und neuen deutschen Typen wie Panther oder Tiger unterlegen war. Der M4 selbst nutzte eine Reihe von Komponenten (untere Wanne, Laufwerk, Antriebsstrang) des M3 der wiederum auf dem M2 beruhte. Diese pragmatische Verwendung bewährter und erprobter Komponenten minimierte das Entwicklungsrisiko und führte dazu, dass die Konstruktionsarbeiten rascher abgeschlossen und ein Typ früher in Dienst gehen konnte. Dennoch war der M4 bei seinem Erscheinen im Jahre 1942 ein erstklassiger Panzer, mit einer ausgewogenen Mischung aus Beweglichkeit, Panzerung und dank seiner 75-mm-BK auch im Bezug auf Feuerkraft, der seinen deutschen Kontrahenten PzKpfw III und IV in nichts nachstand. Die rasche Entwicklung im europäischen Panzerbau ließ den M4 in seiner ursprünglichen Form jedoch bald veralten.

Da das Pentagon bereits Anfang 1943 beschlossen hatte, dass der M4 bis Kriegsende der mittlere Standardkampfpanzer der U.S.Army bleiben sollte, musste die Kampffähigkeit erhöht werden. Ab Anfang 1944 erschien daher die zweite Sherman-Generation. Diese verfügte über einen neuen Turm mit einer langen 76-mm-BK und (zumindest bei den Modellen mit geschweißter Wanne) eine neu gestaltete Front. Wiesen die ersten M4 noch eine um rund 33° abgeschrägte und 50,8 mm starke Frontplatte auf, so war diese nun 63,5 mm stark, jedoch nur noch ca. 43° geneigt. Eine weitere, von außen nicht sichtbare Maßnahme, war die Einführung von Munitionsbehältern an Wannenboden, die von Flüssigkeit umgeben waren und so die Brandgefahr nach einem Treffer verringern sollten. Auffälligstes Merkmal der zweiten M4-Generation war jedoch sicher das HVSS-Laufwerk mit breiteren Ketten. In dieser Form war der M4 auch im Mai 1945 noch der US-Standardpanzer, zu jener Zeit überzeugte der Typ jedoch eher durch seine große Zahl und Zuverlässigkeit als seine Kampfkraft.

Obwohl die Entwicklung eines Nachfolgers bereits 1942 angestoßen worden war, führte erst die Konfrontation mit den deutschen Panzern Tiger und Panther zur Einführung des T26E3 bzw. M26 mit 90-mm-BK, der in Bezug auf Panzerung und Feuerkraft mit den deutschen Fahrzeugen gleich auf lag. Der M26 wurde jedoch erst kurz vor Kriegsende in den Einsatz geschickt und kaum im Gefecht eingesetzt.

Konnten die US-Panzer sich in Europa gegenüber ihren deutschen Kontrahenten nur dank ihrer großen Zahl sowie effektiver Artillerie- und Luftunterstützung durchsetzten, dominierten amerikanischen Panzer das Schlachtfeld in Asien und dem

M5A1 Stuarts durchqueren im Sommer 1944 das zerstörte Coutances (Normandie).

Eine Artillerieselbstfahrlafette M7 (links) und zwei mittlere Kampfpanzer des Typs M3 (Mitte) und M4 (rechts) warten auf ihren Eisenbahntransport. Die Verwandtschaft der drei Typen ist in dieser Aufnahme nicht zu leugnen. Voorheesville, Bundesstaat New York, 28. März 1943.

Die drei wichtigsten Kampfpanzer der US-Streitkräfte bei Kriegsende und den ersten Jahren nach dem Krieg: M24 (vorn), M4A3 (76) W HVSS (mitte) und M26 (hinten). Man beachte, dass alle drei Fahrzeuge mit Tiefwaatausrüstung versehen sind. Fort Hood, Texas, Oktober 1947.

Pazifik, da die Japaner ihnen nicht auch nur annähernd gleichwertiges entgegen setzten konnten.
Obwohl die Erfahrungen im Nordafrika Ende 1942/Anfang 1943 der US-Armee gezeigt hatten, dass leichte Panzer keinen hohen Kampfwert besaßen, setzten sie Fahrzeuge dieser Klasse bis Kriegsende zur Aufklärung und Flankensicherung ein. Mit dem M24 erschien sogar noch kurz vor Kriegsende ein neuer leichter Kampfpanzer.
Pragmatisch wie Amerikaner nun einmal sind, hatte die Army der Entwicklung schwerer Kampfpanzer zunächst wenig Beachtung geschenkt, da man der Ansicht war, dass die Probleme, die das hohe Gewicht der Fahrzeuge verursachte in keinem Verhältnis zu ihrem Kampfwert standen. So wurde nur 43 Stück des schweren Typs M6 gebaut, die zudem nie zum Kampfeinsatz kamen.
Die von den USA gebauten Kampfpanzer waren zwar nicht so kampfstark wie andere zeitgenössische Entwürfe, zeichneten sich jedoch durch hohe Zuverlässigkeit, Robustheit, Wartungsfreundlichkeit, leichte Bedienbarkeit und natürlich ihre große Zahl aus.

Bezeichnungssystem

Während der Projekt-, Konstruktions- und Erprobungsphase wurde einem Fahrzeug eine T-Bezeichnung zugeordnet (T für Test). So konnte ein Prototyp also die Bezeichnung T26 erhalten. Jede experimentelle Veränderung wurde durch das Suffix »E« angezeigt, aus dem T26 wurde so der T26E1. Die »1« steht dabei für die erste, die »3« beim T26E3 also für die dritte Modifikation gegenüber dem Grundmodell. Die T-Bezeichnung wurden in der Regel, aber nicht immer, chronologisch vergeben.
Wurden ein Fahrzeug offiziell von den Streitkräften übernommen und in Serie gebaut, erhielt es eine M-Bezeichnung, z.B. M2, M3 oder M4. (M steht dabei für »Model«, also Modell). Zunächst war es kaum üblich, dass die M-Bezeichnung in irgendeinem Zusammenhang zur T-Bezeichnung stand. Dies änderte sich jedoch gegen Ende des Krieges, so wurde aus dem T24 der leichte Panzer M24 und aus dem T26 der schwere Panzer M26.
Einige Panzer wurden zwar in Serie gebaut, verloren jedoch nie den offiziellen Erprobungsstatus. Als Beispiel mag hier der T23 oder der M4A3E2 dienen.
Es muss darauf hingewiesen werden, dass dieses System für alle Arten von militärischer Ausrüstung der US Army galt. So gab es eine Maschinenpistole M3, einen Flammenwerfer M3, ein Halbkettenfahrzeug M3, einen leichten Panzer M3 und einen mittleren Panzer M3. Es war daher üblich und notwendig, nicht nur die M-Bezeichnung, sondern die vollständige Bezeichnung (z.B Medium Tank M3 oder Light Tank M3) zu verwenden, um Verwechslungen zu vermeiden.
Wurden Panzer nach ihrer offiziellen Einführung bei der US-Armee modifiziert, so erhielten sie ein »A« sowie eine Zahl als Suffix, als Beispiel mag hier die M4-Serie dienen: M4, M4A1, M4A2, M4A3, M4A4, M4A5 und M4A6.
US-Panzer erhielten zunächst nur eine M-Bezeichnung, die populären Namen wie Stuart, Lee, Grant oder Sherman stammen von den britischen Streitkräften, die ihre amerikanischen Kampfzeuge nach US-Generälen benannte. Die GIs übernahmen diese Bezeichnungen und gegen Ende des 2. Weltkriegs wurde dies auch von der US-Armee getan. Der erste US-Panzer mit einem offiziellen von den amerikanischen Streitkräften verliehenen Namen war der im März 1945 eingeführte M26 Pershing (nach General John J. Pershing, Oberbefehlshaber der US-Streitkräfte in Frankreich im Ersten Weltkrieg).

Panzerproduktion in den USA während des Zweiten Weltkriegs

Während des Zweiten Weltkriegs stießen die Fabriken in den USA Waffen, Fahrzeuge und andere Rüstungsgüter in schier unglaublicher Zahl aus. Dabei besaßen die USA vor 1940 keine nennenswerte Rüstungsindustrie - von Handfeuerwaffen einmal abgesehen.

Nach Eintritt der Vereinigten Staaten in den Ersten Weltkrieg im April 1917 kamen die schweren Waffen der US-Streitkräfte zunächst vor allem aus Frankreich und Großbritannien. Auch die Panzer des 1918 geschaffenen U.S. Tank Corps stammten aus diesen Quellen. Der während des Ersten Weltkrieges begonnene Versuch in den USA die industrielle Basis für die Serienfertigung schwerer Waffen zu etablieren, scheiterte kurz nach Ende der Kampfhandlungen. Der hohe Preis, den der Krieg im Bezug auf Menschenleben und auch finanziell gefordert hatte, ließ die öffentliche Meinung – und auch die vieler Abgeordneter im Kongress - umschlagen. Rüstungsfirmen wurden von der Presse als »merchants of death« (Händler des Todes) gebrandmarkt, was dazu führte, dass sich große Industriefirmen aus diesem Bereich zurückzogen. Die während der 1920er und 30er Jahre dominierende isolationistische Einstellung der USA und ein sehr beschränktes Verteidigungsbudget bewirkte, dass in jener Zeit nur sehr wenige Kampfpanzer entwickelt und gebaut wurden. Diese wenigen Exemplare entstanden zumeist im regierungseigenen Rock Island Arsenal (RIA) in Illinois - praktisch in Handarbeit. Erst in der zweiten Hälfte der 1930er Jahre begann sich die Situation langsam zu verändern. Aufrüstung sowie wachsende Spannungen in Europa und der Spanische Bürgerkrieg sorgten dafür, dass wieder in größerer Zahl Kampfpanzer, in diesem Falle leicht M1 und M2, in Auftrag gegeben wurden. Beide Modelle wurden zunächst ebenfalls im Rock Island Arsenal produziert. Während der Produktion des M1 (147 Panzer) und der frühen Ausführungen des M2 (328 Stück) wurde jedoch deutlich, dass das RIA an die Grenzen seiner Kapazitäten gekommen war. Für größere Stückzahlen schienen Hersteller von Schienenfahrzeugen die naheliegende Wahl zu sein, da diese über Erfahrung mit großem und schwerem Gerät verfügten. Der Vertrag für die Version A4 des leichten M2 wurde 1940 daher an American Car & Foundry vergeben, wo bis Anfang 1941 329 Exemplare gebaut wurden. Weitere 26 Panzer entstanden im Februar und März 1941 bei Baldwin Locomotive Works.

Hersteller von Schienenfahrzeugen blieben bis Kriegsende eine wichtige Säule der Panzerproduktion in den USA. Der weitaus größte Beitrag kam jedoch von einem anderen Industriezweig – die US-Autobauer.

Spätestens Ende Mai 1940, als deutsche Truppen Frankreich überrollten und die Reste des britischen Expeditionskorps versuchten, zurück nach England zu kommen, wurde der US-Regierung deutlich, dass eine Konfrontation zukünftig unausweichlich sein würde. Daher sollte auch die US-Wirtschaft auf diesen Fall vorbereitet und die Rüstungsproduktion erheblich gesteigert werden. Am 28. Mai 1940 rief US-Präsident Franklin D. Roosevelt den Präsidenten von General Motors William S. Knudsen, an und bat ihn, der US-Regierung bei der Ko-

Das Detroit Tank Arsenal in den 1940er Jahren.

Last week the U. S. could count one battle as virtually won — the battle of tank production. Said Donald Nelson in his report to the nation: "During the first six months of this year we built many more tanks, light and medium, than during all of last year. In May more than 1,500 tanks were built." That production in July was substantially higher even than 1,500 was seen in the announcement by General Motors that its Fisher Body division's new tank plant at Grand Blanc, Mich. had started production.

The reason for such success is that the automobile industry, particularly Chrysler and General Motors, has been successful in adapting its mass production techniques to the making of tanks. Automotive engineers have used their regular factory layouts, involving subassembly lines and final assembly lines, in new plants which turn out tanks instead of automobiles. The drawing here, based on no specific plant, shows how such a factory layout works.

Raw materials for the plant are brought in on the railroad spur track at top right. They are unloaded and stored near the track and at the heads of the various subassembly lines. On each subassembly line, running from top right to lower left, some part of the tank is assembled. One subassembly makes bodies, another top decks, another sponsons, another bogeys. At the foot of the subassembly lines is the final assembly. As the tanks progress from right up to left, the various parts, made on the subassembly lines, are added to them, until they emerge complete on the proving grounds. Study of the drawing will reveal much more detail in the construction of tanks.

Factories such as this have licked the problem of tank production. But one question remains — are the tanks equal to the enemy's? Admittedly M-4's with welded bodies and revolving turrets are an improvement over the older M-3's, but to win, they must be better than anything Germany has or is planning.

68 69 XR

Darstellung des Detroit Tank Arsenal aus einem zeitgenössischen Zeitungsartikel.

ordination dieses Vorhabens zu helfen. Knudsen, der auch bei Ford und Chrysler als Manager gearbeitet hatte, erkannte rasch, dass ein Panzer mehr mit einem Automobil als einer Lokomotive gemein hat. Um die geplanten Stückzahlen rasch verwirklichen zu können, wollte er daher auf die Erfahrung der US-Autoindustrie im Großserienbau zurückgreifen. Bereits am 7.Juni 1940 telefonierte er mit K.T.Keller, dem Präsidenten der Chrysler Corporation. Dieser sicherte Knudsen zu, dass er, obwohl er noch nie wirkliche Panzer gesehen habe, diese in großer Zahl bauen könne.

So erhielt Chrysler am 15. August 1940 die Order für 1000 mittlere Panzer M2A1, die bis August 1942 ausgeliefert sein sollten. Um dieses Vorhaben umsetzten zu können, wurde in Warren, vor den Stadtgrenzen Detroits, ein neues 0,46 km² großes Werk errichtet, das Detroit Tank Arsenal. Die Baukosten des Werks übernahm zwar die Regierung, geplant und betrieben wurde es jedoch von Chrysler. Die Bauarbeiten liefen im September 1940 an, die Fertigstellung sollte ein Jahr in Anspruch nehmen. Tatsächlich verließ der erste Prototyp des mittleren Panzers M3 die Werkshallen bereits am 24. April 1941, die ersten Serienpanzer folgten am 10. Juli 1941 und die Zahl von 1000 M3 wurde am 26. Januar 1942 erreicht, acht Monate vor dem Termin. Genau ein Jahr nachdem der erste Serienpanzer M3 fertiggestellt worden war, wurde im Detroit Tank Arsenal der 3100. Panzer dieses Modells komplettiert. Bis Kriegsende sollten allein in diesem Werk 22.234 Panzer gebaut sowie 2825 generalüberholt werden. Aus dem Detroit Tank Arsenal stammten damit rund ein Viertel aller während des Krieges in den USA gefertigten Panzer.

Ein ähnliches Werk wie das Detroit Tank Arsenal errichtete General Motors rund 100 km nördlich von Detroit in Grand Blanc, Michigan Das Fisher Tank Arsenal (auch Fisher Tank Plant) produzierte zwischen April 1942 und 1945 18.413 Kampf- und Jagdpanzer.

Der dritte große US-Autobauer Ford fertigte vergleichsweise nur wenige Panzer. Zwischen Juni 1942 und September 1943 entstanden in Dearborn, Michigan, 1690 M4A3 Sherman sowie 1038 M10A1 Jagdpanzer. Ford produzierte jedoch in ei-

Im von Chrysler geführten Detroit Tank Arsenal werden im Sommer 1942 mittlere Panzer des Typs M3 (links) und M4 (rechts) gefertigt.

nem riesigen Werk in Willow Run, Michigan, 6972 schwere Bomber des Typs B-24 Liberator sowie 1893 Bausätze, die von anderen Firmen komplettiert wurden. Insgesamt entstanden in den amerikanischen Ford-Werken 86.865 Flugzeuge, 4291 Lastensegler, und 57.851 Flugzeugtriebwerke. Hinzu kamen 277.896 Fahrzeuge für das Militär, von Panzern, Jagdpanzern, Panzerwagen und Lkw bis hin zu dem von Ford in Lizenz gebauten »Jeep«.

Dieser zuvor und auch seitdem nie wieder gesehene Ausstoß an Kriegsmaterial wurde durch eine Reihe von Faktoren ermöglicht. Zum einen stellten die US-Autofirmen kurz nach Eintritt in den Krieg die Produktion von Kfz für den zivilen Markt fast vollständig ein. Waren in den Vereinigten Staaten im Jahre 1941 noch über drei Millionen Pkw für den privaten Markt gebaut worden, so sollten bis zum Ende des Krieges nur noch 139 weitere komplettiert werden. Zum anderen wendeten die Konzerne die Prinzipien des Großserienbaus von Automobilen am Fließband auf die Fertigung von Panzern und anderen Rüstungsgütern an. Zudem erfolgte die stetige Optimierung der Konstruktionen im Hinblick auf einfachere Fertigung und im Interesse großer Stückzahlen verzichten die USA auf radikale Neuerungen. Schlussendlich erfolgte die Produktion in den Vereinigten Staaten ohne die Unterbrechung durch Luftangriffe und Materialengpässe waren unbekannt.

Die USA produzierten Kampffahrzeuge in so großer Zahl, dass damit nicht nur die eigenen Streitkräfte, sondern auch ihre Verbündeten ausgerüstet werden konnten. Fast zwei Drittel der militärischen Ausrüstung der Alliierten kam aus den USA. Rund 297.00 Flugzeuge, 193.000 Geschütze, 2 Millionen Lkw und geländegängige Kfz sowie 88.410 Kampfpanzer (darunter 49.234 M4 Sherman) wurden in den USA bis Kriegsende gefertigt. Allein im Jahre 1943 verließen rund 30.000 Kampfpanzer die Werkshallen. Zählt man alle Fahrzeuge, die auf Basis der Fahrgestelle von Kampfpanzern entstanden (wie z.B Jagdpanzer, Panzerhaubitzen usw.), zusammen, bauten die USA von 1940 bis 1945 insgesamt 102.193 Kampfwagen.

Während die USA erst ab 1941 ihre Rüstungsproduktion steigerten, begann dieser Prozess in Europa bereits rund zwei Jahre zuvor. Das Deutschen Reich baute 24.360 Kampfpanzer. Zählt man hier die Selbstfahrlafetten und Sturmgeschütze hinzu waren es während der Kriegszeit 46.274 Kampffahrzeuge. Die UdSSR fertigten von 1939 bis 1945 rund 77.000 Panzer, während Großbritannien auf 24.803 kam.

Fertigung von M26 und M4 im Fisher Tank Arsenal 1945.

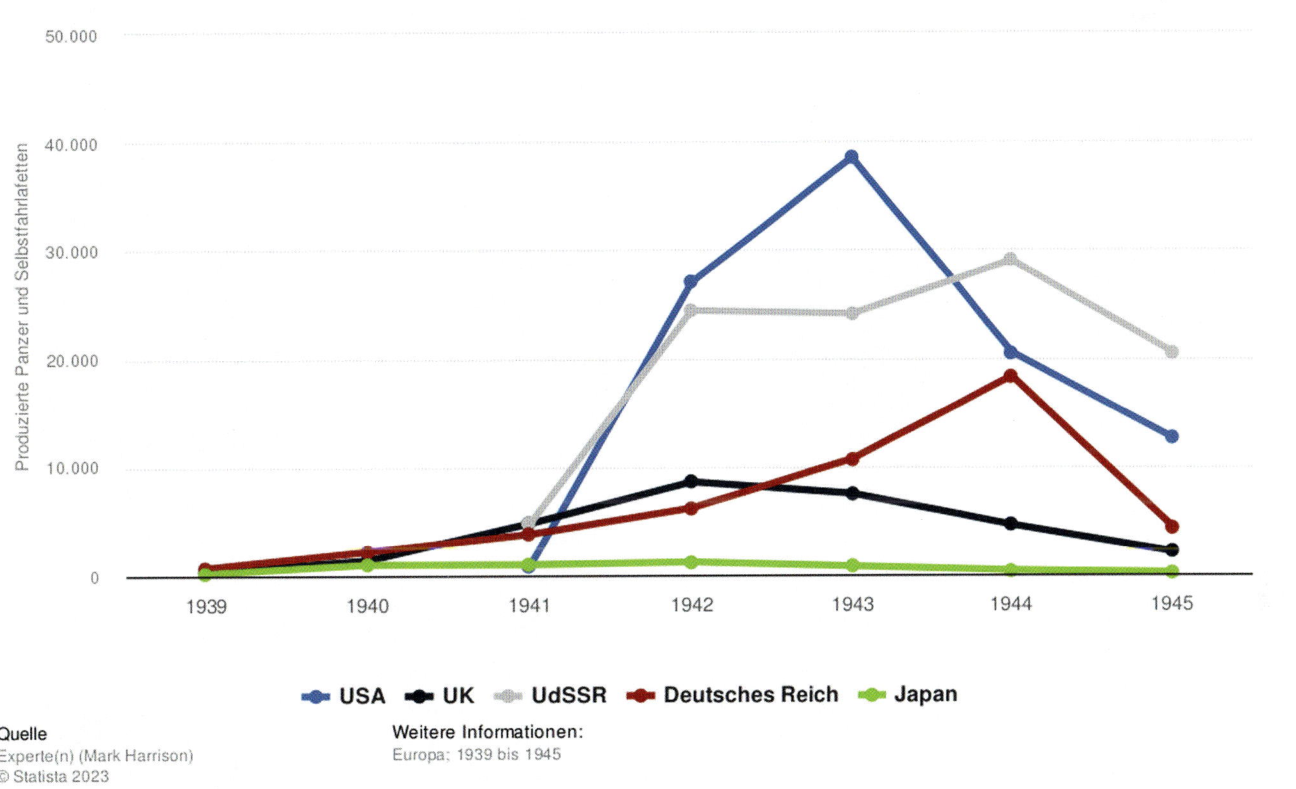

Produktion von Kampfpanzern und auf ihren Fahrgestellen basierenden gepanzerten Kampffahrzeugen im Deutschen Reich von 1935 - 1945									
	1935 bis Ende 1939	**1940**	**1941**	**1942**	**1943**	**1944**	**1945**	**Sept. 1939 – Mai 1945**	**Insgesamt**
PzKpfw. I	1893	0	0	0	0	0	0	0	**1893**
PzKpfw. II	1238	99	265	848	803	151	0	2181	**3404**
PzKpfw. 38(t)	231	367	678	652	1008	2356	1335	6549	**6627**
PzKpfw. III	255	1045	2213	2958	3379	4752	1136	15649	**15747**
PzKpfw. IV	255	368	467	994	3822	6625	1009	13311	**13522**
PzKpfw. V Panther	0	0	0	0	1849	4003	705	6557	**6557**
PzKpfw. VI E Tiger	0	0	0	78	649	641	0	1368	**1368**
PzKpfw. VI B Tiger	0	0	0	0	1	428	120	569	**569**
Panzerjäger Tiger (p) Elefant	0	0	0	0	90	0	0	90	**90**
Insgesamt	**3872**	**1888**	**3623**	**5530**	**11601**	**18956**	**4406**	**46274**	**49777**

In dieser Übersicht sind nicht nur die Kampfpanzer, sondern auch auf deren Fahrgestellen basierende Fahrzeuge wie Sturmgeschütze, Jagdpanzer und Bergepanzer berücksichtigt, also beim PzKpfw. 38(t) z.B der Jagdpanzer 38(t) oder beim PzKpfw III das StuG III. Nicht aufgeführt sind Prototypen und Beutekampfwagen wie z.B der PzKpfw. 35(t) (sowie die darauf aufbauenden Panzerjäger) oder Umbauten französischer Beutepanzer.

Produktion von Kampfpanzern und auf ihren Fahrgestellen basierenden gepanzerten Kampffahrzeugen in den Vereinigten Staaten von Amerika von 1940 bis 1945							
	1940	**1941**	**1942**	**1943**	**1944**	**1945**	**Insgesamt**
Leichte Panzer, Jagdpanzer und Selbstfahrlafetten							
M1	34	0	0	0	0	0	**34**
M2	325	40	10	0	0	0	**375**
M3	0	2551	7839	3469	0	0	**13859**
M5 und M8 HMC	0	0	2825	4063	1963	0	**8851**
M22	0	0	0	680	150	0	**830**
M24	0	0	0	0	1930	2801	**4731**
M18 GMC	0	0	0	812	1695	0	**2507**
Mittlere Panzer, Jagdpanzer und Selbstfahrlafetten							
M2A1	6	88	0	0	0	0	**94**
M3	0	1342	4916	0	0	0	**6258**
M4	0	0	8017	21231	3504	651	**33403**
M4(76)	0	0	0	0	7135	3748	**10883**
M(105)	0	0	0	0	2286	2394	**4680**
M10 GMC	0	0	639	6067	0	0	**6706**
M36 GMC	0	0	0	0	1400	924	**2324**
M7 HMC	0	0	2028	786	1164	338	**4316**
M12 GMC	0	0	60	40	0	0	**100**
M26	0	0	0	0	40	2162	**2202**
Schwere Panzer							
M1	0	1	2	37	0	0	**40**
Insgesamt	**365**	**4022**	**26336**	**37185**	**21267**	**13018**	**102193**

Anmerkungen
In dieser Übersicht sind nicht nur Kampfpanzer, sondern auch auf deren Fahrgestellen basierende Fahrzeuge wie Jagdpanzer und Selbstfahrlafetten (beide als GMC – Gun Motor Carriage - bezeichnet) sowie Panzerhaubitzen (HMC – Howitzer Motor Carriage) berücksichtigt. Nicht aufgeführt sind Prototypen und Vorserienpanzer wie z.B. der T23 (250 Exemplare), die nie reguläre Einheiten erreichten.

Gliederung und Taktik

Nach Ende des Ersten Weltkriegs definierten die US-Streitkräfte Panzer als ein Mittel zur Infanterieunterstützung. Das während der Kriegszeit ins Leben gerufene Tank Corps wurde 1920 aufgelöst und die vier noch vorhandenen leichten und zwei schweren Panzer Panzer-Bataillone wurden Teil der Infanterie.

Obwohl der Generalstabschef Douglas MacArthur ab 1931 die Mechanisierung des Heeres, insbesondere der Kavallerie, vorantrieb, dauert es bis zum 10. Juli 1940, ehe wieder eine selbständige Panzertruppe und damit echte Panzereinheiten geschaffen wurden. Die Erfolge der Wehrmacht in Polen, Belgien, Holland und Frankreich hatten die verantwortlichen Militärs in den USA umdenken lassen. Obgleich das amerikanische Bild vom Krieg in Europa sicher auch durch erfolgreiche deutsche Propaganda geprägt war (so überschätze die U.S.Army die Schlagkraft deutscher Panzer sowie den Mechanisierungsgrad der Wehrmacht), sprachen die Ereignisse im Sommer 1940 doch eine deutliche Sprache. Das britische Expeditionskorps musste sich fluchtartig unter Zurücklassung sämtlichen schweren Geräts vom Kontinent zurückziehen und die zuvor als Vorbild gesehenen französischen Streitkräfte waren nach nur kurzer Zeit vernichtend geschlagen. Hitlers Panzereinheiten schienen unaufhaltbar.

Die U.S.Army modellierte daher ihre neu aufgestellten Panzer-Divisionen nach deutschem Vorbild mit integrierten Infanterie-, Artillerie- sowie Unterstüzungseinheiten.

Am 15. Juli 1940 wurde aus der 7th Cavalry Brigade (Mechanized) die 1st Armored Division. Als die USA im Dezember 1941 in den Krieg eintraten, existierten fünf Panzerdivisionen (Armored Division) sowie eine Reihe unabhängiger Panzer-Bataillone. Bis 1943 sollte sich diese Zahl auf 16 Panzer-Divisionen sowie 70 unabhängige Panzer-Bataillone erhöhen.

Zunächst hatte die U.S.Army zwei Typen von Panzereinheiten vorgesehen. Dies war zu einem die Panzer-Division mit integrierten Artillerie, Infanterie und Unterstützungseinheiten, zum anderen die Tank Group bzw. Armored Group, die allein aus drei oder vier Panzer-Bataillonen (aufgebaut wie die in den Panzer-Divisionen) bestehen und nach Bedarf Infanterie-Divisionen zugeordnet werden sollten. Dieses Konzept erwies sich jedoch bald als unsinnig, weswegen 1944 praktisch jede Infanterie-Division ein festes Panzer-Bataillon aufwies.

Eine US-Panzer-Division im Jahre 1941 bestand aus einer Panzer-Brigade mit drei Panzer-Regimentern (zwei leichten, einem mittleren), einem Artillerie-Regiment sowie einem weiteren Artillerie-Bataillon, einem Infanterie-Regiment, einem Aufklärungs-Bataillon sowie Versorgungs-, Wartungs- und Sanitätseinheiten.

Die Panzer-Regimenter bestand je aus drei Panzer-Bataillonen. Insgesamt ergab sich so pro Division eine Zahl von sechs leichten und drei mittleren Bataillonen, die zusammen über 265 leichte M3 »Stuart« und 161 mittlere M3 »Lee« verfügten. Das Infanterie-Regiment war in nur zwei Infanterie-Bataillone untergliedert und verfügte über gepanzerte Halbkettenfahrzeuge, die auch als Zugmittel für die 105-mm-Haubitzen und 37-mm-Pak dienten. Das Aufklärungs-Bataillon war mit leichten Panzern des Typs M3, Panzerwagen des Typs M3A1 sowie Motorrädern ausgestattet.

Bereits 1942 wurde die Anzahl der Kampfpanzer in einer US-Panzer-Division verringert. Es gab dann nur noch zwei Panzer-Regimenter, jedes bestand nun aus einem leichten und zwei mittleren Bataillonen, die zusammen über 135 leichte und 216 mittlere Kampfpanzer verfügten. Das Infanterie-Regiment erhielt dafür ein zusätzliches Bataillon. Die Divisions-Artillerie bestand nun aus drei Bataillonen, jedes mit 18 Selbstfahrlafetten des Typs M7, die mit einer 105-mm-Haubitze bewaffnet waren.

Da die Einheiten des U.S.Army sämtlich in Übersee kämpften, stellte die Verschiffung einer so großen Anzahl an Fahrzeugen keine einfache Aufgabe dar. Auch aus diesem Grund wurden die meisten US-Panzer-Divisionen 1943 erneut reorganisiert und verkleinert. Diese bestanden dann nur noch aus drei Panzer-Bataillone mit insgesamt 168 mittleren M4 »Sherman« sowie 72 leichten M5 »Stuart«. Das Aufklärungs-Bataillone wurde durch eine mechanisierte Kavallerie Einheit ersetzt, die über leichte Panzer M5, Halbkettenfahrzeuge sowie Panzerwagen verfügte. 14 der 16 Panzer-Divisionen wurden Ende 1943 bis Anfang 1944 in dieser Art umgestaltet. Allein die in Großbritannien stationierte 2. und 3 Armored Division, welche für die Invasion Frankreichs vorgesehen waren, blieben unverändert in ihrer Zusammensetzung. Die neuen Divisionen wurden daher inoffiziell als »leicht«, die 2. und 3. Panzer-Division hingen als »schwer« bezeichnet.

Alle US-Panzer-Divisionen kamen in Europa zum Einsatz, ebenso 50 der 70 Panzer-Bataillone, der Rest wurde im pazifischen Raum verwendet.

Ausrüstung einer
»leichten« US-Panzer-Division 1944-45

168 x M4 »Sherman« (75-mm- und/oder 76-mm-BK) *
72 x M5 »Stuart« (37-mm-BK) **
12 x M4 »Sherman« (105-mm-Haubitze) ***
17 x M8 mit 75-mm- Haubitze
48 x M8 »Greyhound« Panzerwagen (37-mm-BK)
54 x M7 »Priest« Panzerhaubitze mit 105-mm-Haubitze
18 x M21 gep. Halbkettenfahrzeuge mit 81-mm-Mörser
27 x 57-mm-Pak M1 (von gep. Halbkettenfahrtzeugen gezogen)

* In den letzten Kriegsmonaten wurden der 3. und 9. US-Panzer-Division anstelle der M4 »Sherman« einige M26 »Pershing« zugeteilt.
** Ab Ende 1944 ersetzte der leichte M24 »Chaffee« mit einer 75-mm-BK nach und nach die leichten Panzer des Typs M5.
*** M4 mit 105-mm-Haubitze waren erst ab Juli 1944 verfügbar, davor übernahmen M4 mit der 75-mm-BK deren Platz.

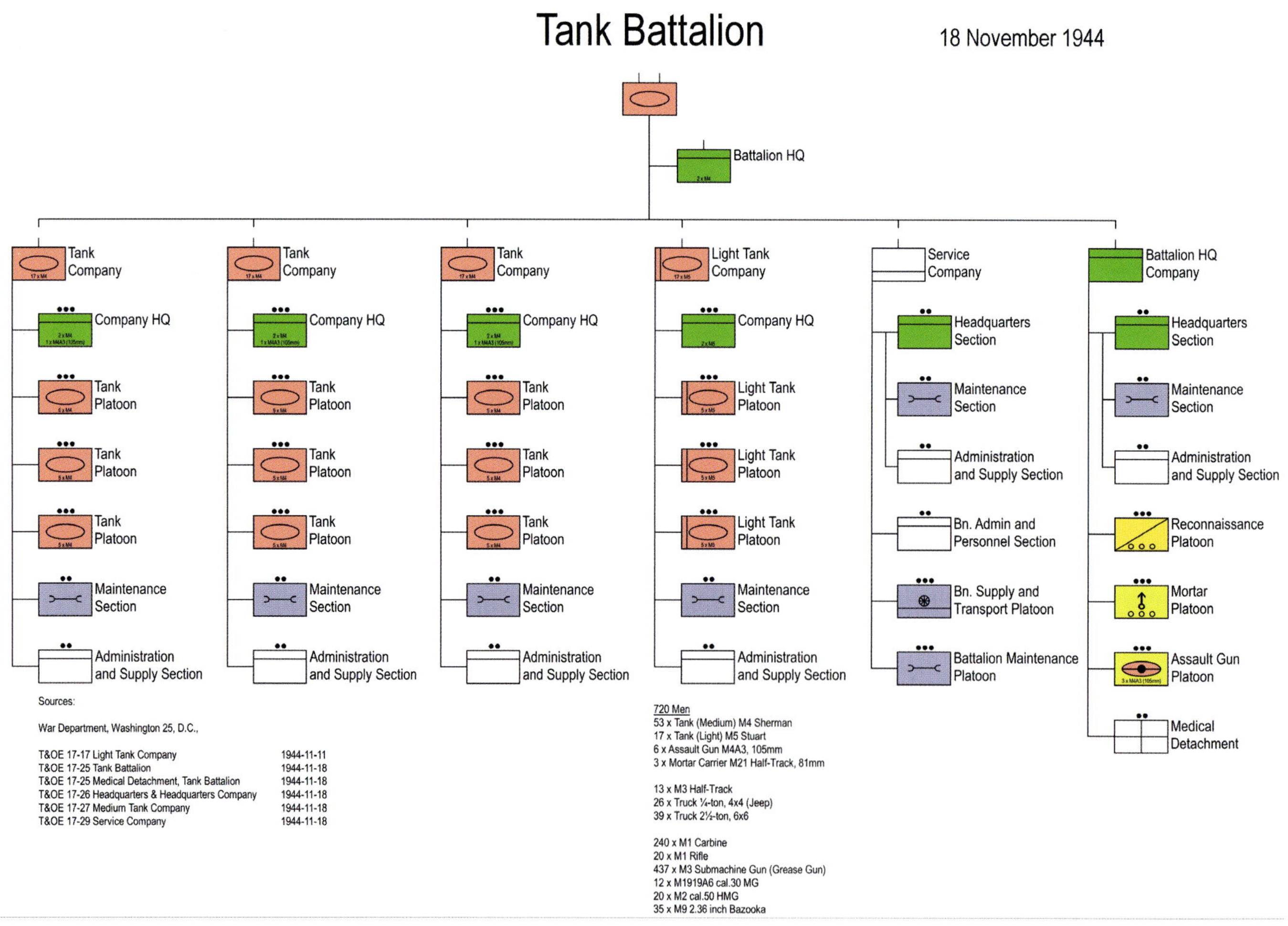

Aufbau und Organisation eines US-Panzer-Bataillons im November 1944.

Unter dem Eindruck des »Blitzkriegs« in den ersten Jahren des Zweiten Weltkriegs schuf die U.S.Army spezielle Panzerjägerverbände (»Tank Destroyer«), welche die massierten Panzervorstöße der Wehrmacht aufhalten sollten. Dies hat oft den Eindruck erweckt, der Kampf gegen gegnerische Panzer sei nicht Aufgabe der amerikanischen Tanks gewesen. »Tank Destroyer« sollten jedoch vor allem defensiv eingesetzt werden und dank ihrer überlegenen Mobilität günstige Hinterhaltpositionen einnehmen, um aus diesen heraus die erwarteten großen Panzerverbände der Wehrmacht bekämpfen.
Die Einsatzdoktrin und Taktik der US-Panzertruppe war dagegen grundlegend offensiv geprägt. Durch den kombinierten Einsatz von Infanterie, Artillerie und Panzern sollte die gegnerische Front durchbrochen und die Tanks dann durch die entstandenen Lücken stoßen, um in den Rücken des Gegners zu gelangen. Dabei sollte der zurückweichende Gegner verfolgt sowie Versorgungslinien und Kommandostrukturen unterbrochen werden. Gegnerische Panzer waren daher zwar nicht das Hauptziel, mussten jedoch bei ihrem Auftauchen ebenfalls bekämpft werden können. US-Panzer waren daher zunächst nicht primär für den Kampf Panzer gegen Panzer ausgelegt, sondern für Vorstöße in das gegnerische Hinterland – wo alle Ziele bekämpft werden mussten, die sich boten.

M4A4 im Jahre 1943, während der Ausbildung im Desert Training Center in Kalifornien.

Teil 1: Panzerentwicklungen der Jahre 1917–1935

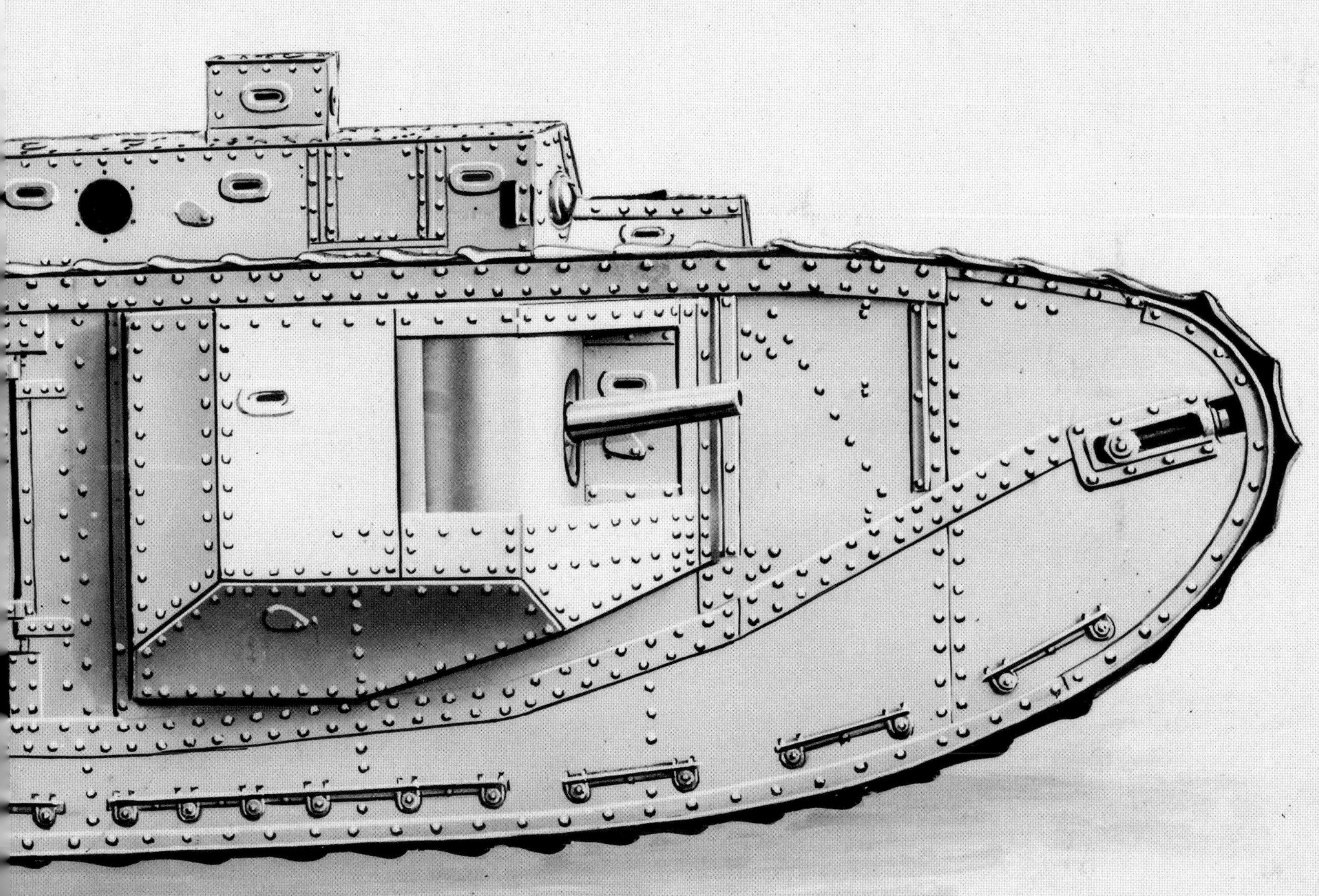

Frühe Entwürfe 1915–1917

Die USA waren zu Beginn des 20. Jahrhunderts führend in der Produktion von Traktoren mit Gleiskettenlaufwerk, amerikanische Hersteller wie Holt und C. L. Best dominierten den Markt in dieser Fahrzeugkategorie. Kettenschlepper kamen nicht nur in der Industrie und Landwirtschaft zum Einsatz, sondern fanden nach Ausbruch des Ersten Weltkriegs in Frankreich und Großbritannien auch mehr und mehr Verwendung als Artilleriezugmaschinen.

Bereits 1915 entstanden daher bei einigen US-Firmen Ideen für gepanzerte und bewaffnete Fahrzeuge dieser Art. So schlug die Pioneer Tractor Company nach eigenen Angaben bereits im April 1915 einen 25 t schweren gepanzerten Kettenschlepper vor, den man auch dem britischen Kriegsministerium angeboten haben will – dort liegen darüber aber allem Anschein nach keine Aufzeichnungen vor. Offiziell verzeichnet ist dagegen der Vorschlag der Automatic Machine Company (Connecticut) aus dem Sommer 1915, die den Briten und Franzosen einen Traktor mit Gleisketten, Panzerung, einer Ein-Pfünder-Kanone (Kaliber 37 mm) sowie MG anbot.

Im Herbst 1916 versah das Holt-Werk in Peoria (Illinois) einen der dort gebauten Holt-75-Schlepper mit einem Aufbau aus dünnen Blechen, der an einen umgedrehten Bootsrumpf gemahnte. Vorn und hinten ragten Waffenattrappen aus dem Aufbau heraus, seitlich waren runde Sichtöffnungen angebracht und oben ein kleiner, runder Turm aufgesetzt, der an vier Seiten MG- oder Kanonen-Attrappen aufwies, aber offenbar nicht drehbar war. Aufgrund eines an den Seiten angebrachten gleichnamigen Slogans wurde das Fahrzeug auch

Der Holt-75-Schlepper bildete die Basis einer ganzen Reihe von frühen Panzer-Entwürfen. Im Grunde war der Holt 75 jedoch ein Halbkettenfahrzeug, man beachte das hier ganz rechts im Bild zu sehende Frontrad, welches der Steuerung diente.

Ein Holt 75 als Artilleriezugmaschine im Dienst der französischen Streitkräfte, Vogesen, Frühjahr 1915.

Dieses »America First« getaufte Fahrzeug entstand im Herbst 1916, war jedoch nicht mehr als ein Holt-75-Schlepper mit einem Aufbau aus dünnem Blech sowie Waffen- und Drehturmattrappen.

als »America First« bezeichnet. »America First« wurde bei einigen Paraden und Werbeveranstaltungen für Kriegsanleihen bzw. zur Rekrutierung Freiwilliger eingesetzt, verschwand dann jedoch rasch wieder aus der Öffentlichkeit und wurde von Holt sehr wahrscheinlich wieder zu einem normalen Kettenschlepper zurückgerüstet.

Etwa zu selben Zeit wurde ein weiterer Holt-75-Schlepper mit der Attrappe eines Panzeraufbaus und zwei Drehtürmen versehen. Dieses »Holt Caterpillar G-9« genannte Fahrzeug wurde jedoch nur als Requisite für die vom Zeitungsmogul William Randolph Hearst geschaffene Filmserie »Patria« gebaut, weshalb der Aufbau aus Holz und dünnen Blechen bestand. Der G-9 tauchte in einigen Zeitungsartikeln jener Zeit auf, verschwand jedoch rasch wieder aus der Öffentlichkeit.

Interessant ist der vom Automobilhersteller Oakland Motor Company (Michigan) entworfene »Hamilton-« oder »Victoria-Tank«. Dieses Fahrzeug basierte nicht auf einem bereits existierenden Kettenschlepper, sondern wurde von Grund auf neu konstruiert, die Arbeiten dazu liefen bereits im Dezember 1915 an. Leider ist über diesen Entwurf nicht allzu viel bekannt. Sein Gewicht soll rund 5 t betragen haben, die Besatzung bestand aus zwei bis drei Mann. Als Bewaffnung war eine 37-mm-Kanone oder ein MG in der Wannenfront geplant. Auf der Oberseite des Panzeraufbaus war ein fester, eckiger Turm vorgesehen, der Fahrer und Kommandant gute Sicht gewähren sollte. Das Fahrzeug verfügte über sehr schmale Ketten, die seitlich von tief hinabreichenden Blenden verdeckt waren, und erinnerte in seiner eckigen Form an den MTW M113 aus

Septième année. — N° 179. Le Numéro : 25 centimes. Dimanche 29 Avril 1917.

LE MIROIR

PUBLICATION HEBDOMADAIRE, 18, Rue d'Enghien, PARIS

Le MIROIR paie n'importe quel prix les documents photographiques relatifs à la guerre, présentant un intérêt particulier.

L'ARMÉE DES ÉTATS-UNIS POSSÈDE DÉJA DES " TANKS " REDOUTABLES

Les Etats-Unis ont proposé aux Alliés de leur envoyer des " Tanks ". Cette idée pourrait être réalisée rapidement. Voici, en effet, le type d'un engin américain qui vient, aux expériences, de donner d'excellents résultats.

den 1960er Jahren. Die Erprobung des ersten Fahrzeugs begann im Herbst 1917, doch entschied sich die Army für die Lizenzfertigung des französischen Renault FT-17. Obwohl der Hamilton- oder Victoria-Tank nicht in Produktion ging, nahm er an verschiedenen Paraden und Werbeveranstaltungen für Kriegsanleihen teil und ist auch noch auf Fotografien zu sehen, die bei Siegesfeiern nach Ende des Ersten Weltkriegs entstanden sind. Dann verliert sich seine Spur.
Ein weiteres vom US-Militär erprobtes gepanzertes Kettenfahrzeug war der CBL 75. Nachdem die britischen Streitkräfte am 15. September 1916 weltweit erstmalig Panzer eingesetzt hatten, entstand bei den Ingenieuren der C. L. Best Gas Traction Company in San Leandro (Kalifornien) die Idee, eines ihrer Schlepper-Modelle mit einem gepanzerten Aufbau zu versehen und so einen Kampfwagen zu schaffen. Als Basis dieses Versuchs diente der CLB 75 Tracklayer, ein handelsüblicher Schlepper für Industrie und Landwirtschaft, der sehr dem bereits erwähnten Holt 75 glich. Beide Typen wurden von einem 75 PS starken Benzinmotor angetrieben, der auf zwei am Heck befindliche Gleiskettenlaufwerke wirkte. Die Steuerung erfolgte über ein einzelnes vorn befestigtes Stahlrad. C. L. Best baute mindestens zwei verschiedene Varianten eines »Panzers« auf Basis des CLB 75. Die erste Version wurde bereits im Herbst 1916 in Angriff genommen und zeigte einen eckigen Aufbau aus Holz, in dem vorn und hinten je eine Kanonenattrappe und seitlich jeweils ein MG installiert waren. Oben und recht weit hinten auf dem Aufbau befand sich eine Art fester, viereckiger Turm, in dem der Fahrer saß. Das Anfang 1917 fertiggestellte Fahrzeug wurde als »Best 75 Tracklayer« bezeichnet und den US-Streitkräften vorgeführt. Trotz seines Holzaufbaues und einer Höchstgeschwindigkeit von weniger als 4 km/h nutzte die Nationalgarde in Kalifornien diesen »Panzer« für einige Übungen. Dadurch ermutigt und auf einen großen Auftrag hoffend, überarbeitete C. L. Best das Fahrzeug grundlegend und stattete es mit einem neuen Aufbau aus Weichstahl aus. Dieser ähnelte einem umgedrehten Bootsrumpf. Die Unterseite blieb vollständig offen. Die Bewaffnung war nun in einem Drehturm lafettiert, der auch den Fahrer und drei Schützen aufnahm. Aufgrund der schlechten Sichtverhältnisse sollte der Fahrer durch zwei »Beobachter« an der Front des Aufbaus Richtungsanweisungen erhalten. Die Bezeichnung lautete nun »Tracklayer Best 75« oder »Tracklayer CLB 75«. Obwohl das Fahrzeug auf Paraden zu sehen war und ebenfalls mit der kalifornischen Nationalgarde Manöver durchführte, kam es zu keiner Serienfertigung. Offenbar wurde bereits Mitte 1917 der Stahlaufbau entfernt und das Fahrzeug wieder als Traktor eingesetzt.

Links: Der »Holt Caterpillar G-9«, hier zu sehen auf dem Titelblatt einer französischen Zeitung vom 29. April 1917, war als Fahrzeug für einen Film gebaut wurden.

Obgleich von schlechter Qualität, ist dies eines der wenigen Bilder eines Hamilton- oder Victoria-Tanks. Hier aufgenommen bei einer Siegesfeier im November 1918.

Basis des Tracklayer CLB 75 war ein Schlepper aus dem Hause C. L. Best, der sehr dem Holt 75 glich.

Schnittzeichnung des CLB 75 aus einer zeitgenössischen Zeitung.

1917 führte die kalifornische Nationalgarde einige Übungen mit dem CLB 75 durch, bei denen diese Aufnahmen entstanden.

Steam Wheel Tank

Die Entwicklung des Steam Wheel Tank (Dampf-Radpanzer) lief zur Jahreswende 1916/17 beim Army Corps of Engineers (der Pioniertruppe der US-Armee) sowie der Stanley Motor Carriage Company (zu jener Zeit bekannt für dampfgetriebene Pkw) unter Verwendung von Teilen der Firma Holt (Holt, heute Caterpillar, war zu jener Zeit einer der führenden Hersteller von landwirtschaftlichen Fahrzeugen) an. Anstelle eines Kettenlaufwerks verfügte dieses Fahrzeug am Heck über zwei große Räder, wie sie auch bei Holt-Mähdreschern jener Tage Verwendung fanden. Diese Räder bestanden vollständig aus Stahl und wiesen einen Durchmesser von 243,8 cm und eine Breite von 91,4 cm auf. Vorn befand sich eine fahrzeugbreite Metallrolle mit einem Durchmesser von 121,9 cm, mittels derer das Fahrzeug gelenkt wurde. Um die Überwindung von Gräben zu erleichtern, war vorn an der Rolle noch eine breite Kufe aus Stahl befestigt. Jedes der beiden Metallräder besaß seinen eigenen Antrieb – eine Zweizylinder-Dampfmaschine mit 75 PS der Marke Doble. Doble fertigte zu jener Zeit auch Pkw-Dampf-Antriebe. An der Fahrzeugfront befanden sich zwei mit Petroleum beheizte Dampferzeuger sowie ein Kondensator. Obwohl die Wahl des Dampfantriebs aus heutiger Sicht fragwürdig erscheint, hatten die Ingenieure des US Army Corps of Engineers doch gute Gründe für ihre Wahl. So erzeugten die Dampfmaschinen weitaus weniger Lärm und Vibrationen als Verbrennungsmotoren und verfügten zudem über ein sehr hohes Drehmoment, was ein Getriebe entbehrlich machte. Die Dampfmaschinen wirkten unmittelbar auf die Räder.

Die Besatzung war im Kampfraum am Heck zusammengefasst und bestand aus sechs Mann, dem Fahrer sowie fünf Schützen. Die Bewaffnung setzte sich aus zwei 6-Pfünder-Kanonen (Kaliber 57 mm) in seitlichen Erkern sowie zwei 7,62-mm-MGs in Kugelblenden an den Wannenseiten zusammen. Offenbar wurden die Waffen jedoch nie eingebaut. Nachdem der Prototyp im Februar 1918 fertiggestellt worden war, erfolgte zwischen März und Mai jenes Jahres die Erprobung durch die US Army auf dem Aberdeen Proving Ground (APG) in Maryland. Zu einer Serienfertigung kam es nicht, da die Geländegängigkeit nicht ausreichte. Das Fahrzeug verblieb danach auf dem APG und war dort noch bis mindestens 1925 vorhanden.

Steam Wheel Tank	
Typ	Mittlerer Kampfpanzer
Hersteller	Army Corps of Engineers
Gefertigte Stückzahl	1 Prototyp
Besatzung	6
Gefechtsgewicht	ca. 15.430 kg
Länge	6782 mm
Breite	3073 mm
Höhe	2997 mm
Motor	2 x 2-Zyl.-Dampfmaschine
Leistung kW/PS	2 x 55/75
Leistungsgewicht	9,72 PS/t
Höchstgeschwindigkeit	8 km/h (Straße)
Kraftstoffvorrat	k.A
Fahrbereich	k.A
Besatzung	6
Bewaffnung	2 x 57-mm-BK und 2 x 7,62-mm-MG
Kampfsatz	k.A
Furttiefe	k.A
Panzerung	6,35 mm – 19,05 mm

Frontaufnahme des Steam Wheel Tank. Entgegen vieler Darstellungen befand sich das der Steuerung dienende Rad wie bei den Dampf-Schleppern jener Zeit vorn und nicht hinten am Panzer.

Modell des Steam Wheel Tank, gebaut von Rick Taylor, USA. Man beachte die hier zu sehende Bewaffnung aus zwei 6-Pfünder-Kanonen in den seitlichen Erkern, die jedoch beim ursprünglichen Fahrzeug nie eingebaut wurde. Häufig ist zu lesen, dass die Bewaffnung des Steam Wheel Tanks aus einer kurzläufigen 75-mm-Kanone an der Front des Aufbaus bestanden hätte. Diese »Front« ist jedoch tatsächlich das Aufbauheck, da sich die großen Stahlräder nicht vorn, sondern hinten befanden und das Fahrzeug sich in Richtung der vorn liegenden Rolle bewegte. Dieser Irrtum beruht wohl auf einer Aufnahme von 1925, entstanden bei einer Ausstellung auf dem Aberdeen Proving Ground. Dort ist die 75-mm-Kanone des Holt Gas-Electric Tanks vor dem Steam Wheel Tank zu sehen. Die offiziellen Aufzeichnungen des APG sprechen jedoch von zwei 6-Pfünder-Kanonen. (© Rick Taylor)

Holt Gas-Electric Tank

Die Entwicklung dieses Panzers begann im Laufe des Jahres 1917, Anfang 1918 wurde dann das erste und einzige Exemplar fertiggestellt. Dieses Fahrzeug war der erste in den USA entworfene Panzer mit reinem Kettenlaufwerk und entstand aus der Zusammenarbeit von Holt (heute Caterpillar), damals ein führender Hersteller von Kettenschleppern, und General Electric. Das Laufwerk war eine verlängerte und modifizierte Variante des Standardmodells von Holt. Auch der 90-PS-Ottomotor stammte aus dem Hause Holt. Das Triebwerk wirkte auf einen Generator, der dann die beiden Elektromotoren – jeweils einen pro Laufwerksseite – mit Energie versorgte. Dieses benzin-elektrische System (im amerikanischen Englisch steht »gas« für Benzin, daher die Bezeichnung »gas-electric«) war auch bereits beim französischen Saint-Chamond Kampfwagen zum Einsatz gekommen, da es auf dem Papier zahlreiche Vorteile bot. So konnte der Ottomotor stets mit der gleichen Drehzahl – ohne Lastwechsel – laufen, was Treibstoff sparte und den Motor schonte. Zudem erübrigte sich ein konventionelles Getriebe, die Lenkung des Panzers vereinfachte sich erheblich und die E-Motoren verfügten über ein hohes Drehmoment. Ein Problem dieses Systems war jedoch unter anderem die Überhitzung der E-Motoren, weshalb der Holt Gas-Electric Tank mit einer aufwändigen und komplexen Wasserkühlanlage am Heck versehen wurde, zu der auch eine zusätzlich zu öffnende große Klappe am Wannenheck gehörte.

Holt Gas-Electric Tank	
Typ	Mittlerer Kampfpanzer
Hersteller	Holt Tractor Company
Gefertigte Stückzahl	1 Prototyp
Gefechtsgewicht	25.400 kg
Länge	5030 mm
Breite	3120 mm
Höhe	2380 mm (Wannenoberseite)
Motor	Holt 4-Zyl.-Ottomotor als Generator für zwei Elektromotoren
Leistung kW/PS	66/90
Leistungsgewicht	3,69 PS/t
Höchstgeschwindigkeit	9,5 km/h (Straße)
Kraftstoffvorrat	k.A
Fahrbereich	k.A
Besatzung	6
Bewaffnung	1 x 75-mm-BK und 2 x 7,62-mm-MG
Kampfsatz	k.A
Furttiefe	k.A
Panzerung	8 mm – 15,9 mm Panzerstahl

Die Bewaffnung bestand aus einer 75-mm-Haubitze des Vickers-Konzerns mit begrenztem Schwenkbereich, die tief in der Front des Panzeraufbaus lafettiert war, sowie zwei 7,62-mm-MGs in kleinen Erkern an den Aufbauseiten. Der große, rechteckige Aufbau bot sechs Mann Platz (Fahrer, Kommandant, zwei MG-Schützen und zwei Richtschützen). Der einzige Zugang erfolgte über eine Tür am Heck.

Die Erprobung des Panzers auf dem APG belegte aber, dass der 90-PS-Motor nicht ausreichte, um den 25,4 t schweren Panzer (der zudem wesentlich schwerer geworden war als geplant) anzutreiben. Auch im Gelände zeigte sich das Fahrzeug völlig überfordert, insbesondere beim Überklettern von Hindernissen. Eine Verwendung auf dem Schlachtfeld schien damit ausgeschlossen zu sein. Eine Serienfertigung unterblieb, das Projekt wurde eingestellt.

Vorne unten in der Wanne des Holt Gas-Electric Tank war eine sehr kompakte 75-mm-Gebirgshaubitze lafettiert, seitlich kam je ein 7,62-mm-MG in einem Erker hinzu.

Der Holt Gas-Electric Tank während seiner Erprobung Anfang 1918.

In dieser Seitenansicht zeigt der Holt Gas-Electric Tank einen fiktiven Tarnanstrich, ähnlich wie ihn Panzer des Typs M1917 unmittelbar nach Ende des Ersten Weltkriegs trugen. (© Vincent Bourguignon)

Steam Tank

Dieses schwere Panzerfahrzeug wurde vom U.S. Army Corps of Engineers (Pionier-Korps der US-Armee) entworfen, den Bau übernahm die Stanley Motor Carriage Company in Watertown, Massachusetts, ein Hersteller von Dampf-Pkw. Es wundert daher nicht, dass zwei kleine Dampfmaschinen als Antrieb dienten, die jeweils auf eine der beiden Ketten wirkten. Jede der beiden mit Kerosin befeuerten Dampfmaschinen entwickelte 250 PS, eine solche Leistung schaffte damals kein in Größe und Gewicht vergleichbarer Ottomotor. Zudem waren Dampfmaschinen relativ leise und drehmomentstark. Als Hauptbewaffnung sollte ein in der Wannenfront installierter Flammenwerfer dienen, die Dampfmaschinen hätten zugleich den nötigen Druck für den Ausstoß des Flammöls erzeugen sollen. Das funktionierte nicht, daher wurde zusätzlich ein 35-PS-Ottomotor eingebaut. Der Flammenwerfer besaß eine Reichweite von rund 27 m, als Sekundärbewaffnung waren vier MGs in zwei seitlichen Erkern geplant. Angedacht war auch, den Flammenwerfer nicht vorne, sondern in einem kleinen Drehturm auf dem Wannendach zu installieren, dazu kam es offenbar nicht.

Dieser »Steam Tank« war der zweite in den USA gebaute Panzer mit einem reinen Kettenlaufwerk. Als Vorlage diente ein zu jener Zeit in den USA befindlicher britischer Kampfwagen des Typs Mk IV; dessen Grabenüberschreitfähigkeit bildete der Maßstab. Die Form des Steam Tank lässt dieses Bemühen erkennen, doch der US-Entwurf geriet wesentlich größer. Die Besatzung bestand aus acht Mann: Fahrer, Kommandant, Bediener des Flammenwerfers, vier MG-Schützen sowie Bordmechaniker. Der einzige Prototyp wurde im April 1918 fertiggestellt, er war in den folgenden Wochen auf einer Reihe von Paraden in Boston zu sehen. Am 17. April 1918 sollte der Panzer auf dem Copley Square in Boston offiziell auf den Namen »America« getauft werden und den Weg dorthin durch die Stadt aus eigener Kraft zurücklegen. Allerdings blieb das Fahrzeug auf dem Weg dorthin liegen und musste repariert werden, so dass die Zeremonie erst am 18. April durchgeführt werden konnte. Mechanische Ausfälle sollten auch weiterhin auf der Tagesordnung stehen. Im Juni 1918 scheint »America« nach Frankreich verschifft worden zu sein – eventuell, um der in Paris ansässigen US Tank Commission vorgeführt zu werden. So vermeldet es zumindest der New York Herald vom 22. Juni 1918. Allerdings sind keine Fotos aus Frankreich vorhanden. Falls eine Vorführung stattgefunden haben sollte, so blieb diese erfolglos. Über den weiteren Verbleib des Steam Tank ist nichts mehr bekannt.

Steam Tank	
Typ	Schwerer Kampfpanzer
Hersteller	U.S. Army Corps Of Engineers / Stanley Motor Carriage Company
Gefertigte Stückzahl	1 Prototyp
Gefechtsgewicht	45.400 kg
Länge	10.592 mm
Breite	3810 mm
Höhe	3162 mm
Motor	2 x 2-Zyl.-Dampfmaschine
Leistung kW/PS	2 x 184/250
Leistungsgewicht	11,01 PS/t
Höchstgeschwindigkeit	6,5 km/h (Straße)
Kraftstoffvorrat	k.A
Fahrbereich	k.A
Besatzung	8
Bewaffnung	1 x Flammenwerfer und 4 x 7,62-mm-MG
Kampfsatz	k.A
Furttiefe	k.A
Panzerung	max. 12,7 mm

Ob seiner eindrucksvollen Größe wurde der Steam Tank auf Paraden und Veranstaltungen gezeigt. Hier wird mit Hilfe des Panzers Werbung für Kriegsanleihen gemacht. Man beachte, dass die Bewaffnung nicht installiert ist, sowie die geöffnete seitliche Einstiegstür.

Bei diesem Bild des Steam Tank sind die seitlichen Erker für zwei MGs nicht installiert.

Der Steam Tank übernahm die rhomboidförmige Wanne der britischen Entwürfe mit umlaufenden Ketten, war jedoch im Heckbereich deutlich eckiger gestaltet.

Der Steam Tank während einer Parade in Boston, Massachusetts im Jahre 1918.

An jedem der vorderen Leiträder befanden sich zwei »Hörner«, zwischen deren Enden eine Stahlstange angebracht war. Diese sollte groben Schmutz von den Kettengliedern abstreifen.

Skeleton Tank

Dieses Fahrzeug wurde 1918 von der Pioneer Tractor Company aus Winona, Minnesota, entworfen. Ziel war es, ein leichtes Fahrzeug zu bauen, dass dennoch ein ausreichend langes Kettenlaufwerk besaß, um breite Gräben überqueren zu können. Das Laufwerk erinnerte daher an die britischen Kampfwagen jener Zeit. Anders als bei den britischen Entwürfen liefen die Ketten jedoch nicht um eine geschlossene Wanne herum, sondern wurden von einen skelettartigen Rahmen aus Holz und handelsüblichen Wasserrohren gestützt. Die aus zwei Mann bestehende Besatzung war in einer aus Panzerblechen bestehenden Box im Zentrum des Fahrzeugs untergebracht, die einen Drehturm mit einem 7,62-mm-MG trug. Den Antrieb übernahmen zwei 50-PS-Motoren, die zusammen auf ein Getriebe wirkten, das zwischen den Heckauslegern des Laufwerks installiert war. Die Konstrukteure hegten die Hoffnung, dass die meisten Geschosse zwischen den Verstrebungen hindurchfliegen würden. Käme es dennoch zu Treffern und Beschädigungen, sollten die Verstrebungen unkompliziert und rasch zu reparieren sein.

Skeleton Tank	
Typ	Leichter Kampfpanzer
Hersteller	Pioneer Tractor Company
Gefertigte Stückzahl	1 Prototyp
Besatzung	2
Gefechtsgewicht	ca. 8200 kg
Länge	7620 mm
Breite	2870 mm
Höhe	2896 mm
Motor	2 x Beaver 4-Zyl.-Ottomotor
Leistung kW/PS	2 x 37/50
Leistungsgewicht	12,2 PS/t
Höchstgeschwindigkeit	9,5 km/h (Straße)
Kraftstoffvorrat	64,35 l
Fahrbereich	55 km
Besatzung	2
Bewaffnung	1 x 7,62-mm-MG Typ Marlin
Kampfsatz	k.A
Furttiefe	0,91 m
Panzerung	max. 12,7 mm

Der Prototyp wurde im Herbst 1918 auf dem APG erprobt. Dabei zeigte sich, dass das Fahrzeug aufgrund seiner besonderen Konstruktion Gewässer bis zu einer Tiefe von 91 cm problemlos durchwaten konnte – ganz im Gegensatz zu anderen Panzern dieser Zeit. Zugleich erwies sich jedoch die Rahmenkonstruktion als zu labil für den Geländeeinsatz. Das hätte sich wahrscheinlich beheben lassen, doch die Army hatte kein In-

Der Skeleton-Tank während seiner Erprobung. Der Drehturm war nur mit einer MG-Attrappe ausgestattet.

Das »Skelett« des Skeleton-Tank bestand aus handelsüblichen Wasserrohren, die sich den Belastungen bei Geländefahrten als nicht gewachsen erwiesen.

teresse mehr – auch, weil die USA sich für die Lizenzfertigung des französischen Renault FT (US-Bezeichnung M1917) entschieden hatten. Der Skeleton Tank verblieb über Jahrzehnte in der Ausstellung auf dem APG und wurde noch Anfang der 2000er Jahre restauriert. Vor einigen Jahren jedoch wurde er nach Fort Lee, Virginia, verbracht und ist heute nicht mehr für die Öffentlichkeit zugänglich.

M1917

Als die USA im April 1917 auf Seiten Großbritanniens und Frankreichs in den 1. Weltkrieg eintraten, mangelte es der U.S. Army an modernen Waffen und Panzern. Um möglichst rasch eine große Zahl an Kampffahrzeugen produzieren zu können, entschloss sich das US-Verteidigungsministerium, den Renault FT in den USA in Lizenz bauen zu lassen. Obwohl Renault einige Exemplare des FT und alle notwendigen Unterlagen zur Verfügung stellte, lief die Fertigung aber nur sehr langsam an. Ein Grund dafür war, dass die französischen metrischen Maße nicht mit den in USA verwendeten Maßeinheiten (inch, foot etc.) kompatibel waren. Das machte praktisch eine völlige Neukonstruktion notwendig. Hinzu kamen Probleme innerhalb der Militärbürokratie, die zu einer schlechten Koordination zwischen den zivilen Zulieferern und den eigentlichen Herstellerfirmen führten. Aus Geheimhaltungsgründen lautete die Bezeichnung des Projekts zunächst »6 ton special tractor«, ehe die offizielle Bezeichnung »Model 1917 6-ton light tank« eingeführt wurde, welche oftmals einfach zu »M1917« abgekürzt wird.

Ein ursprünglicher Auftrag über 1200 Panzer wurde später auf insgesamt 4440 Stück erhöht. Obwohl bereits im April 1918 100 Panzer an die US-Truppen in Frankreich geliefert werden sollten, gefolgt von 300 im Mai und 600 pro Monat ab Juni, gelangten die ersten Serienexemplare nicht vor Oktober 1918 zu Auslieferung. Bis zum Waffenstillstand waren insgesamt nur 64 Panzer fertiggestellt worden, und die ersten beiden Fahrzeuge erreichten die US-Einheiten in Frankreich am 20. November 1918 – neun Tage nach Beginn des Waffenstillstands. Da die American Expeditionary Forces in Frankreich dringend Panzerfahrzeuge benötigten, hatte Frankreich im Sommer 1918 bereits 144 Renault FT geliefert – eine Zahl, die sich bis Kriegsende auf über 239 Stück (davon 25 Ausbildungsfahrzeuge) erhöhen sollte. Von diesen wurden 213 nach Ende des Krieges in die USA verbracht. Die US-Streitkräfte in Frankreich setzten übrigens auch britische Tanks des Typs Mark V und V* ein. Insgesamt lieferte Großbritannien bis Kriegsende 47 Panzer dieses Typs sowie zwölf nach dem 11. November 1918. Von diesem fanden, je nach Quelle, 28 bzw. 32 Stück ihren Weg in die USA.

Wie bereits erwähnt, hatte das US-Verteidigungsministerium geplant, 4440 Panzer des Typs M1917 zu beschaffen, reduzierte diese Zahl nach dem Ende des Krieges jedoch auf 952 Stück. 374 davon waren mit 37-mm-Kanonen und 526 mit 7,62-mm-MG bewaffnet, während 50 unbewaffnete Panzer mit einem festen Aufbau versehen wurden, der eine Funkausrüstung beherbergte. Hinzu kamen zwei Prototypen aus Weichstahl.

Die M1917 unterschieden sich innen und außen in einer Reihe von Details vom französischen Original. Zu den von außen sichtbaren Unterschieden zählen die zusätzliche Sehschlitze des Fahrers, die modifizierte Blende der 37-mm-Kanone beziehungsweise des MGs, die Abgasanlage (nun auf der linken Wannenseite) sowie die leicht veränderte untere Frontpanzerung. Anstelle des Renault-Motors kam ein Buda-HU-Triebwerk aus US-Produktion zum Einbau, welches über einen elektrischen Anlasser verfügte. Dazu wurde ein Brandschott zwischen Motor- und Kampfraum installiert. Zudem kamen anstelle der hölzernen Leiträder mit Stahlrand beziehungsweise der Stahl-Treibräder mit sieben Speichen bei der US-Konstruktion Scheibenräder aus Stahl zum Einsatz. Die US-Versionen verfügten außerdem grundsätzlich über mehreckige genietete Türme (wie der gesamte Aufbau grundsätzlich genietet war), während rund die Hälfte der französischen FT mit runden gegossenen Türmen versehen war. Das Laufwerk war in bei-

M1917	
Typ	Leichter Kampfpanzer
Hersteller	Van Dorn Iron Works, Maxwell Motor Co., C.L. Best Co.
Gefertigte Stückzahl	950
Besatzung	2
Gefechtsgewicht	6577 kg
Länge	5004 mm (mit Hecksporn)
Breite	1778 mm
Höhe	2311 mm
Motor	1 x Buda-HU 4-Zyl.-Ottomotor
Leistung kW/PS	31/42
Leistungsgewicht	6,39 PS/t
Höchstgeschwindigkeit	9 km/h
Kraftstoffvorrat	113 l
Fahrbereich	48 km
Bewaffnung	1 x 37-mm-BK M1916 oder 1 x 7,62-mm-MG Typ Marlin M1917 oder Browning M1919
Kampfsatz	238 x 37 mm oder 4200 x 7,62 mm (für Browning M1919 MG)
Panzerung Wanne	6,35 mm – 15,24 mm
Furttiefe	61 cm
Panzerung Turm	15,24 mm

Ein von der American Expeditionary Force (AEF) genutzter Renault FT in schwerem Gelände.

Ein Renault FT (erkennbar am runden Turm mit Hotchkiss-MG sowie der rechts am Panzer befindlichen Abgasanlage) bei der Ausbildung in Camp Colt, nahe Gettysburg, Pennsylvania. Camp Colt war die erste Panzertruppenschule der USA und wurde zu jener Zeit von Hauptmann Dwight D. Eisenhower geleitet, dem späteren US-Präsidenten. Die ersten Renault erreichten Camp Colt im Juni 1918, im März 1919 wurde Camp Colt bereits wieder aufgelöst, sodass diese Aufnahme aus dem Sommer 1918 stammen dürfte.

Renault FT der AEF, Argonner Wald, Frankreich, 26. September 1918.

den Versionen ungefedert, und auch die beengten Platzverhältnisse waren gleich.
Die Besatzung bestand aus zwei Mann, dem Fahrer sowie dem Kommandanten, der zugleich die Turmwaffe bedienen musste. Der Zugang zum Turm erfolgte durch zwei Klappen am Turmheck, eine Luke im Turmdach gab es nicht. Der »Sitz« des Kommandanten bestand nur aus einer an den Turmseiten befestigten Schlinge aus Stoff. Indem der Kommandant mit den Füßen die Schultern bzw. den Rücken des Fahrers berührte, gab er diesem Anweisungen zur Fahrtrichtung und Geschwindigkeit.
Die geringen Abmessungen des M1917 stellten besondere Anforderungen an die Besatzungen. Laut US-Vorschriften durften Panzersoldaten maximal 162,5 cm groß sein und nicht mehr als rund 57 kg wiegen. Wurden diese Werte überschritten, waren ein rasches Aufsitzen und Ausbooten kaum möglich.

Ein fabrikneuer M1917 auf dem Werksgelände der Van Dorn Iron Works, Cleveland, Ohio im Jahre 1919. Man beachte die frühe Blende für das 7,62-mm-MG des Typs Marlin.

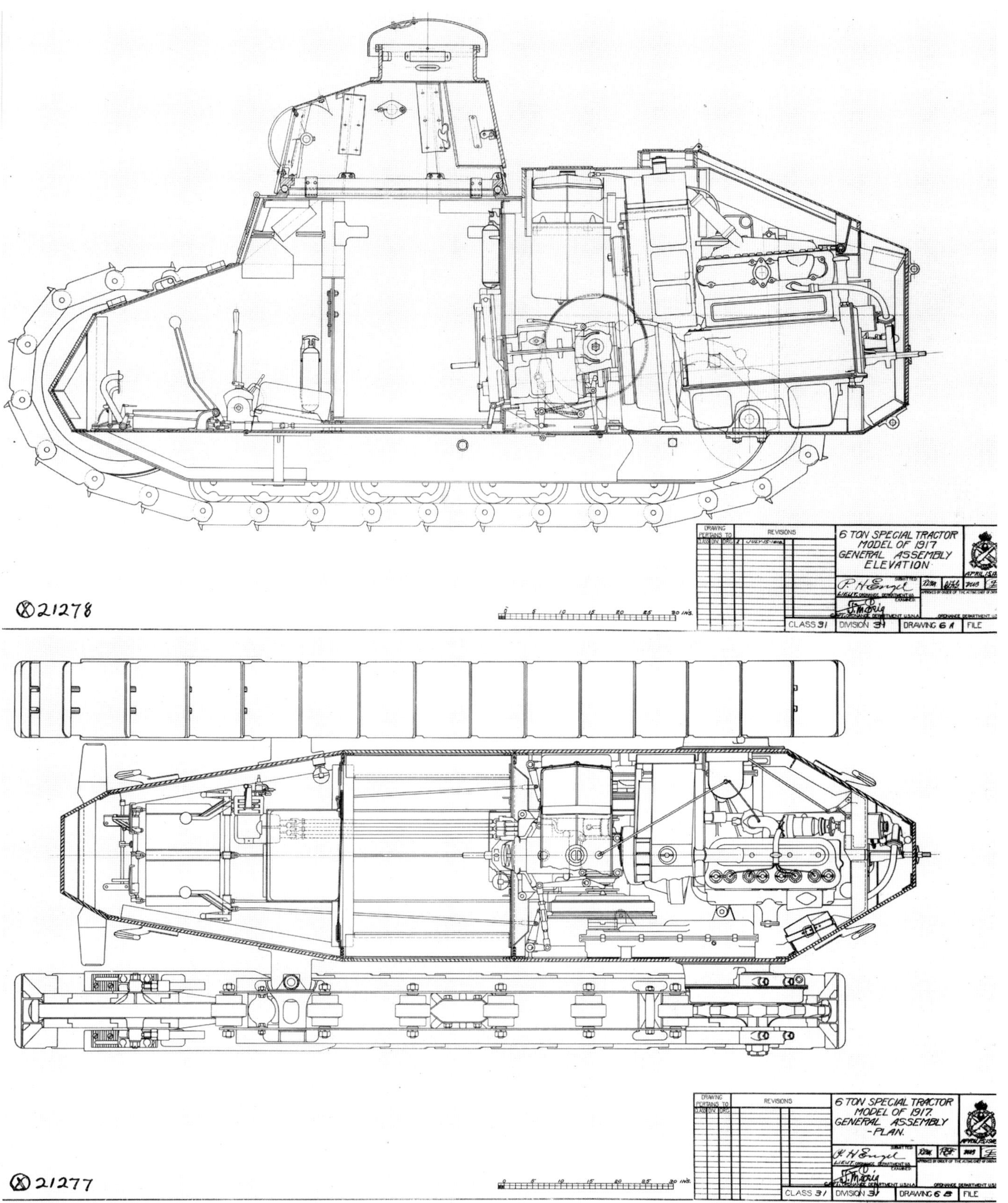

Risszeichnungen des M1917, die Bewaffnung ist in diesen Grafiken nicht eingezeichnet.

Detailaufnahme der Lafettierung des Marlin-MGs. Man beachte die Kühlrippen am Lauf der Waffe. Van Dorn Iron Works, Cleveland, Ohio, 2. Januar 1919.

Ein mit einer 37-mm-Kanone bewaffneter M1917. Man beachte die frühe Blende sowie den unterschiedlichen, eckig wirkenden Lauf im Vergleich zur MG-Version. Rechts neben der Kanone ist kein MG-Lauf, sondern deren Zielfernrohr zu erkennen.

Im Laufe ihrer Dienstzeit wurden die M1917 einer Reihe von Modifikationen unterzogen. Bei allen MG-Modellen wurde das zunächst verbaute Marlin-MG M1917 durch ein Browning M1919 ersetzt. 1929 entstand zu Versuchszwecken ein M1917 mit einem luftgekühlten Franklin Sechszylinder-Motor mit 67 PS, ab 1930 folgten sieben Fahrzeuge mit 100-PS-Franklin und neuem Getriebe. Dafür hatte die Wanne um rund 30 cm verlängert werden müssen. Des Weiteren wurden die Treibräder verändert, um den Geräuschpegel zu senken, da der M1917 als überaus laut galt. Trotz der erheblich gestiegenen Leistung betrug die Höchstgeschwindigkeit dieser nun als »M1917A1« bezeichneten Ausführung nicht mehr als 14,5 km/h. Auch wenn sie nun wesentlich weniger Lärm veranstalteten, wurden aus Budget-Gründen keine weiteren M1917 mehr umgerüstet. Auch ein 1931 gemachter Vorschlag, den M1917A1 mit einem neuen Fahrwerk ähnlich der Entwürfe von Christie auszustatten, kam nicht über das Planungsstadium hinaus.

Detailaufnahme der Lafettierung der 37-mm-BK M1916. Van Dorn Iron Works, Cleveland, Ohio, 2. Januar 1919.

Ein turmloser M1917 bei einer Testfahrt auf dem Gelände der Van Dorn Iron Works, Cleveland, Ohio.

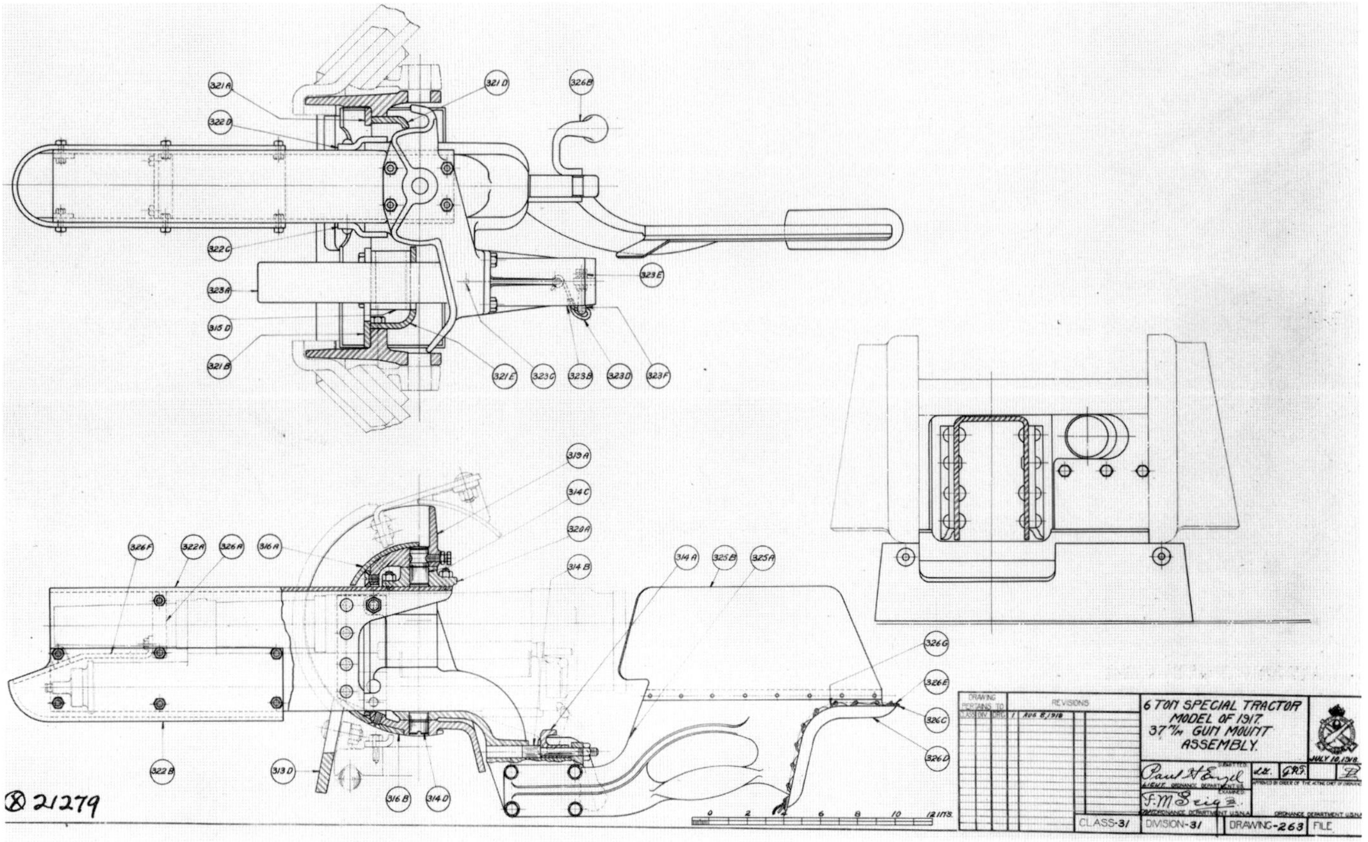

Auf dieser Zeichnung der 37-mm-BK M1916 ist gut der Panzermantel für Rohr und Rohrbremse bzw. Rückholer der Waffe zu erkennen. Die Kanone M1916 basierte auf der französischen Canon d'Infanterie de 37 modèle 1916 TRP. Diese war nicht für den Kampf gegen andere Panzer, sondern gegen MG-Nester und Feldbefestigungen gedacht.

Diese beiden M1917 zeigen die ab 1919 entwickelte verbesserte Blende und den neuen Panzermantel für die 37-mm-BK M1916.

50 M1917 wurden ohne Turm und Bewaffnung als Funk- und Führungspanzer ausgeliefert.

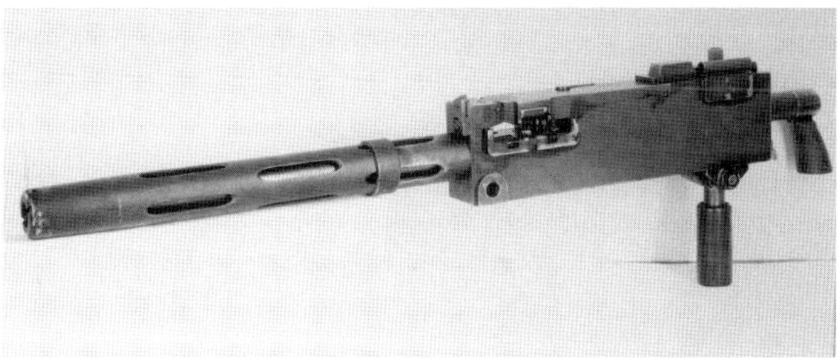

Das luftgekühlte Browning M1919 entstand aus dem wassergekühlten M1917 und wurde ab Ende 1919 als Bewaffnung des Panzers M1917 eingeführt. In unterschiedlichen Versionen wurde das M1919 bald zum Standard-MG des US-Militärs im Kaliber 7,62 mm und steht in einigen Teilen der Welt bis heute im Dienst.

Nach der Auflösung der eigenständigen Panzertruppe (Tank Corps) der US Army im Juni 1920 wurde die Zahl der Panzer schrittweise verringert, die Fahrzeuge wurden eingelagert oder gar verschrottet. Dennoch blieb eine immer geringer werdende Zahl von M1917 bis Mitte der 1930er Jahre in Dienst und bildete in jener Zeit das Rückgrat der amerikanischen Panzerverbände. So waren 1926 noch 320 M1917 bei der Army sowie 110 Panzer dieses Typs bei der Nationalgarde zu finden. Hinzu kamen 72 schwere Mark VIII. Insgesamt galten die M1917 zwar als zuverlässiger als die Mark VIII, mussten jedoch ebenfalls bereits nach weniger als 150 km Fahrstrecke generalüberholt werden. Wann immer möglich wurden die Panzer daher auf Lkw verladen, um ihre Einsatzdauer zu verlängern.

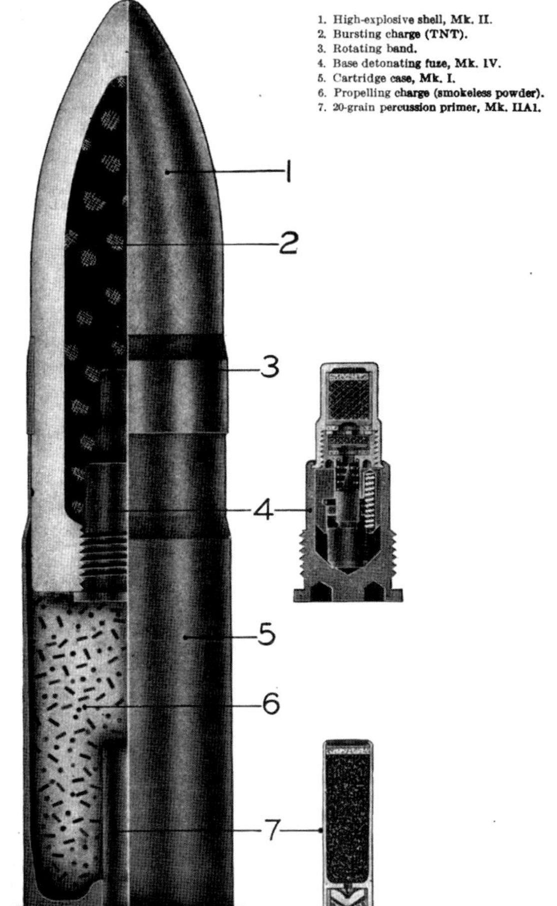

TR 1350–37A

AMMUNITION FOR 37-MM GUN, M1916

1. High-explosive shell, Mk. II.
2. Bursting charge (TNT).
3. Rotating band.
4. Base detonating fuze, Mk. IV.
5. Cartridge case, Mk. I.
6. Propelling charge (smokeless powder).
7. 20-grain percussion primer, Mk. IIA1.

FIGURE 1.—Complete round of 37-mm high-explosive ammunition

3

Die M1916 verschoss eine HE-Granate im Kaliber 37 x 94 mm mit einer Mündungsgeschwindigkeit von 367 m/s. Das Gewicht des Geschosses betrug 670 g inklusive einer Sprengladung von 27,2 g TNT. Die von der M1916 verwendete Panzergranate wog 500 g und erreichte 388 m/s.

Auch dieser M1917 zeigt die neue Blende, die erhöhten Schutz bot. Zudem wurde das veraltete 7,62-mm-MG des Typs Marlin M1917 durch ein modernes 7,62-mm-MG des Modells Browning M1919 ersetzt. Canadian War Museum, Ottawa, 30. Mai 2013.(© JustSome Pics, cc by sa 3.0)

Der vordere dieser Panzer ist ein M1917A1 mit leistungsfähigerem Franklin-Motor, erkennbar an der verlängerten Wanne. Die beiden vorderen Panzer sind zudem mit der späten Form der Waffenblende ausgerüstet. Fort Eutis, Virginia, Sommer 1931.

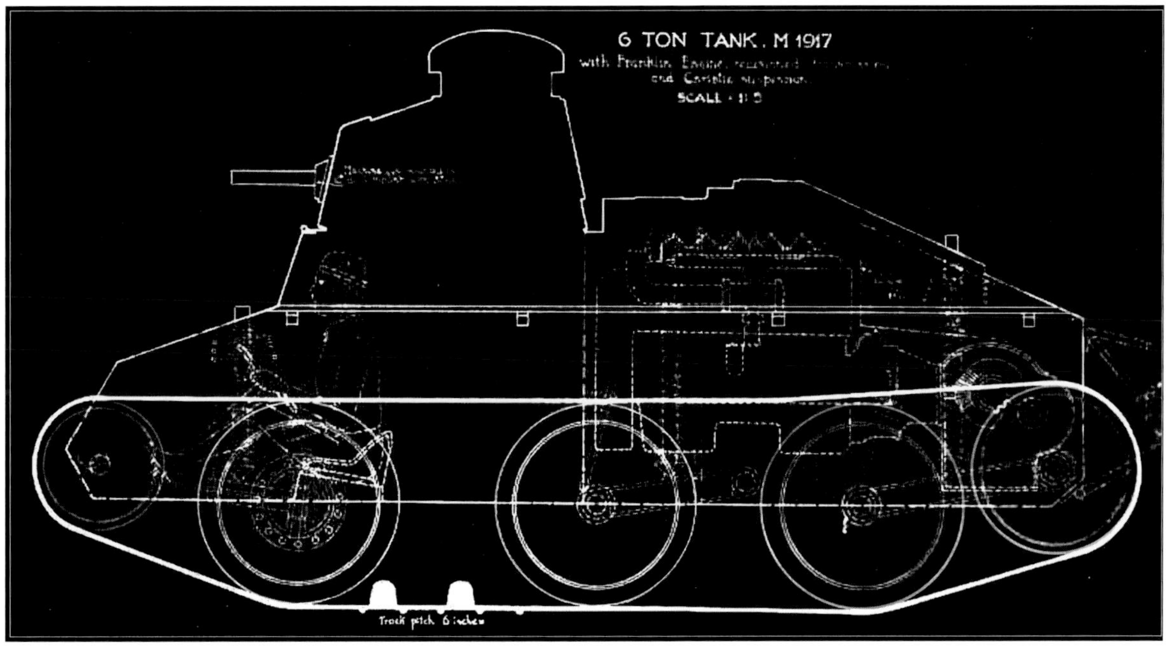

1931 einstand die Idee, die M1917A1 zur Erhöhung der Mobilität mit einem Fahrwerk nach Art der Entwürfe von J. Walter Christie auszurüsten. Mangelnde Finanzmittel, aber auch die Tatsache, dass der Typ als eigentlich vollständig veraltet angesehen wurde, führten dazu, dass das Konzept das Reißbrett nicht verließ.

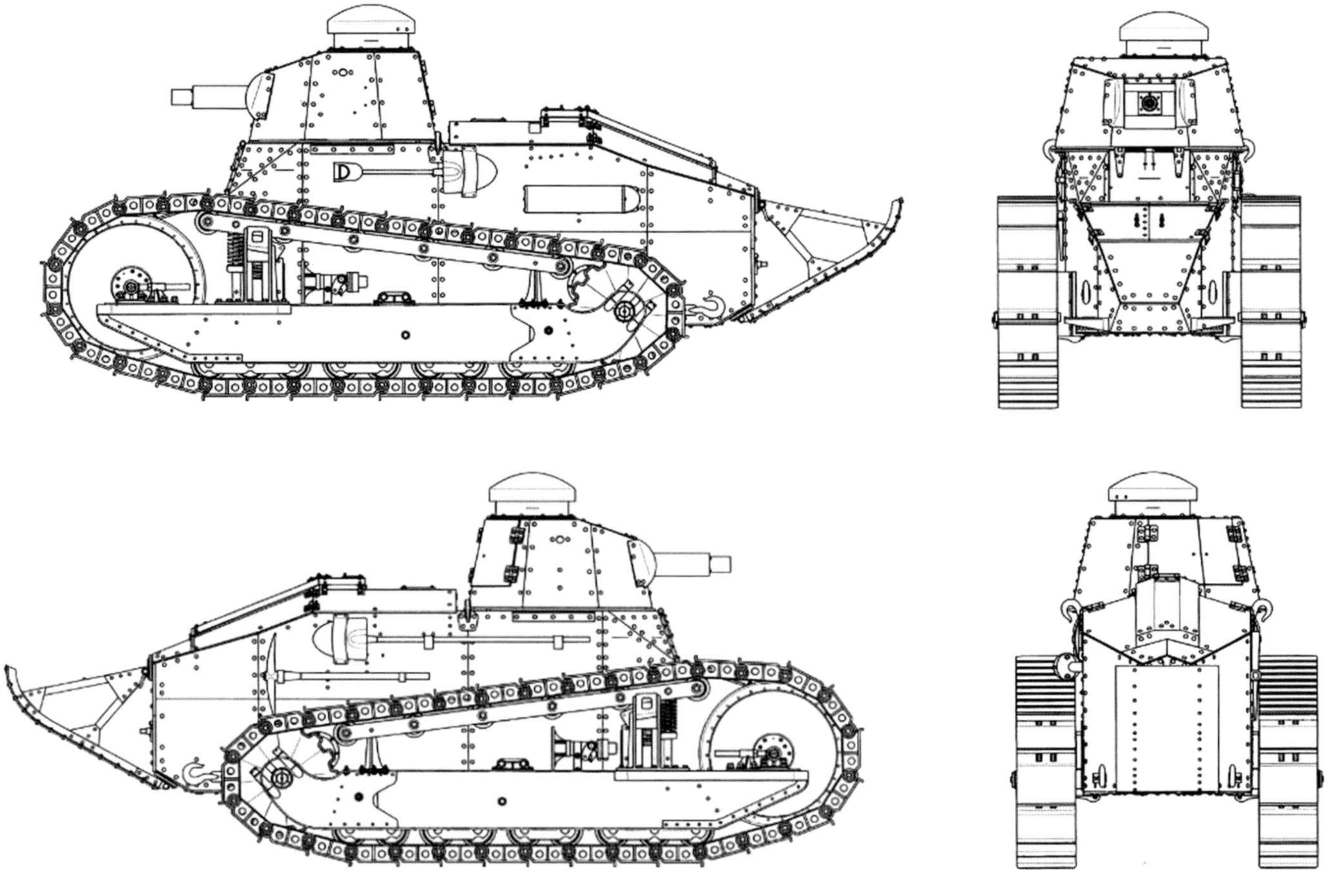

Vier-Seiten-Ansicht eines M1917 mit der frühen Blende und einem 7,62-mm-MG des Typs Marlin M1917.

Das geringe Gewicht des M1917 ermöglichte den raschen Transport per Lkw. Um die schnell verschleißenden mechanischen Teile zu schonen, wurde so oft wie möglich von dieser Option Gebrauch gemacht.

Eine Reihe von M1917 während eines Manövers im Sommer 1929. Der nach hinten gedrehte Turm lässt die Einstiegstüren am Turmheck gut erkennen. Ebenso gut sichtbar ist die Einstiegsöffnung des Fahrers. Man beachte den Mark VIII im Hintergrund.

Der M1917 kam nie zum Kampfeinsatz, doch fünf Panzer begleiteten im April 1927 ein Detachement der US-Marines nach Tientsin nahe Shanghai. Im Chaos des chinesischen Bürgerkriegs sollten die Marines und ihre Panzer amerikanische Bürger und Wirtschaftsinteressen schützen. Die M1917 kehrten Ende 1928 in die USA zurück. Es liegen keine Angaben darüber vor, dass diese fünf Fahrzeuge in China in Gefechtshandlungen verwickelt gewesen waren. Zudem fuhren M1917 einige Male in den USA bei Unruhen und Demonstrationen auf. Auch hier kam es nicht zum scharfen Schuss.
1940 erwarben die kanadischen Streitkräfte 236 (nach anderen Quellen 250) M1917 zum Schrottpreis und setzten sie zur Schulung ein.

Heckansicht eines Funkpanzers M1917 auf dem Weg nach Kanada im Jahre 1940.

M1918

Da das Tank Corps der US Army neben schweren und leichten Panzern noch ein kleines, leichtes Fahrzeug forderte, das als Schlepper für Geschütze und Lasten aller Art sowie zur Unterstützung der Infanterie dienen sollte, liefen bei Ford in Detroit Anfang 1918 entsprechende Entwicklungsarbeiten an. Ziel war, ein möglichst einfach, kostengünstig und rasch zu fertigendes Fahrzeug zu konzipieren. Die Konstrukteure griffen daher, wo immer möglich, auf Teile aus der Automobilproduktion zurück. So übernahmen zwei im hinteren Wannenteil installierte Modell-T-Vierzylinder- Ottomotoren mit zusammen 45 PS den Antrieb. Jeder Motor verfügte über einen elektrischen Anlasser (1918 war das keine Selbstverständlichkeit) sowie ein eigenes, im Heck untergebrachtes Getriebe mit zwei Vorwärtsgängen und einem Rückwärtsgang. Jedes Triebwerk wirkte so auf nur eine Laufwerksseite. Über zwei Hebel konnte der Fahrer daher die Kraftübertragung für jede Laufwerkseite beeinflussen. Im Zusammenspiel mit zwei über Pedale betätigte Bremsen vermochte der Fahrer so den Panzer zu steuern und mit etwas Übung und Geschick auch auf der Stelle zu drehen – ungewöhnlich für jene Tage. Dazu musste er auf der einen Seite den Vorwärtsgang und auf der anderen den Rückwärtsgang einlegen.

Das geringe Gewicht von nur rund 3 t erlaubte eine Höchstgeschwindigkeit von 13 km/h – kein schlechter Wert für jene Zeit. Die Wanne beherbergte vorn links den Fahrer und Kommandanten, links von ihm war der Schütze untergebracht, der ein 7,62-mm-MG mit beschränktem Richtbereich in einer Kugelblende bediente. Zwar wurde auch die Bewaffnung mit einer

M1918	
Typ	Leichter Kampfpanzer
Hersteller	Ford Motor Co., Detroit, Michigan
Gefertigte Stückzahl	15 (plus einer unbekannten Zahl an Prototypen)
Besatzung	2
Gefechtsgewicht	3266 kg
Länge	4064 mm (mit Hecksporn)
Breite	1676 mm
Höhe	1600 mm
Motor	2 x 4-Zyl.-Ottomotor Modell-T
Leistung kW/PS	33/45
Leistungsgewicht	13,78 PS/t
Höchstgeschwindigkeit	13 km/h
Kraftstoffvorrat	64 l
Fahrbereich	55 km
Bewaffnung	1 x 7,62-mm-MG Typ Marlin M1917 oder Browning M1919
Kampfsatz	2000 x 7,62 mm
Furttiefe	0,53 m
Panzerung	6,35 mm – 12,7 mm

Der »3-ton special tractor« oder auch »Model 1918 3-ton light tank« gehört zu den kleinsten je gebauten Panzern. In seiner Auslegung und dem beabsichtigten Einsatz nach war der Typ ein Vorläufer der in den 1920er und frühen 1930er Jahren populären Tanketten.

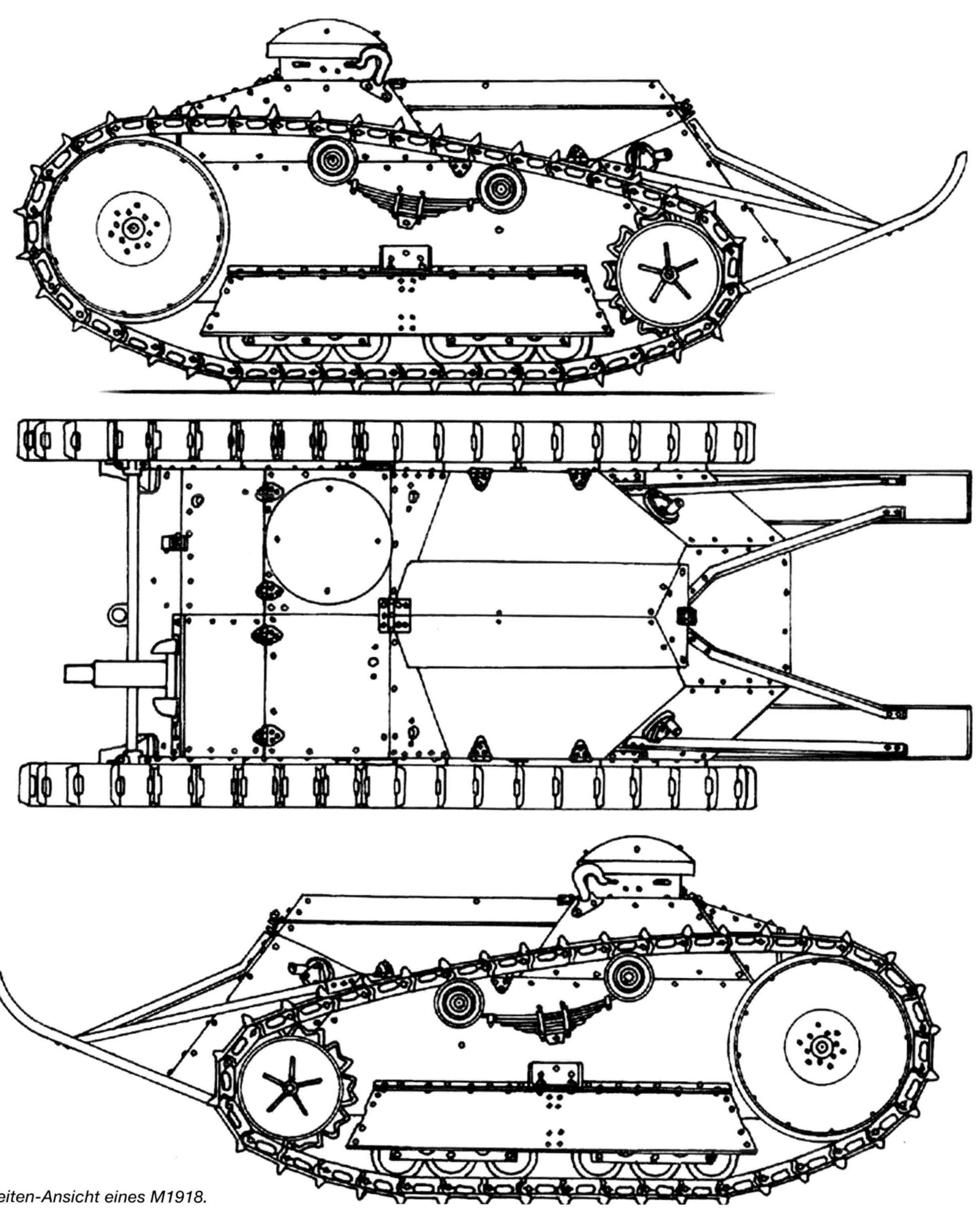

Drei-Seiten-Ansicht eines M1918.

37-mm-Kanone M1916 erwogen, umgesetzt wurde diese Idee jedoch nicht. Der Fahrer verfügte über eine Kuppel mit rundum angebrachten Sehschlitzen. Zudem konnte er den Frontteil der Kuppel mittels eines einfachen Schraubmechanismus anheben, um so bei Marschfahrt eine bessere Sicht nach vorn zu erhalten. Der Einstieg erfolgte über eine große, oben an-

Ein weiterer unbewaffneter Prototyp mit einem erneut veränderten Laufwerk.

gelenkte Klappe vor dem Fahrer sowie eine Dachluke über dem Schützen. Da der Antriebsstrang nicht durch eine Schottwand von der Besatzung getrennt war, war der Innenraum des M1918 extrem laut und heizte sich rasch auf – beides Eigenschaften, die sich der Ford-Panzer mit den meisten der frühen Panzerentwürfe teilte.

Das Laufwerk verfügte pro Seite über zwei Rollenwagen mit je drei Laufrollen an Blattfedern. Auch die beiden Stützrollen auf jeder Seite waren an Blattfedern aufgehängt, so dass ein gewisses Maß an Kettenspannung erhalten blieb, wenn die Kette sich längte.

Einer der Prototypen des M1918 im Bau. Im Laufe der Entwicklung und Erprobung des Typs wurden unterschiedliche Laufwerke erwogen und getestet. Hier sind fünf einzelne kleine Laufräder zu sehen, im Gegensatz zu den beiden Rollenwagen mit je drei Laufrollen der Vorserienexemplare. Zudem ist hier noch kein MG neben dem Fahrer verbaut.

Erste Versuchsfahrzeuge waren im April 1918 fertig, erste Vorserienfahrzeuge folgten im Herbst jenes Jahres. Zunächst war geplant, zwei unterschiedliche Versionen zu bauen, einen gepanzerten Schlepper und ein bewaffnetes Unterstützungsfahrzeug. Da die bewaffnete Ausführung jedoch auch alle Transportaufgaben übernehmen konnte, wurde später auf die Transportversion verzichtet. In Serie sollte nur die bewaffnete Ausführung gehen. Da Ford den M1918 konsequent mit Blick auf eine unkomplizierte Massenproduktion entworfen hatte, hätten pro Tag 100 Stück hergestellt werden können. Die US-Streitkräfte orderten zunächst 15 Vorserienexemplare und gaben als Fertigungsziel die Produktion von 15.000 M1918 vor. Mit dem Waffenstillstand vom November 1918 waren diese Pläne aber Makulatur. Nur zwei Vorserienpanzer wurden im Oktober 1918 noch in Frankreich erprobt, und dort erfüllten sie die Hoffnungen der Army als leichtes Kampffahrzeug nicht. Doch sie bewährten sich als Schlepper. Französischen Quellen zufolge haben auch die Franzosen den M1918 als Kampffahrzeug abgelehnt, die Truppe wollte ihn jedoch als gepanzerte Artilleriezugmaschine einsetzen und 1500 Exemplare beschaffen. Aber auch in diesem Fall wurden nach dem Waffenstillstand am 11. November 1918 alle Bestellungen storniert.

Als Antrieb dienten zwei Vierzylinder-Motoren, die aus der Serienfertigung des Ford Modell-T stammten. Zusammen leisteten sie 45 PS.

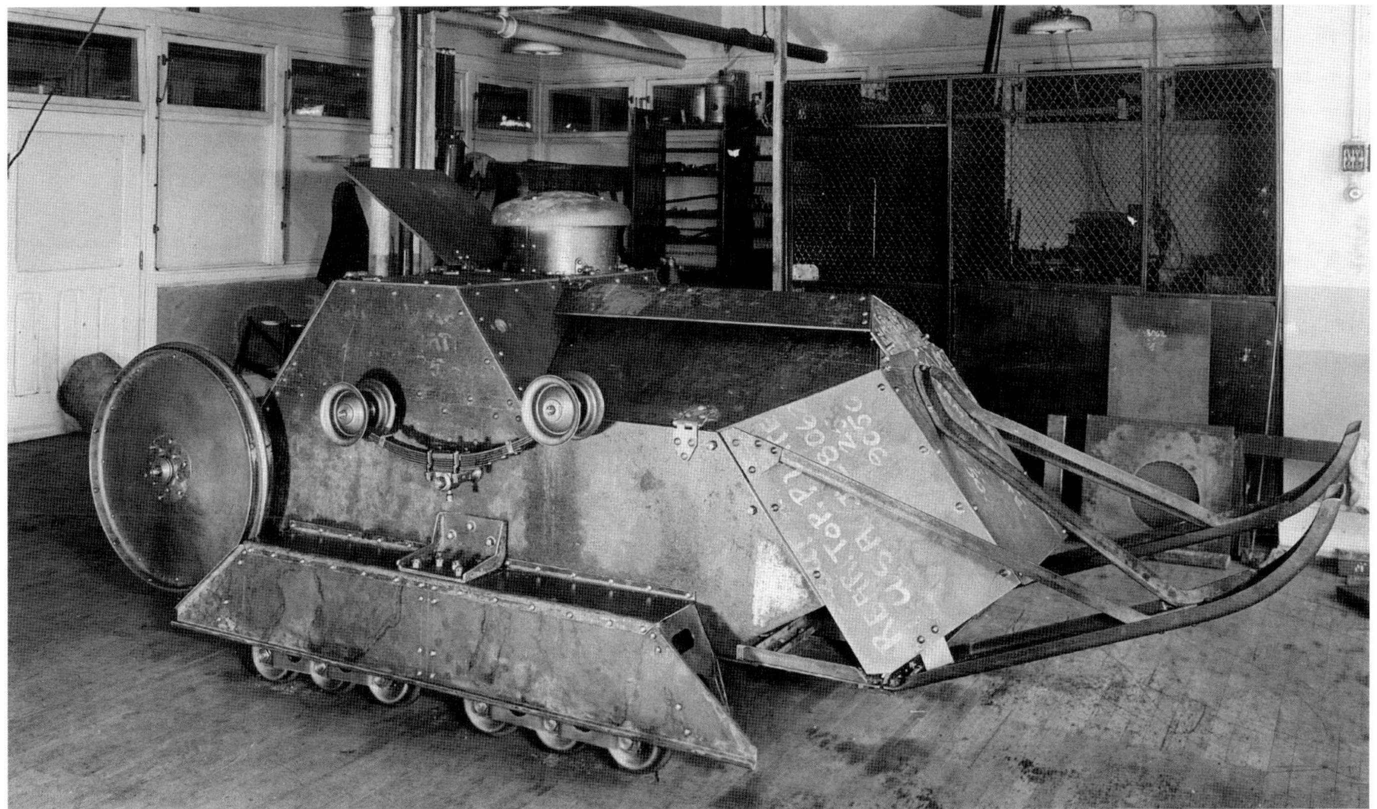

Dieser im Bau befindliche M1918 zeigt deutlich Details des Laufwerks mit seinen zwei Rollenwagen mit je drei Laufrollen pro Seite.

Ein M1918 während seiner Erprobung als Zugmaschine. Obwohl für diese Rolle durchaus geeignet, erübrigte sich durch das Kriegsende die Beschaffung des Typs in großen Stückzahlen.

Bei diesem M1918, der 1919 in Omaha, Nebraska aufgenommen wurde, ist gut zu sehen, wie der Fahrer/Kommandant den vorderen Teil seiner Kuppel anheben konnte.

Ein M1918 während der Erprobung durch die Ford-Werke im Herbst 1918.

Ford Mark I

Die Ford Motor Company entwarf und baute 1918 dieses Versuchsfahrzeug. Obwohl sich das Layout des »Mark I« (»Typ« oder »Modell I«) ebenso wie das des »Ford 3-man Light Tank« am französischen Renault FT orientierte, war dieser Panzer doch eine durch und durch amerikanische Konstruktion. Im Gegensatz zum FT bestand die Besatzung des Mark I aus drei Mann, und auch die Bewaffnung war stärker. Besaß der FT je nach Version nur ein MG oder eine leichte 37-mm-Kanone, vereinte der Mark I beide Bewaffnungsoptionen in einem Fahrzeug. Der Panzer verfügte mittig über einen hohen, vieleckigen Einmann-Drehturm, in dem der Kommandant die kurzläufige 37-mm-Kanone bediente. Ein links neben dem Fahrer platzierter Schütze war für das im Wannenbug lafettierte 7,62-mm-MG verantwortlich. In einigen Bereichen, z.B. Laufwerk, wies der Mark I auch Ähnlichkeiten zum 3-Tonnen-Panzer M1918 aus dem Hause Ford auf. Pro Laufwerkseite gab es drei Rollenwagen an Blattfedern mit insgesamt neun kleinen Laufrollen hinter großen Abdeckblechen. Motor und Getriebe saßen im Heck Anders als beim M1918 waren jedoch nicht zwei, sondern nur ein Triebwerk verbaut, wobei der 60 PS starke Benzinmotor von der Firma Hudson stammte, Ford hatte zu dem Zeitpunkt kein geeignetes Triebwerk. Allerdings verfügte auch der Mark I über ein jeweils eigenes Planetengetriebe pro Laufwerkseite. Ford erhielt noch vor Fertigstellung des einzigen Prototypen einen Auftrag über 1000 Panzer, dieser wurde jedoch mit dem Waffenstillstand am 11. November 1918 storniert.

Nach Fertigstellung des Prototypen stellte sich zudem bei Testfahrten auf dem APG heraus, dass der Schwerpunkt des Fahrzeuges zu weit hinten lag, worunter die Fähigkeit zur Überquerung von Hindernissen und die allgemeine Geländegängigkeit litten. Zudem war der Kettenspannmechanismus nicht ausgereift.

Ford Mark I	
Typ	Leichter Kampfpanzer
Hersteller	Ford Motor Co.
Gefertigte Stückzahl	1 Prototyp
Besatzung	3
Gefechtsgewicht	6804 kg
Länge	5029 mm (mit Hecksporn)
Breite	1981 mm
Höhe	2362 mm
Motor	1 x 6-Zyl. Hudson-Ottomotor
Leistung kW/PS	44/60
Leistungsgewicht	8,82 PS/t
Höchstgeschwindigkeit	13 km/h
Kraftstoffvorrat	k.A
Fahrbereich	50 km
Bewaffnung	1 x 37-mm-BK M1918, 1 x 7,62-mm-MG Typ Marlin M1917 oder Browning M1919
Kampfsatz	k.A
Furttiefe	k.A
Panzerung	9,5 mm – 12,7 mm

Der von Ford konzipierte Mk I in seiner ursprünglichen Auslegung.

Dieses Bild stammt aus dem Jahr 1925 und zeigt den Mark I ohne Bewaffnung. Zudem wurden die Stützrollen entfernt.

Mark VIII

Ende 1917 kamen Großbritannien und die Vereinigten Staaten überein, gemeinsam einen schweren Kampfpanzer zu produzieren, wobei die Briten ihre Erfahrungen im Bau von Panzern und die Amerikaner ihr Wissen und ihre Fähigkeiten in Sachen Großserienproduktion einbringen sollten. Bewaffnung, Munition und Panzerung sollten aus England geliefert werden, den Rest amerikanische Zulieferer beisteuern. Aufgrund dieser Kooperation wurde der Panzer auch als »International Tank« oder »Allied Tank« bezeichnet. Da zudem geplant war, Liberty-Motoren aus US-Fertigung zu verwenden, findet sich mitunter auch die Bezeichnung »Liberty Tank«.

Der Mark VIII (»Mark« oder auch nur »Mk« steht im Englischen schlicht für Modell oder Typ) basierte auf den britischen Entwürfen jener Zeit und zeigte daher die typische Rhomboidform mit umlaufenden Ketten. Der Mark VIII war jedoch länger, um bis zu 4,5 m breite Gräben überschreiten zu können. 673 mm breite Ketten sollten den Bodendruck des gut 39 t schweren Panzers senken. Als Antrieb waren V-12-Motoren der 300-PS-Klasse vorgesehen, entweder ein Liberty-Motor aus den USA oder ein Ricardo-Triebwerk aus Großbritannien. In beiden Fällen erfolgte die Kraftübertragung mittels eines modernen Planetengetriebes, das sich im Heck des Panzers befand. Die Hauptbewaffnung bestand aus je einer 57-mm-BK L/23 in zwei seitlichen Erkern, die für den Transport eingeklappt werden konnten. Hinzu kamen zunächst sieben, später nur noch fünf MGs in Kugelblenden, je eines in den seitlichen Türen hinter den Erkern, zwei an der Front, zwei an den Sei-

Mark VIII	
Typ	Schwerer Kampfpanzer
Hersteller	Rock Island Arsenal
Gefertigte Stückzahl	100 Serienpanzer in den USA
Besatzung	9 - 12
Gefechtsgewicht	39.463 kg
Länge	6710 mm
Breite	2130 mm
Höhe	1720 mm/2159 mm
Motor	1 x V-12-Ottomotor vom Typ Liberty
Leistung kW/PS	252/343
Leistungsgewicht	8,69 PS/t
Höchstgeschwindigkeit	8,5 km/h
Kraftstoffvorrat	909 l
Fahrbereich	88 km
Bewaffnung	2 x 57-mm-BK L/23, 5 x 7,62-mm-MG Browning M1919
Kampfsatz	208 x 57 mm, 13.848 x 7,62 mm
Furttiefe	0,61 m
Panzerung	6 mm – 16 mm

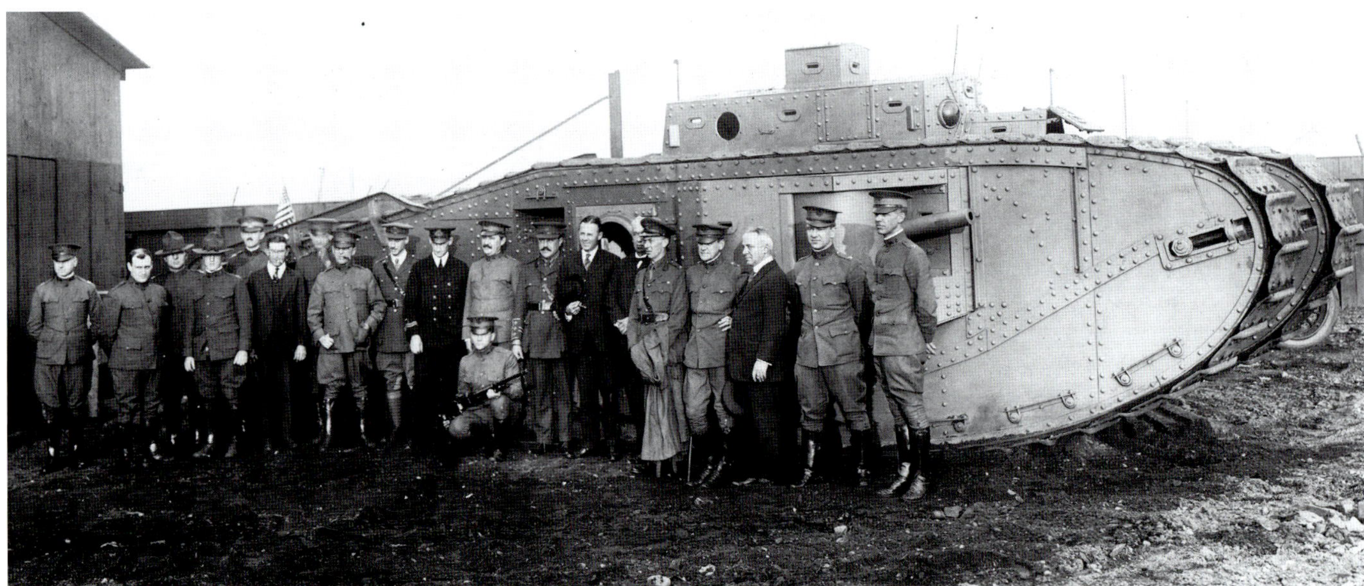

Angehörige der US-Streitkräfte sowie Mitarbeiter der Locomobile Company vor dem Mark VIII Prototyp aus Weichstahl. Man beachte die beiden runden Öffnungen am Turmaufbau, die eigentlich der Lafettierung von MGs dienen sollten. 24. Januar 1919, Bridgeport, Connecticut.

Der Prototyp des Mark VIII bei Probefahrten im Raum Bridgeport im Herbst/Winter 1918/19. Der Prototyp ist stets an den Kugelblenden an den Turmaufbauseiten zu erkennen, die bei den Serienexemplaren entfielen.

ten und eines an der Rückseite des turmartigen Aufbaus. Die in den Turmseiten befindlichen MGs entfielen bei den in den USA gebauten Exemplaren jedoch. Der turmartige Aufbau war zugleich eine der wichtigsten Neuerungen des Typs, da er dem Kommandanten einen Blick in alle Richtungen ermöglichte. Zur Bedienung all dieser Waffen waren ursprünglich zwölf Mann notwendig, der Verzicht auf zwei MGs reduzierte die Zahl auf neun bis zehn Soldaten. Zudem verfügte der Mark VIII erstmals über eine Schottwand zwischen Kampfraum- und Motorraum, was die Lärm- und Hitzebelastung für die Besatzung erheblich senkte. Nur der im Motorraum befindliche Mechaniker profitierte nicht von dieser Innovation. Schiebetüren ermöglichten den Durchgang vom Kampf- zum Motorraum. Ventilatoren erzeugten zudem einen leichten Überdruck im Kampfraum, was Dämpfe aus dem Motorraum, aber auch Giftgas von außen am Eindringen hinderte. Im Vergleich zu bisherigen britischen Modellen, bei denen sich der Motor mitten im Kampfraum befand – was im Panzer zu Temperaturen von über 50 Grad führte und einen infernalischen Lärm erzeugte –stellte diese Auslegung einen erheblichen Fortschritt dar. Über eine Gegensprechanlage mit Kehlkopfmikrophonen und Kopfhörern vermochte der Kommandant mit dem Fahrer, den Kanonieren und dem Mechaniker zu kommunizieren und Anweisungen zu geben. Drei Kraftstoffbehälter mit insgesamt 909 Litern Fassungsvermögen waren im Wannenheck untergebracht und vom Motorraum ebenfalls durch ein Schott getrennt. Das Fahrwerk verfügte über 29 ungefederte Laufrollen, aber nur eine Stützrolle.

Als Antrieb des Mark VIII diente ein V-12-Liberty-Ottomotor des Typs Liberty L-12 mit niedriger Kompression, der einen Hubraum von 27.039 cm^3 aufwies und 338 hp (entspricht etwa 343 PS) leistete. Der Liberty war eigentlich als Flugzeugtriebwerk konzipiert worden und zählte zu den stärksten Motoren seiner Zeit.

Mark VIII aus britischer Fertigung

Die Fahrzeuge sollten in neu zu errichtenden Fertigungsstätten in Frankreich montiert werden und für die geplanten Offensiven des Jahres 1919 in ausreichender Stückzahl zur Verfügung stehen. Die Produktionsplanung sah bis Ende des Jahres 1918 die Fertigstellung von 1500 Stück vor, im Laufe des Jahres 1919 sollten dann bis zu 1200 Stück pro Monat die Werkshallen verlassen. Verzögerungen bei der Fertigstellung der französischen Produktionswerke führten dann dazu, dass als Zwischenlösung 1450 Mk VIII in Großbritannien und 1500 Exemplare in den USA gefertigt werden sollten. Bis Kriegsende entstanden jedoch nur Prototypen, dann wurde das Projekt beendet. Aus bereits vorhandenen Teilen wurden in Großbri-

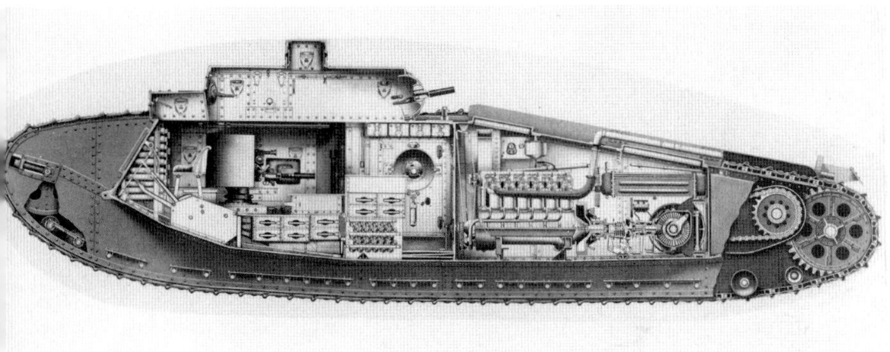

Schnittzeichnung eines Serienfahrzeugs. Man beachte die fehlenden MGs an den Seiten des Turmaufbaus.

Ein Mark VIII während eines Manövers, aufgenommen am 9. Juli 1928 in Maryland.

Ein Mark VIII des 67th Infantry Regiment (Heavy Tank), Fort Benning, Georgia, in den frühen 1930er Jahren.

tannien 24 Panzer mit 300-PS-Ricardo-Motoren komplettiert. Fünf davon nutzten die britischen Streitkräfte kurzzeitig in der Ausbildung, der Rest wurde direkt wieder verschrottet.

Mark VIII aus amerikanischer Fertigung

Teile für einen ersten amerikanischen Mark VIII wurden im Juli 1918 aus Großbritannien in die USA verschifft. Da in den Staaten noch keinerlei Serienteile verfügbar waren, wurden diese in Handarbeit bei der Locomobile Company in Bridgeport (Connecticut) mit US-Komponenten ergänzt und zusammengebaut. Dieser Mark VIII bestand noch aus Weichstahl und wurde am 28. September 1918 fertiggestellt – allerdings noch ohne Bewaffnung. Diese traf erst am 31. Oktober aus Großbritannien ein. Mit Kriegsende, nachdem eine Serienfertigung im großen Maßstab nicht mehr notwendig war, erwarb die US Army in Großbritannien alle bereits fertiggestellten Teile für die Wannen und ließ daraus in den Jahren 1919 und 1920 im Rock Island Arsenal, Illinois, 100 Mark VIII bauen.
Der Weichstahl-Prototyp kam am 2. Februar 1919 im Rock Island Arsenal an und wurde dort intensiv untersucht. Anschließend wurde der Panzer zum Savanna Proving Ground, Illinois, verbracht und dort intensiv erprobt. Dabei legte der Prototyp rund 3400 Kilometer ohne größere Probleme zurück – für die damalige Zeit eine erstaunliche Leistung. Allerdings führte die Positionierung der Abgasrohre dazu, dass sich der Boden des Motorraums extrem aufheizte, sodass dies bei den Serienmodellen geändert werden sollte. Nach Ende dieser Tests lief die Fertigung der restlichen Exemplare am 1. Juli 1919 an, am 5. Juni 1920 wurde schließlich der letzte Mark VIII montiert. Im Gegensatz zum ursprünglichen Entwurf waren diese Panzer mit nur fünf MGs des Typs Browning M1919 ausgerüstet, deren Läufe über charakteristische Panzermäntel verfügten.

Alle Mark VIII wurden im 67th Infantry Regiment (Tank) zusammengefasst. Im Einsatz erwiesen sich die Fahrzeuge als mechanisch anfällig und wartungsintensiv, so mussten zum Beispiel die Ketten bereits nach einer Laufleistung von rund 30 km ersetzt werden. Außerdem waren die Mark VIII nach Empfinden der US Army zu langsam und zu schwach gepanzert. Aus finanziellen Gründen bildeten die Mark VIII jedoch zusammen mit den leichten M1917 bis in die 1930er Jahre das Rückgrat der Panzertruppe der US Army. Zwischen 1932 und 1935 wurden alle noch vorhandenen MK VIII ausgesondert, eingemottet und schließlich 1940 zum Schrottpreis an Kanada verkauft, wo sie noch einige Zeit zu Ausbildungszwecken dienten.

Ebenfalls aus einem Manöver stammen diese beiden Aufnahmen, die in Ford Meade, Maryland, im Jahre 1921 entstanden.

Die Zeit zwischen den Kriegen

Christie Medium Tank M1919 und M1921

In den Anfangstagen der Panzerentwicklung waren die Kettenlaufwerke häufig technisch unzuverlässig und unterlagen hohem Verschleiß. Obwohl für die Fahrt im Gelände zwingend notwendig, schränkten sie die Geschwindigkeit eines Fahrzeuges auf guten Wegen doch erheblich ein. Wann immer möglich wurden Panzer daher per Eisenbahn oder Lkw bis in unmittelbare Nähe ihres Einsatzortes transportiert.

J. Walter Christie war Rennfahrer und Erfinder. Seine Firma »Front Drive Motor Company« baute Feuerwehrfahrzeuge,

Christie Medium Tank M1919/1921	
Typ	Mittlerer Kampfpanzer
Hersteller	Front Wheel Drive Company
Gefertigte Stückzahl	1 Prototyp
Besatzung	3/4
Gefechtsgewicht	12.260 kg/12.698 kg
Länge	5537 mm
Breite	2591 mm
Höhe	2667 mm/2159 mm
Motor	1 x Christie 6-Zyl.-Ottomotor
Leistung kW/PS	88/120
Leistungsgewicht	9,78 PS/t bzw. 9,45 PS/t
Höchstgeschwindigkeit	11 km/h (auf Ketten), 22 km/h (auf Rädern)
Kraftstoffvorrat	223 l/254 l
Fahrbereich M1919	55 km (auf Ketten), 120 km (auf Rädern)
Fahrbereich M1921	120 km (auf Ketten), 160 km (auf Rädern)
Besatzung	3
Bewaffnung M1919	1 x 57-mm-BK, 2 x 7,62-mm-MG M1919
Bewaffnung M1921	1 x 57-mm-BK, 3 x 7,62-mm-MG M1919
Kampfsatz	k.A
Panzerung M1919	6,35 mm – 25,4 mm
Furttiefe	k.A
Panzerung M1921	6,35 mm – 19,05 mm

Im Herbst 1919 stellte J. Walter Christie eine Artillerie-Selbstfahrlafette für ein 155-mm-Geschütz vor, welche über ein Räder-Ketten-Laufwerk verfügte. Dabei konnten die Ketten innerhalb von 15 Minuten auf- bzw. abgezogen werden, um Marschfahrten auf den großen gummibereiften Rädern zu erlauben. Die Ketten wurden dann solange auf den Kettenabdeckungen verstaut.

Christie entwarf auch gepanzerte Amphibienfahrzeuge mit Rad-Ketten-Laufwerk. Diese Selbstfahrlafette mit einer 75-mm-Kanone wurde 1922 gebaut. In der Hoffnung auf einen Auftrag des Marine Corps spricht J. Walter Christie (links) hier mit dem Marineminister Edwin Denby (rechts). Christies schwieriger Charakter und sein sprunghaftes Geschäftsgebaren führten trotz seiner technischen Brillanz zumeist dazu, dass keine Serienaufträge vergeben wurden.

Der M1919 mit Ketten im April 1921.

Die Gleisketten des M1919 konnten vergleichsweise rasch auf- und wieder abgezogen werden. Diese Aufnahme entstand im Werk in Hoboken, New Jersey.

Der M1919 während der Erprobung auf dem Aberdeen Proving Ground.

Der M1921 im Gelände. Man beachte den Kopf des Fahrers in der hinteren Luke.

Traktoren, Rennwagen und während der Endphase des Ersten Weltkriegs Prototypen diverser Artillerie-Selbstfahrlafetten. Im Herbst 1919 führte Christie in Camp Meade eine Selbstfahrlafette mit einem neuartigen Laufwerk vor, das sowohl die Fahrt auf Rädern als auch auf Ketten erlaubte. So konnte der Anmarschweg rasch und treibstoffsparend auf Rädern zurückgelegt werden, während vor dem Einsatz im Gelände die auf dem Fahrzeug mitgeführten Gleisketten aufgezogen wurden. Dem Ordnance Department – dem Waffenamt – erschien es sinnvoll, diese Idee weiter zu verfolgen, weshalb die Front Drive Motor Company am 22. November 1919 den Auftrag erhielt, einen Kampfpanzer mit einem Rad-Ketten-Laufwerk zu konstruieren. Die Pläne für den Entwurf wurden am 8. Juni 1920 genehmigt und das M1919 genannte Fahrzeug im Januar 1921 fertiggestellt. Einen Monat später lief die Erprobung auf dem Aberdeen Proving Ground an.

Bei diesem ungewöhnlichen Laufwerk waren die beiden großen Front- und Heckräder ungefedert, während die kleinen, in der Mitte angebrachten Laufrollen über Schraubenfedern verfügten. Im Gelände nutzte der M1919 Gleisketten, für die Fahrt auf der Straße konnten diese jedoch innerhalb von 15 Minuten abgenommen und auf der Laufwerksabdeckung verstaut werden. Das mittlere Laufrollenpaar wurde dann angehoben und das Fahrzeug rollte allein auf seinen gummibereiften Front- und Heckrädern. Der Fahrer saß vorn, in der Mitte befand sich ein zylindrischer Zwei-Mann-Drehturm mit einer 57-mm-BK und einem koaxialen 7,62-mm-MG in einer Blende, auf den ein weiterer kleiner Turm mit einen 7,62-mm-MG aufgesetzt war. Die beim M1919 verwendete Blende kam auch bei den mittleren Panzern M1921 und 1922 zum Einsatz. Die Panzerung reichte von 6,35 mm (¼ inch) bis 25,4 mm (1 inch). Ein 120-PS-Motor und das Getriebe fanden ihren Platz im Heck. Während der Erprobung durch die US-Streitkräfte von Februar bis zum 21. April 1921 erwiesen sich die Gleisketten jedoch als nicht zuverlässig, wie auch die gesamte Konstruktion noch nicht ausgereift wirkte. Hinzu kamen nicht zufriedenstellende Fahr- und Geländeeigenschaften. J. Walter Christie bat daher, das Fahrzeug modifizieren zu dürfen. und erhielt es zurück.

Auf Kosten der US-Streitkräfte wurde der Entwurf daher grundlegend überarbeitet und am 28. März 1922 als M1921 (nicht zu verwechseln mit dem »M1921 Medium«) der US-Armee übergeben. Das Laufwerk des M1921 verfügte nun über gefederte Fronträder, während das mittlere Paar Laufräder wesentlich größer war. An der Möglichkeit, die Ketten für die Straßenfahrt abzunehmen, hatte sich nichts geändert. Um den Schwerpunkt abzusenken, verzichtete Christie auf den Drehturm und lafettierte die Bewaffnung im Bug. Diese bestand nun aus einer 57-mm-BK und einem koaxialen 7,62-mm-MG in einer massiven Kugelblende sowie zwei 7,62-mm-MGs links und rechts seitlich im Aufbau. Vorne im Kampfraum fanden ein Richt- und ein Ladeschütze Platz, dahinter saßen erhöht der Fahrer (links) und der Kommandant (rechts). Motor, Getriebe und Gleisketten blieben unverändert. Obwohl die maximale Panzerung nur noch 19,05 mm (¾ inch) betrug, stieg das Gewicht leicht an. Die Erprobung des M1921 erfolgte in Aberdeen bis zum 24. Oktober 1922, danach wurden die Tests noch bis März 1923 in Camp Meade fortgesetzt. Dabei zeigte sich, dass der M1921 nach wie vor mechanisch unzuverlässig und nur schwierig zu steuern war. Außerdem beeinträchtigte der extrem enge Kampfraum den taktischen Wert des Panzers. Eine Serienproduktion lief daher nicht an, der M1921 ging am 10. Juli 1924 an die Sammlung des Aberdeen Proving Ground.

14. Juni 1922: der M1921 im Gelände auf dem Aberdeen Proving Ground.

Der M1921 während der Erprobung in Camp Meade. Im Hintergrund ein Mark VIII.

Medium Tank M1921 und M1922

Im Juni 1919 erkannte das Ordnance Department die Notwendigkeit eines neuen mittleren Panzers ähnlich dem zu jener Zeit in Entwicklung befindlichen britischen Medium D. Am 18. August 1919 legte Brigadegeneral S. D. Rockenbach schließlich das Gefechtsgewicht (nicht über 18 t), das Leitungsgewicht (10 PS/t) und die Höchstgeschwindigkeit (rund 19 km/h) fest. Der Fahrbereich sollte bei 96 Kilometern (60 Miles) liegen. Im Lastenheft stand überdies als Hauptbewaffnung eine leichte Kanone samt zweier MGs, die Panzerung sollte vor panzerbrechenden Projektilen im Gewehrkaliber schützen. Am 4. November

Medium Tank M1921/1922	
Typ	Mittlerer Kampfpanzer
Hersteller	Rock Island Arsenal
Gefertigte Stückzahl	je 1 Prototyp
Besatzung	4
Gefechtsgewicht	20.865 kg/22.680 kg
Länge	6528 mm/7925 mm
Breite	2438 mm/2743 mm
Höhe	2972 mm/2959 mm
Motor	1 x Murray & Tregurtha 6-Zyl.-Otto-motor
Leistung kW/PS	164/223 gedrosselt auf 125/170
Leistungsgewicht M1921	8,15 PS/t bzw. 7,5 PS/t
Höchstgeschwindigkeit	16 km/h bzw. 25 km/h
Kraftstoffvorrat	k.A
Fahrbereich	88 km
Bewaffnung	1 x 57-mm-BK L/23, 1 x 7,62-mm-Browning-MG M1919 koaxial, 1 x 7,62-mm-Browning-MG M1919 im MG-Turm auf dem Turm
Kampfsatz	k.A
Furttiefe	0,91 m
Panzerung	9,5 mm – 25,4 mm

Die Holzattrappe des Medium A bzw. M1921 im April 1920.

Seiten- und Halbfrontansicht des M1921, aufgenommen am 26. Mai 1922 auf dem Aberdeen Proving Ground.

1919 wurde diese Forderung so verändert, dass der Schutz vor panzerbrechenden Geschossen des Kalibers 12,7 mm aus nächster Nähe gegeben sein sollte. Nach Verabschiedung des kompletten Lastenhefts begannen die eigentlichen Konstruktionsarbeiten. Nachdem das Tank Corps Technical Board am 2. April 1920 ein Holz-Mock-Up begutachtet hatte, erhielt das Ordnance Department am 13. April jenes Jahres die Erlaubnis, im Rock Island Arsenal zwei Prototypen bauen zu lassen. Der erste dieser beiden wurde als »Medium A« oder auch »M1921 Medium« bezeichnet, der zweite als »M1922«. Dieser M1922 unterschied sich vor allem durch das über flexible Stahlkabel gefederte Laufwerk vom Vorgänger – eine Lösung, die zu jener Zeit auch im britischen Medium D erprobt wurde.

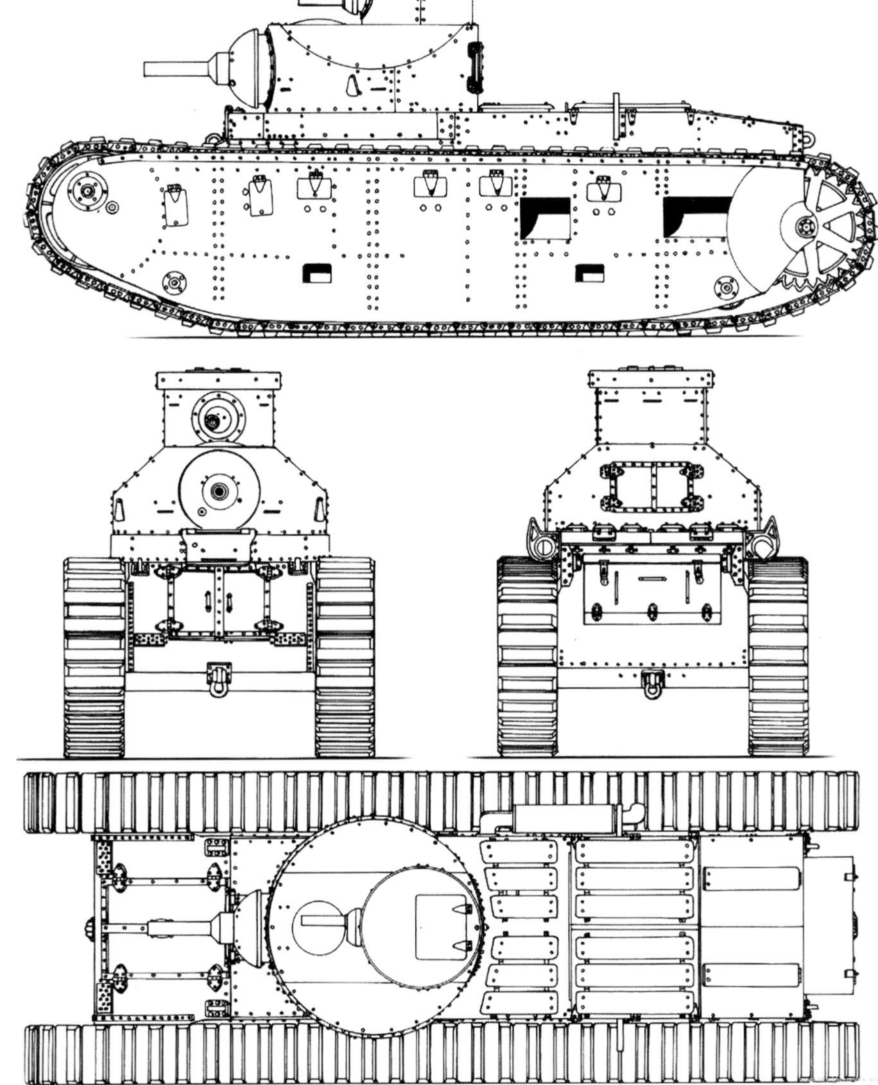

Vier-Seiten-Ansicht des M1921.

M1921

Der M1921 wurde im Dezember 1921 fertiggestellt und nahm ab dem 20. Februar 1922 auf dem APG seine offizielle Erprobung auf. Als Problem erwies sich dabei das Triebwerk, das offiziell 223 PS bei 1200 U/min leisten sollte, unter realen Bedingungen jedoch bei 1250 U/min nur knapp unter 198 PS erbrachte. Die Bewaffnung bestand aus einer 57-mm-Kanone L/23 mit einem koaxialen 7,62-mm-MG im Turm sowie einem weiteren MG dieses Kalibers in einem kleinen Drehturm auf dem Hauptturm. Die Blende für die Hauptwaffe und das koaxiale MG war identisch mit jener, die im Christie M1919 Verwendung fand. Die Panzerung reichte von 9,5 mm an den horizontalen Flächen bis hin zu 25,4 mm an den vertikalen Flächen. Die Erprobung des M1921 auf dem APG sowie in Camp Meade zog sich bis 1926 hin. Dabei kam es immer wieder zu Problemen mit dem ursprünglich für Boote entwickelten Ottomotor. Auch nachdem die Leistung auf 170 PS begrenzt worden war, erwies sich das Aggregat als nicht tauglich für den Einsatz in einem Kampffahrzeug. Daher wurde versuchsweise ein Liberty-L-12-Triebwerk verbaut, wie es auch im schweren Panzer Mark VIII zum Einsatz kam. Dieser Motor war zwar zuverlässiger und kraftvoller, überforderte aber den Antriebsstrang, was zu zahlreichen Ausfällen führte. 1926 kam im Rahmen der Entwicklung des mittleren Panzers T1 ein neu entwickelter V8-Ottomotor aus dem Hause Packard zum Einsatz, der M1921 wurde dann als »Phase 1 Medium Tank« bezeichnet.

M1922

Der M1922 wurde nach seiner Fertigstellung zum APG verbracht und dort ab Anfang März 1923 erprobt. Sein Kabellaufwerk ermöglichte zwar eine um 9 km/h höhere Endgeschwindigkeit und gute Fahreigenschaften, war zugleich aber anfällig und nicht sonderlich wartungsfreundlich. Zudem litt der Entwurf ebenfalls unter Problemen mit dem Antrieb. Der M1922 wurde daher wie der M1921 lediglich als Versuchsfahrzeug genutzt und diente der Erprobung zahlreicher Bauteile wie z.B. Kilometerzähler oder gyroskopischer Kompasse.

Details der Kabelfederung des Laufwerks des M1922.

Der M1922 verfügte über ein mittels Drahtkabeln gefedertes Laufwerk und neue Ketten, deren Glieder zum Teil aus Holz bestanden.

Nach seiner Erprobung wurde der M1922 Teil der Fahrzeug-Ausstellung auf dem APG, wo auch dieses Bild entstand.

Medium Tank T1

Bei der Erprobung der beiden Panzermodelle M1921 und M1922 erwies sich der Motor aus dem Hause Murray & Tregurtha als größte Schwachstelle. Dieses ursprünglich als Antrieb für Motorboote konzipierte Aggregat war nicht für Panzerfahrzeuge geeignet. Das Ordnance Department prüfte daher weitere handelsübliche Motortypen, fand jedoch keinen passenden Ersatz. Daraufhin wurde die Packard Motor Company mit der Entwicklung eines speziellen Panzermotors beauftragt, der den Vorgaben des Ordnance Departments entsprechen sollte. Das erste dieser V-8-Triebwerke wurde im Juni 1925 fertiggestellt und zusammen mit weiteren verbesserten Komponenten versuchsweise im M1921 installiert, der dann die Bezeichnung »Phase 1 Medium Tank« erhielt. Dessen Weiterentwicklung wurde dann am 11. März 1926 beschlossen. Das neue Fahrzeug hieß jedoch nicht wie ursprünglich geplant »Phase 2 Medium Tank«, sondern schlicht »Medium Tank T1«. Der T1 wurde im Mai 1927 fertiggestellt und im September jenes Jahres vom Rock Island Arsenal zum APG verbracht.

Er ähnelte stark dem M1921 mit Packard-Motor, wies aber einige Veränderungen auf, die sich aus der Erprobung dieses Musters ergeben hatten. Diese betrafen vor allem Laufwerk, Ketten und Motorabdeckung. Zudem wurde für den T1 Weichstahl verwendet, was die Baukosten erheblich senkte. Die Bewaffnung bestand wie gehabt aus einer 57-mm-Kanone mit einem koaxialen 7,62-mm-MG in einem Drehturm, auf den ein weiterer Drehturm mit einem 7,62-mm-MG aufgesetzt war. Die im September 1927 beginnende Erprobung verlief erfolgreich und die US Army erachtete den T1 als bisherigen Entwürfen überlegen. Der 200-PS-Packard-Motor bewährte sich, war aber nicht stark genug. Zudem erreichte der T1 nur 22,5 km/h. Trotz dieser Mängel stellte der T1 gegenüber früheren Entwürfen eine wesentliche Verbesserung dar, und das Ordnance Committee empfahl am 24. Januar 1928 die Aufnahme der Serienfertigung. Tatsächlich fiel dann am 2. Februar die Entscheidung, den T1 als M1 bei den US-Streitkräften einzuführen – nur um diese Entscheidung kurze Zeit später zu widerrufen. Der T1 diente danach als Versuchsfahrzeug, er wurde im Juli 1928 mit einer 75-mm-Haubitze und im April 1932 (wie bereits der M1921) mit einem 340-PS-Liberty-Motor ausgerüstet (Bezeichnung dann T1E1). Doch einmal mehr zeigte sich der Antriebsstrang überfordert.

Medium Tank T1	
Typ	Mittlerer Kampfpanzer
Hersteller	Rock Island Arsenal
Gefertigte Stückzahl	1 Prototyp
Besatzung	4
Gefechtsgewicht	19.958 kg
Länge	6553 mm
Breite	2438 mm
Höhe	2762 mm
Motor	1 x Special Packard V8-Ottomotor
Leistung kW/PS	147/200
Leistungsgewicht	10,01 PS/t
Höchstgeschwindigkeit	22,5 km/h
Kraftstoffvorrat	360 l
Fahrbereich	88 km
Bewaffnung	1 x 57-mm-BK, 1 x 7,62-mm-Browning-MG M1919 koaxial, 1 x 7,62-mm-Browning-MG M1919 im MG-Turm auf dem Turm
Kampfsatz	k.A
Furttiefe	0,61 m
Panzerung	9,5 mm – 25,4 mm Weichstahl

Seitenansicht des T1 während seiner Erprobung auf dem Aberdeen Proving Ground (APG) am 7. Dezember 1927.

Der T1 während der Erprobung durch das Herstellerwerk, das Rock Island Arsenal, am 8. Juni 1927.

In dieser Frontansicht des T1 aus dem Frühjahr 1928 sind gut die neuen Ketten des Typs zu erkennen.

Der T1E1 mit Liberty-Motor erreichte bis zu 40 km/h, doch überforderte dieses Triebwerk den Antriebsstrang. Hier ist der T1E1 mit dem Namen »Fu Manchu« (ein Filmbösewicht jener Tage) im Herbst 1932 in Fort Benning bei einem Manöver zu sehen.

Light Tank T1

Unter der Bezeichnung »T1« entstand auch eine ganze Reihe von Prototypen von leichten Panzern. Diese hießen T1 bis T1E6 und entstanden zwischen 1927 und 1932. Die T1-Entwürfe waren die ersten leichten Kampfpanzer, die in den USA nach dem Ersten Weltkrieg entwickelt wurden.

Bereits 1922 formulierte die US-Armee den Anforderungskatalog für einen neuen leichten Kampfpanzer. Dieser sollte mit einer 37-mm-BK und einem MG bewaffnet sein, 19 km/h erreichen, zwei Mann Besatzung haben und Schutz vor dem Beschuss mit panzerbrechenden 7,62-mm-Geschossen bieten. Die Gewichtsobergrenze sollte bei 5 t liegen, um einen Transport per Lkw zu ermöglichen. Die Army konzentrierte sich wegen ihrer beschränkten finanziellen Mittel jedoch zunächst auf die Entwicklung eines mittleren Panzers (er hieß ebenfalls »T1«), daher genoss das Projekt keine hohe Priorität. Sowohl das Rock Island Arsenal als auch das Office of the Chief of Ordnance sowie das Ordnance Advisory Committee of the Society of Automotive Engineers fertigten bis 1926 lediglich Entwürfe an. Am 15. September jenes Jahres wurden all diese unterschiedlichen Vorschläge bei einem Treffen auf dem Aberdeen Proving Ground begutachtet. Dabei einigte man sich auf einen vorne in der Wanne platzierten Motor. Einerseits sorgte das für eine bessere Gewichtsverteilung, andererseits erleichterte das die Entwicklung eines leichten Nachschubtransporters auf dieser Basis.

Das Unternehmen James Cunningham, Son & Company aus Rochester, New York, erhielt schließlich am 12. April 1927 den Auftrag, innerhalb von 120 Tagen ein erstes Prototypen-Fahrgestell zu bauen. Dieser »T1« wurde am 1. August fertiggestellt und am 1. September der Öffentlichkeit vorgeführt.

Turm und Aufbau des T1-Prototyps sind auf diesen Bildern nur Attrappen. Man beachte den großen Schalldämpfer der Abgasanlage seitlich an der Wanne.

T1

Der T1-Prototyp basierte auf von Harry Knox für das Rock Island Arsenal angefertigten Plänen. Aufbau und Drehturm bestanden zum Zeitpunkt seiner Vorstellung noch aus Holz, vermittelten aber den Eindruck eines vollständigen Fahrzeugs, obwohl lediglich das Fahrgestell funktionsfähig war. Für Vortrieb sorgte ein vorn eingebauter 105-PS-Motor, der auf die hinten liegenden Treibräder wirkte. Die Besatzung bestand aus

Einer der vier T1E1 während seiner Erprobung. Man beachte im Vergleich zum T1 die hinzugefügten Kettenabdeckungen sowie die externen Treibstofftanks seitlich an der Wanne unterhalb des Turms. Verantwortlicher Konstrukteur der T1-Reihe im Rock Island Arsenal war Harry A. Knox, Gründer der Knox Automobile Company, die von 1900 bis 1914 Pkw und bis 1924 Lkw und Traktoren gebaut hatte, bevor sie in Konkurs ging. Knox legte großen Wert auf die mechanische Zuverlässigkeit seiner Entwürfe und war später für wegweisende Erfindungen wie die Endverbinder-Gleiskette mit Gummipolstern oder das VVSS-Laufwerk verantwortlich.

Der T1E1 unterschied sich äußerlich vom T1 auch durch den kürzeren Wannenbug, der nun nicht mehr über das Laufwerk hinausragte.

zwei Mann, dem Fahrer und dem Kommandanten/Schützen im hinten befindlichen, handbetätigten Turm. Die Bewaffnung setzte sich aus einer kurzen 37-mm-BK M1916 (wie bereits im leichten Panzer M1917 verwendet) und einem 7,62-mm-MG im Turm zusammen. Die Panzerung wies eine maximale Stärke von 9,5 mm auf. Eine Tür am Wannenheck ermöglichte der zweiköpfigen Besatzung den Zugang zum Panzer. Obwohl das ungefederte Fahrwerk nicht ganz überzeugen konnte, verlief die Erprobung so zufriedenstellend, das 1928 sechs Fahrzeuge einer verbesserten Ausführung in Auftrag gegeben wurden: vier leichte Panzer und zwei Nachschubtransporter, die alle unter der Bezeichnung »T1E1« liefen. Im Anschluss an die Erprobung auf dem APG wurde der T1-Prototyp zunächst durch Entfernen des Panzeraufbaus und des Turms sowie das Hinzufügen einer hölzernen Ladefläche in einen Nachschubtransporter umgewandelt und letztendlich zu einem Kabelleger modifiziert.

T1E1

Der T1E1 ähnelte dem T1 und war mit dem gleichen Triebwerk und der gleichen Bewaffnung ausgestattet. Er verfügte aber

T1E2, aufgenommen am 25. November 1929 auf dem Aberdeen Proving Ground, Maryland. Man beachte die veränderten Kettenabdeckungen, sowie die nun drei Stützrollen des Fahrwerks.

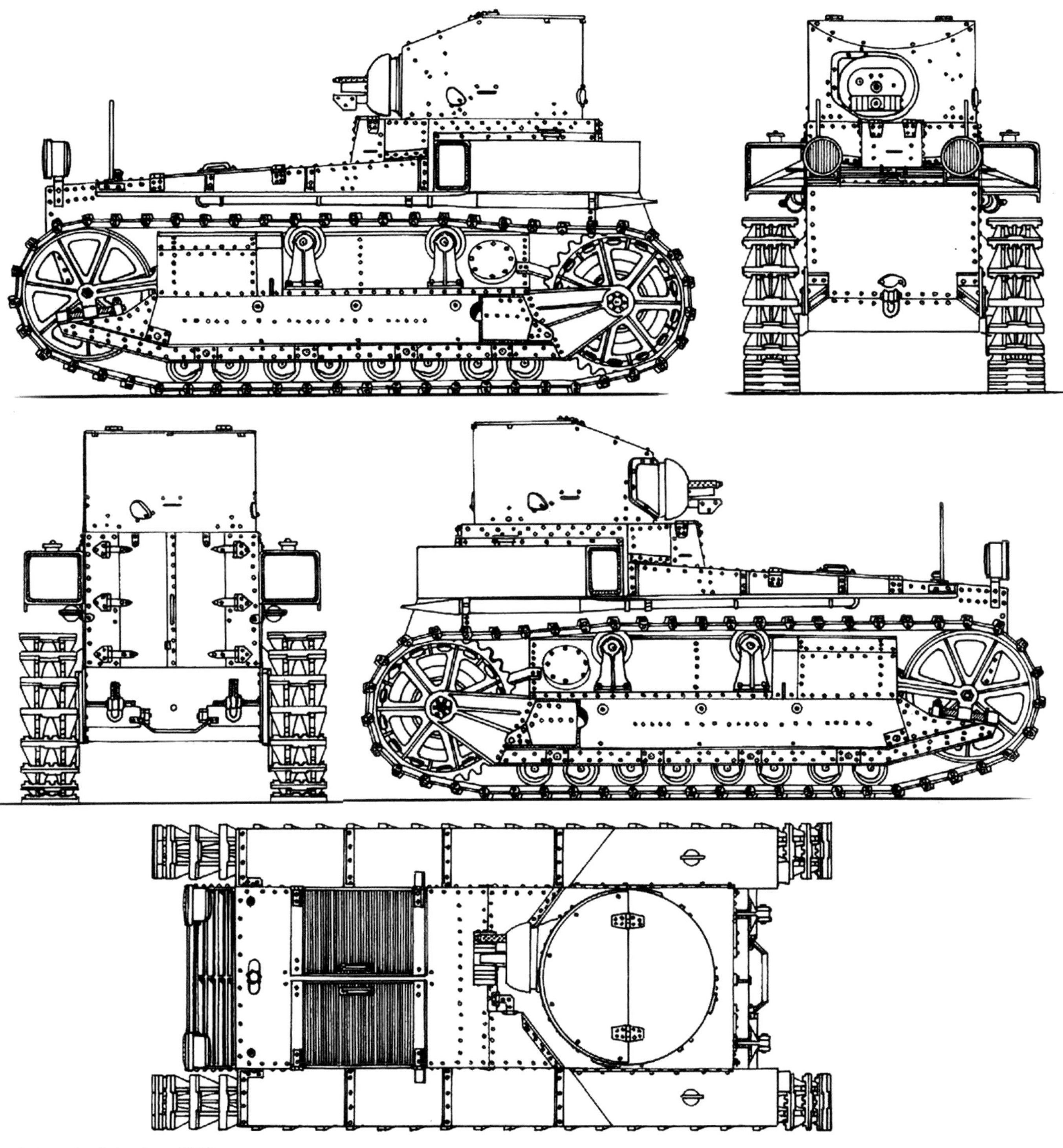

5-Seiten-Ansicht eines T1E1.

über einen verkürzten Wannenbug, der nicht mehr über das Laufwerk hinausragte, während die Treibstofftanks nun über den Kettenabdeckungen seitlich der Wanne untergebracht waren.

Am 28. Juni 1928 wurden die vier T1E1 der 4th Tank Company in Fort Meade zugeordnet und dort intensiv erprobt. Besonderes Augenmerk war der mechanischen Zuverlässigkeit geschenkt worden – mit Erfolg, denn ein T1E1 absolvierte in-

Der vorn eingebaute Motor des T1E2 war über große Klappen gut zugänglich. Man beachte das lange Rohr der 37-mm-Kanone.

nerhalb von zwei Monaten ohne ernste Panne über 3200 Kilometer. Erneut betonte die Army in ihrem Prüfbericht die Überlegenheit des T1 gegenüber dem M1917, der bereits nach einer Fahrstrecke von rund 130 Kilometern überholt werden musste.
Für die damalige Zeit legte der T1E1 eine erstaunliche Leistung an den Tag. Das war Grund genug, die Produktionsaufnahme des T1E1 als »Light Tank M1« zu planen. Weil aber andererseits das Laufwerk ungefedert war und bei geschlossenen Luken sich zu viele Pulvergase im Kampfraum sammelten, wurde diese Entscheidung bald widerrufen. Stattdessen wurde der Bau eines weiteren Versuchsfahrzeugs mit stärkerer Panzerung und den sich aus den Tests ergebenden Modifikationen angeordnet.

T1E2

Im Dezember 1928 erhielt die Firma James Cunningham, Son and Company den Auftrag zum Bau des T1E2. Der Prototyp entstand wiederum nach Plänen des Rock Island Arsenal. Der Panzer wurde am 3. Juni 1929 fertig und kurz darauf dem APG überstellt. Wichtigste Unterschiede waren die modifizierte Wanne, der überarbeitete Turm, die verstärkte Panzerung (15,9 mm) und der wegen des gestiegenen Gewichts (8074 kg) verwendete Motor mit 132 PS. Trotz des stärkeren Motors und eines verbesserten Laufwerks sank die Höchstgeschwindigkeit auf 26 km/h, was am geänderten Getriebe lag. Als Bewaffnung diente neben einem 7,62-mm-MG zunächst eine halbautomatische 37-mm-BK aus dem Haus Browning mit langem Lauf. Diese hatte eine wesentlich höhere Mündungsgeschwindigkeit (610 m/s anstelle von 370 m/s) und damit eine höhere Durchschlagleistung als die kurze M1916. Später wurde dann jedoch wieder eben diese kurzläufige alte BK eingebaut.

T1E3

1930/31 wurde einer der vier T1E1 mit der langen 37-mm-BK, der verstärkten Panzerung und dem Motor des T1E2 versehen, behielt jedoch seine ursprüngliche Wanne, den Turm und das Getriebe bei. Obwohl das Gewicht auf 7711 kg stieg, erreichte der nunmehrige T1E3 mit seinem verbesserten und gefederten Laufwerk immerhin 35 km/h. Die Erprobung dieses Versuchsfahrzeugs lief im April 1931 auf dem APG an. Während die Fahreigenschaften überzeugten, zeigte sich die Army zunehmend unzufrieden mit dem vorn eingebauten Motor. Dieser behinderte die Sicht des Fahrers nach vorn, und das Problem der in den Kampfraum eindringenden Abgase ließ sich nicht vollständig lösen.

T1E4

Im Juni 1931 erprobte das Ordnance Board auf dem Testgelände Aberdeen (Aberdeen Proving Ground – APG) den britischen Vickers 6-ton Panzer und musste feststellen, dass dessen Fahreigenschaften wesentlich besser als jene der eigenen Entwürfe waren. 1932 wurde daher der T1E4 fertiggestellt, der sich erheblich von den bisherigen Modellen der T1-Serie unterschied und eher dem Vickers 6-ton glich. Der Motor war nun hinten, das Getriebe vorn untergebracht und der Turm mittig aufgesetzt. Auch Laufwerk und Gleisketten folgten dem Vickers-Vorbild. Als Hauptwaffe erhielt diese Version erneut eine Variante der 37-mm-BK M1924 mit kürzerem Lauf. Erste Tests zeigten, dass der vom T1E2 und E3 übernommene Motor nicht kräftig genug war, auch das später verbaute 140-PS-Aggregat brachte keine nennenswerte Verbesserung.

T1E5

Als T1E5 wurde ein ebenfalls 1932 erprobter Versuchsträger auf Basis des T1E1 mit einem Differential-Lenkgetriebe bezeichnet, der sich wesentlich besser steuern ließ als die bis dahin verwendeten Systeme mit Lenkkupplungen und -bremsen.

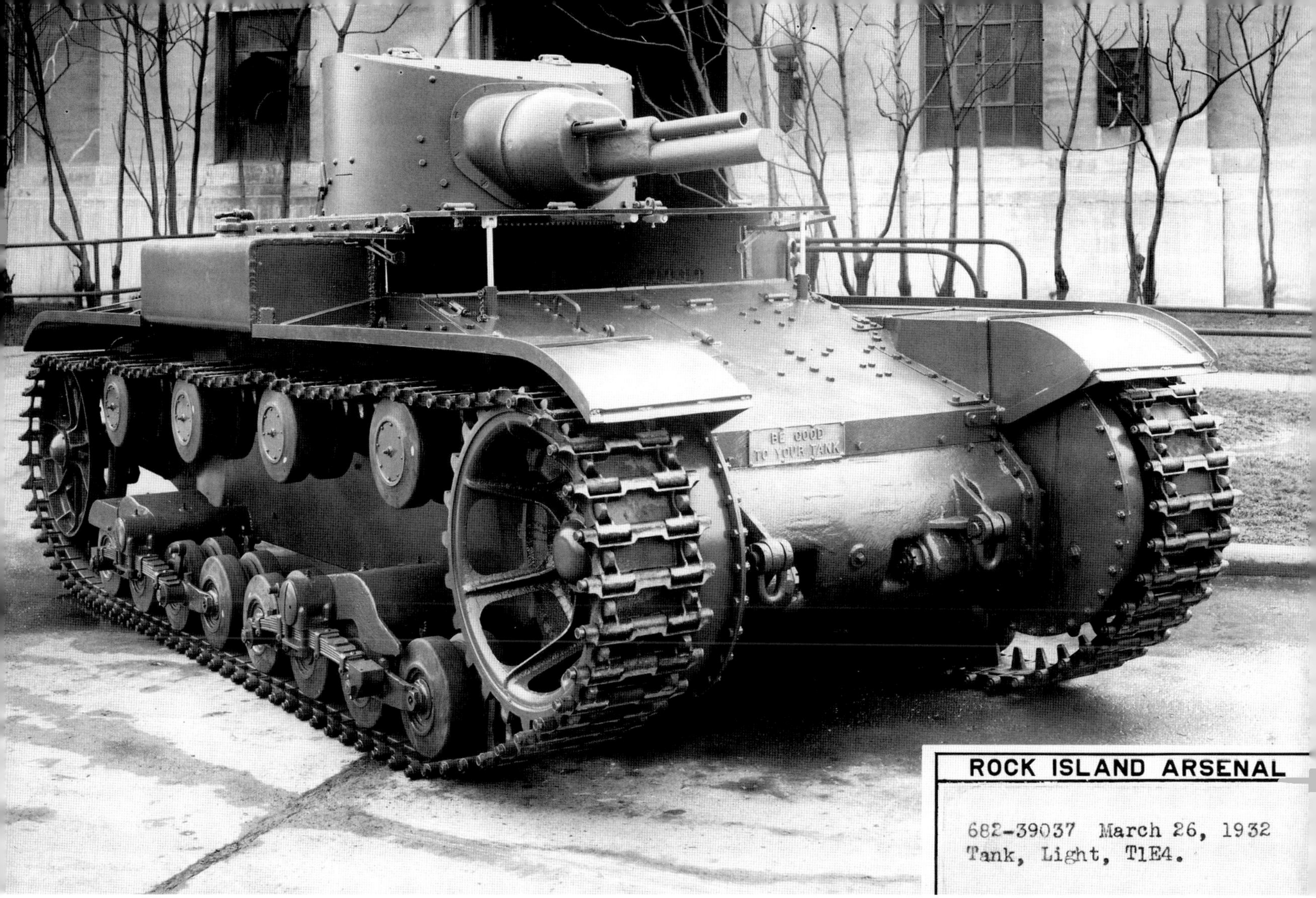
BE GOOD
TO YOUR TANK
ROCK ISLAND ARSENAL
682-39037 March 26, 1932
Tank, Light, T1E4.

Der T1E4 war eine völlige Neukonstruktion und lehnte sich an den britischen Vickers 6-ton-tank an. Das Laufwerk des T1E4 bestand aus zwei Paar Schwingarmen mit jeweils einer Blattfeder pro Seite, an denen sich noch einmal je zwei horizontal bewegliche Schwinghebel befanden, an denen wiederum jeweils zwei kleine Laufrollen befestigt waren. Rock Island Arsenal, 26. März 1932.

ORD
5740
ROCK ISLAND ARSENAL

T1E6

Die abschließende Version T1E6 war ein modifizierter T1E4, der ein 244 PS leistendes American-LaFrance-Triebwerk erhalten hatte. Dennoch betrug die Höchstgeschwindigkeit nur 32 km/h, und der V-12-Motor war so groß, dass er den Motorraum vollständig ausfüllte und daher nur schwierig zu warten war. Da die Panzerung an ihrer dünnsten Stelle nun nicht mehr 6,35 mm sondern 9,5 mm stark war, stieg das Gewicht des T1E6 auf 9035 kg an. Im Frühjahr 1933 legte das Verteidigungsministerium auf Druck der Pioniertruppe jedoch fest, dass leichte Panzer nicht mehr als 6800 kg wiegen durften. Das führte zum Stopp der Weiterentwicklung des T1E6.

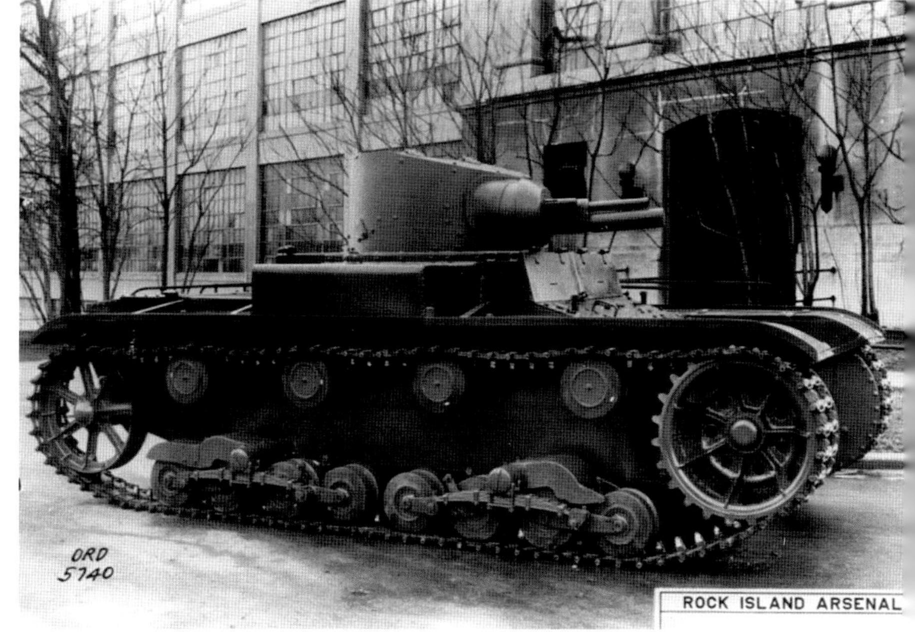

Der T1E4 im September 1932, nachdem der Panzer einen 140-PS-Motor erhalten hatte.

Der britische Vickers 6-ton-tank oder auch Mk.E während der Erprobung auf dem APG am 15. Juni 1931. Die Ähnlichkeit zum T1E4 ist kaum zu übersehen. Harry Knox, Konstrukteur der T1-Reihe, kopierte das Laufwerk des britischen Panzers weitgehend und schreckte nicht davor zurück, diese Konstruktion in den USA als sein Patent anzumelden.

Der T1E5, hier ein Bild vom 23. Oktober 1932, basierte auf dem alten T1E1, verfügte jedoch über ein neues und stark verbessertes Getriebe.

Der T1E6 war dank eines Differential-Lenkgetriebes wesentlich besser zu steuern als seine Vorgänger. Zudem besaß der T1E6 ein wesentlich leistungsfähigeres Triebwerk, das eine neue hintere Wanne notwendig machte.

Light Tank T1 (Versionen)			
Typ	**T1**	**T1E1**	**T1E2**
Hersteller	James Cunningham, Son and Company	=	=
Besatzung	2	2	2
Gefertigte Stückzahl	1 Prototyp	4 + 2 Nachschubtransporter	1 Prototyp
Gefechtsgewicht	6804 kg	6804 kg	8074 kg
Länge	3810 mm	3874 mm	=
Breite	1791 mm	1791 mm	1880 mm
Höhe	2172 mm	2175 mm	2299 mm
Motor	Cunningham V-8 Ottomotor	=	=
Leistung kW/PS	77/105	81/110	97/132
Leistungsgewicht	15,4 PS/t	16,2 PS/t	16,3 PS/t
Höchstgeschwindigkeit	32 km/h	29 km/h	26 km/h
Kraftstoffvorrat	k.A	189 l	189 l
Fahrbereich	105 km	97 km	120 km
Bewaffnung	1 x 37-mm-BK M1916, 1 x 7,62-mm-MG M1919	=	1 x 37-mm-BK Browning, 1 x 7,62-mm-MG M1919
Kampfsatz	k.A	80 x 37 mm, 3000 x 7,62 mm	80 x 37 mm, 3000 x 7,62 mm
Furttiefe	50,8 cm	50,8 cm	50,8 cm
Panzerung	6,35 mm – 9,5 mm	6,35 mm – 9,5 mm	6,35 mm – 15,9 mm

Der große 244-PS-Motor des Typs American LaFrance erwies sich als zu voluminös für die Wanne des T1E6.

Light Tank T1 (Versionen)			
Typ	**T1E3**	**T1E4**	**T1E6**
Hersteller	James Cunningham, Son and Company	=	=
Besatzung	2	4	4
Gefertigte Stückzahl	1 Prototyp	1 Prototyp	1 Prototyp
Gefechtsgewicht	7711 kg	7802 kg	9035 kg
Länge	3874 mm	4699 mm	4699 mm
Breite	1791 mm	2203 mm	2203 mm
Höhe	2175 mm	2000 mm	2000 mm
Motor	97/132	103/140	179/244
Leistung kW/PS	17,12 PS/t	17,94	27 PS/t
Leistungsgewicht	35 km/h	32 km/h	32 km/h
Höchstgeschwindigkeit	189 l	189 l	k.A
Kraftstoffvorrat	120 km	120 km	k.A
Fahrbereich	1 x 37-mm-BK Browning, 1 x 7,62-mm-MG M1919	1 x 37-mm-BK M1924, 1 x 7,62-mm-MG M1919	=
Bewaffnung	50,8 cm	k.A	k.A
Kampfsatz	6,35 mm – 15,9 mm	6,35 mm – 15,9 mm	9,5 mm – 15,9 mm
Furttiefe	50,8 cm	50,8 cm	50,8 cm
Panzerung	6,35 mm – 9,5 mm	6,35 mm – 9,5 mm	6,35 mm – 15,9 mm

Medium Tank T2

Im März 1926 entschied das Ordnance Department (Waffenamt) der US Army, das neben dem ca. 20 t wiegenden Medium Tank T1 ein leichterer, nur 15 t schwerer mittlerer Panzer mit der Bezeichnung T2 entwickelt werden sollte. Aufgrund fehlender Mittel zog sich die Konstruktion jedoch bis 1929 hin. Zu jenem Zeitpunkt war die Auslegung des T2 stark vom leichten Panzer T1E1 beeinflusst. Er besaß wie dieser einen vorn liegenden Antriebsstrang sowie einen eckigen Aufbau, in dem sich hinten eine große Einstiegstür befand. Der Zwei-Mann-Turm mit einer 47-mm-BK und einem koaxialen 12,7-mm-MG saß hinten auf der Wanne, große Türen im Wannenheck erlaubten den Zugang. Zusätzlich waren an der Wannenfront zunächst eine 37-mm-BK und ein 7,62-mm-MG in einer gemeinsamen, T3E1

Medium Tank T2 während der Erprobung auf dem Aberdeen Proving Ground (APG), Januar 1931. Der Panzer ist hier in seiner ursprünglichen Ausführung mit einer langen 37-mm-Bk in der Wanne zu sehen.

Medium Tank T2	
Typ	Mittlerer Kampfpanzer
Hersteller	James Cunningham, Son and Company
Gefertigte Stückzahl	1 Prototyp
Besatzung	4
Gefechtsgewicht	13.608 kg
Länge	4877 mm
Breite	2438 mm
Höhe	2769 mm
Motor	1 x Liberty L-12 V12-Ottomotor
Leistung kW/PS	235/320
Leistungsgewicht	23,5 PS/t
Höchstgeschwindigkeit	40 km/h (später begrenzt auf 32 km/h)
Kraftstoffvorrat	356 l
Fahrbereich	145 km
Bewaffnung	1 x 47-mm-BK, 1 x 12,7-mm-Browning-MG koaxial im Turm, 1 x 37-mm-BK und 1 x 7,62-mm-Browning-MG in der Wanne
Furttiefe	1,22 m
Panzerung	6,35 – 22,2 mm

Der T2 im Mai 1931. Die lange 37-mm-Kanone in der Wanne ist gegen eine kurze Waffe gleichen Kalibers mit koaxialem MG in der Blende T1 ausgetauscht worden.

Die T1-Blende mit der kurzen 37-mm-Kanone wurde im Sommer 1931 ausgebaut, an ihre Stelle trat eine Blende für ein MG, das jedoch nie eingebaut wurde. Man beachte, dass am Panzeraufbau nun zwei externe Treibstofftanks installiert sind. Die kastenförmige Erweiterung an der rechten Seite des Panzeraufbaus beherbergt das Funkgerät. Diese beiden Aufnahmen wurden im Oktober 1931 auf dem APG gemacht.

Der T2 im Januar 1932 auf dem APG. Die Turmbewaffnung ist ausgebaut, das Rohr unter der rechten Kettenabdeckung ist der Auspuff.

genannten Blende installiert. Der Motor, ein Liberty L-12, war vorn, das Getriebe jedoch hinten installiert. Vorn links war außen am Panzeraufbau ein gepanzerter Treibstofftank installiert. Die Besatzung bestand aus vier Mann. Vorn links in der Wanne saß der Fahrer, rechts daneben der Schütze für die Waffen an der Wannenfront. Im Turm befanden sich links der Kommandant und rechts der Schütze der Turmbewaffnung.

Der T2 wurde von Dezember 1930 bis Januar 1932 durch die US Army erprobt. Dabei stellte sich rasch heraus, dass die gemeinsame Lafettierung von 37-mm-BK und 7,62-mm-MG im Bug Probleme verursachte. Nach Ausbau der Kanone verliefen die Tests hingegen positiv. Feuerkraft, Geländeeigenschaften und Geschwindigkeit (zunächst 40 km/h, später zur Schonung von Laufwerk und Antriebsstrang begrenzt auf 32 km/h) galten als sehr gut – allerdings verhinderte die andauernde Weltwirtschaftskrise, dass der T2 als M2 in Serie gehen konnte.

Christie Medium Tank M1928

Nachdem der M1921 die Erwartungen nicht erfüllen konnte und auch spätere amphibische Fahrzeuge erfolglos blieben, entwarf Christie einen vollständig neuen Panzer. Mit Hilfe von Einnahmen, die er durch den Verkauf von Patenten an die US-Regierung erzielt hatte, reorganisierte er sein Unternehmen und benannte es von »Front Drive Motor Company« um in »U.S. Wheel Track Layer Corporation« mit Stammsitz in Rahway, New Jersey. Christie schuf ein Fahrzeug, das alle anderen Panzer seiner Zeit schlagartig veraltet aussehen ließ und weltweit Einfluss auf den Panzerbau nehmen sollte.

Der von Christie selbst als »M1928« bezeichnete Panzer wurde am 28. Oktober jenes Jahres in Fort Myer, Virginia, erstmals der Öffentlichkeit gezeigt. Das neue Fahrzeug verfügte erstmals über das typische Christie-Laufwerk. Dies bestand aus vier großen, gummibereiften Laufrollen, die über Hebelarme mit in der Wanne befindlichen Schraubenfedern verbunden waren. Wie beim M1919/1921 konnten die Ketten abgenommen werden und das Fahrzeug nur auf seinen Rädern fahren. Die Demontage der Ketten dauerte rund 30 Minuten, ebenso viel Zeit beanspruchte das Aufziehen der Ketten. Die demontierten Ketten wurden auf der Fahrwerksabdeckung mitgeführt. Das vordere Radpaar war lenkbar, und das letzte Radpaar konnte über einen Kettenantrieb mit den hinten liegenden Treibrädern verbunden werden. Während seiner Erprobung durch die Army überzeugte der M1928 durch hohe Geschwindigkeit und Geländegängigkeit. Ohne Ketten wurden unter idealen Bedingungen auf der Straße über 112 km/h (70 mph) und abseits von Wegen auf Ketten 68 km/h (42,5 mph) erreicht. Selbst im Gelände fuhr der M1928 immer noch 48 km/h (30 mph). Ermöglicht wurden diese erstaunlichen Leistungen durch die Verwendung eines 342 PS starken V-12-Liberty-Flugzeugtriebwerks, wodurch bei einem Gewicht von 7800 kg ein Leistungsgewicht von 43,85 PS/t erreicht wurde – selbst heute wäre dies im Panzerbau ein mehr als erstklassiger Wert.

Als Hauptwaffe war eine 37-mm-Kanone im spitz zulaufenden Bug vorgesehen, der M1928 führte dort jedoch nur eine Attrappe oder ein 7,62-mm-MG. Hinzu kam ein über dem offenen Kampfraum lafettiertes, schwenkbares 7,62-mm-MG. Da es für ihn im Frontbereich zu eng war, fand der Fahrer seinen Platz hinten links im Kampfraum. Im Heckbereich waren Motor und Getriebe untergebracht. Obwohl auch der M1928 nach wie vor Zuverlässigkeitsprobleme zeigte, waren die US-Streitkräfte nun am Kauf von Christie-Panzern interessiert, und auch international erregte der M1928 Aufsehen.

Christie Medium Tank M1928	
Typ	Mittlerer Kampfpanzer
Hersteller	U.S. Wheel and Tracklayer Corporation
Gefertigte Stückzahl	1 Prototyp
Besatzung	2 - 3
Gefechtsgewicht	7800 kg
Länge	5182 mm
Breite	2134 mm
Höhe	1830 mm
Motor	1 x Liberty V12-Ottomotor
Leistung kW/PS	251,5/342
Leistungsgewicht	43,85 PS/t
Höchstgeschwindigkeit	68 km/h (auf Ketten), 112,5 km/h (auf Rädern)
Kraftstoffvorrat	132,5 l
Fahrbereich	120 km (auf Ketten), 185 km (auf Rädern)
Bewaffnung	1 x 37-mm-BK (geplant), 1 - 2 x 7,62-mm-MG Browning M1919
Kampfsatz	k.A
Furttiefe	1,52 m
Panzerung	max. 12,7 mm

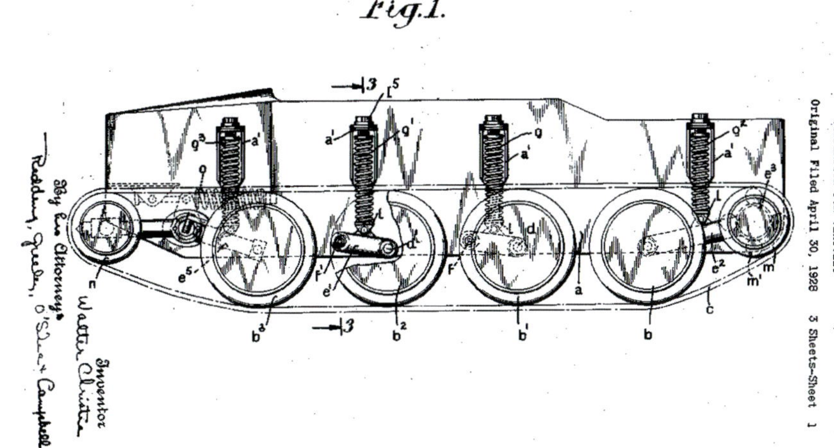

Diese Zeichnung aus Christies Patentschrift für das von ihm entwickelte Laufwerk (eingereicht am 30. April 1928) zeigt deutlich die großen Schraubenfedern, an denen die Hebelarme der Räder angebracht sind.

Der Christie M1928 während einer Vorführung in Fort Meade, Maryland, 1929.

Der M1928 verfügte dank seines Laufwerks und seines leistungsstarken Liberty-Motors über eine erstaunliche Mobilität, auch im Gelände. Fort Meade, Maryland, 1929.

Der M1928 war ein reines Versuchsfahrzeug ohne wirkungsvolle Bewaffnung. Diese bestand nur aus einem 7,62-mm-MG mit beschränktem Richtbereich im Wannenbug sowie einen weiteren 7,62-mm-MG auf dem Wannendach.

Der M1928 während einer Vorführung in Fort Knox, Kentucky, Anfang der 1930er Jahre. Neben den MG-Schützen ist der Fahrer zu erkennen. Die Army kritisierte die Position des Fahrers, da dieser bei Geländefahrten kaum erkennen konnte, was sich unmittelbar vor ihm abspielte. Und bei geschlossenen Luken war seine Sicht extrem eingeschränkt.

Medium Tank Convertible T3 / Combat Car T1

Aufgrund der beeindruckenden Leistungen des M1928 beauftragte die U.S. Army J. Walter Christie im Juni 1930 mit der Entwicklung eines Panzers, der auf diesem Typ basieren, aber über einen Drehturm verfügte sollte. Dieses überarbeitete Modell besaß das Christie-Fahrwerk mit vier großen Laufrädern und den 342-PS-Motor des M1928. Christie lieferte den ersten Prototyp M1931 am 19. Januar 1931 aus. Da jedoch die Motorkühlung Probleme verursachte und das Fahrzeug keine hohe Zuverlässigkeit besaß, erhielt Christie den Panzer am 27. März zur Überarbeitung zurück. Am 12. Juni 1931 orderte das Pentagon schließlich sieben modifizierte M1931, welche nun offiziell die Bezeichnung »Convertible Medium Tank T3« erhielten. Der erste T3 kam am 9. Oktober 1931 zur Erprobung auf dem APG an, der letzte im März 1932. Alle sieben verfügten über einen Ein-Mann-Turm. Drei waren mit einer kurzläufigen 37-mm-BK M1916 und einem koaxialen 7,62-mm-MG bewaffnet und wurden der Infanterie zugeordnet, die restlichen vier wurden an die Kavallerie übergeben und hatten im Turm ein 12,7- und ein 7,62-mm-MG. Da die Kavallerie offiziell keine Panzer besitzen durfte, lautete die offizielle Bezeichnung dieses Modells »Combat Car T1«. Einer der T3 war übrigens ursprünglich von Polen bestellt worden. Da Christie und die polnische Regierung sich jedoch nicht über die Zahlungsmodalitäten einigen konnten, wurde dieser Panzer nie ausgeliefert und stattdessen von der US Army übernommen. Da das letzte Laufradpaar der polnischen Version bei Straßenfahrt nicht über Ketten, sondern über ein Getriebe angetrieben wurde, erhielt dieses Fahrzeug die Bezeichnung T3E1. Allerdings wurde der T3E1 im Februar 1933 auf Stand der anderen T3 umgerüstet. Obwohl schwerer als der M1928, erbrachten die T3/T1 nach wie vor ausgezeichnete Leistungen – allerdings waren nicht wenige Entscheidungsträger im Pentagon davon überzeugt, dass Christie zu viel Wert auf Geschwindigkeit und zu wenig Augenmerk auf Zuverlässigkeit, Schutz und Kampffähigkeit gelegt hatte. Zudem missfiel der Army, dass nur zwei Mann Besatzung an Bord waren und Christie den mittlerweile veralteten, wenn auch günstig verfügbaren Liberty V-12 Motor verwendete. Als die US-Streitkräfte Christie nun aufforderten, fünf vergrößerte und modifizierte T3 zu bauen, weigerte dieser sich, da er mit den technischen Vorgaben nicht einverstanden war und diese nicht seinen Ideen entsprachen: Christie war stets ein schwieriger Verhandlungspartner und hatte nicht viele Freunde in der US-Militärbürokratie. Das führte zum endgültigen Zerwürfnis zwischen den beiden Parteien. Das Pentagon erkannte zwar die Pionierrolle Christies an, vergab aber in Zu-

Medium Tank Convertible T3	
Typ	Mittlerer Kampfpanzer
Hersteller	U.S. Wheel Track Layer Corporation
Gefertigte Stückzahl	8 + 1 Prototyp M1931
Besatzung	2
Gefechtsgewicht	9525 kg
Länge	5436 mm
Breite	2235 mm
Höhe	2210 mm
Motor	1 x Liberty V12-Ottomotor
Leistung kW/PS	251,5/342
Leistungsgewicht	35,9 PS/t
Höchstgeschwindigkeit	64 km/h (auf Ketten), 113 km/h (auf Rädern)
Kraftstoffvorrat	337 l
Fahrbereich M1919	270 km (auf Ketten), 400 km (auf Rädern)
Bewaffnung T3	1 x 37-mm-BK M1916, 1 x 7,62-mm-MG M1919
Bewaffnung T1	1 x 12,7-mm-MG M2, 1 x 7,62-mm-MG M1919
Kampfsatz	k.A
Furttiefe	1,07 m
Panzerung	6,35 mm – 15,9 mm

J. Walter Christie im Turm des M1931 während der Vorführung des Prototypen im Januar 1931.

Ohne die Seitenschürzen sind die großen Schraubenfedern des M1931 bzw. T3 gut zu erkennen.

Medium Tank Convertible T3 auf dem Aberdeen Proving Ground, Maryland, am 5. Februar 1932.

kunft keine weiteren Entwicklungsaufträge an Christie. Stattdessen nutzte man die von Christie erworbenen Patente, um Panzer nach eigenen Vorstellungen bauen zu lassen.
Ab Mitte 1936 stiegen die Wartungskosten für die T1 und T3 erheblich an. Die verschlissenen und immer häufiger ausfallenden Fahrzeuge wurden nicht mehr repariert, sondern als Hartziele aufgebraucht. Nur ein Panzer überlebte und war für Jahrzehnte Teil der öffentlichen Sammlung des APG, ist mittlerweile jedoch eingelagert und nicht mehr zugänglich.

Ein Christie-Panzer ohne jegliche Markierungen auf Rädern während einer Parade (wahrscheinlich durch das nördlich von Fort Knox gelegene Louisville) im Jahre 1932. Da in Fort Knox Kavallerie-Einheiten stationiert waren, spricht einiges dafür, dass hier ein Combat Car T1 zu sehen ist. Allerdings befindet sich im Turm noch die T3-Blende mit der kurzen 37-mm-BK und koaxialem 7,62-mm-MG, während die T1 der Kavallerie eigentlich mit einem 12,7-mm-MG (gut erkennbar am langen Lauf) ausgerüstet sein sollten.

Combat Car T1 mit dem Namen »Hurricane«. Man beachte das 12,7-mm-MG im Turm.

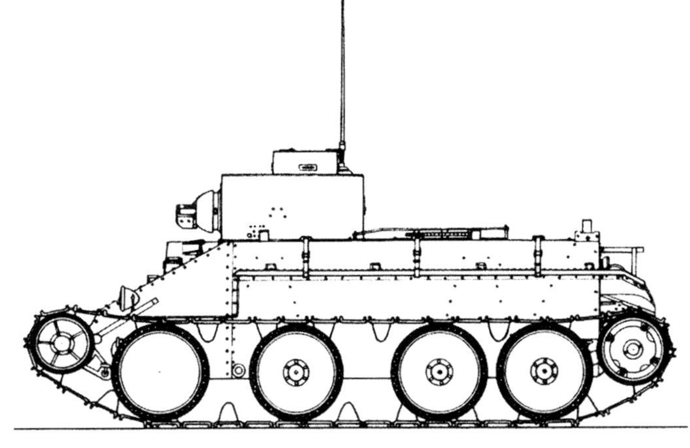

Christie-Panzer in der UdSSR und England

Wie so oft galt der Prophet im eigenen Lande nichts, denn Christies Ideen wurden jenseits des Atlantiks mit weit größeren Enthusiasmus aufgenommen als in den USA. So erwarb die UdSSR 1930 zwei M1931, die jedoch ohne Turm ausgeführt wurden. Die Rote Armee entwickelte daraus die BT-Reihe von schnellen Kampfwagen, welche schließlich zum legendären T-34 führen sollte. Die Briten kauften 1936 den ursprünglichen M1931-Prototypen und konzipierten nach dessen Vorbild eine Serie von Kreuzer-Kampfpanzern, zu denen die im Zweiten Weltkrieg zum Einsatz gekommenen Modelle Crusader und Cromwell gehörten.

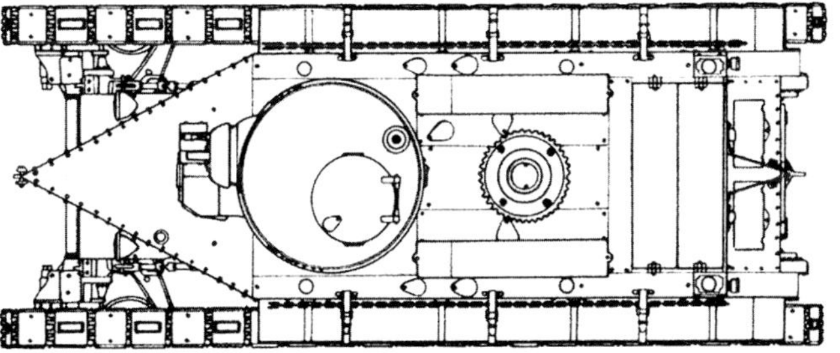

Zwei-Seiten-Ansicht eines T3.

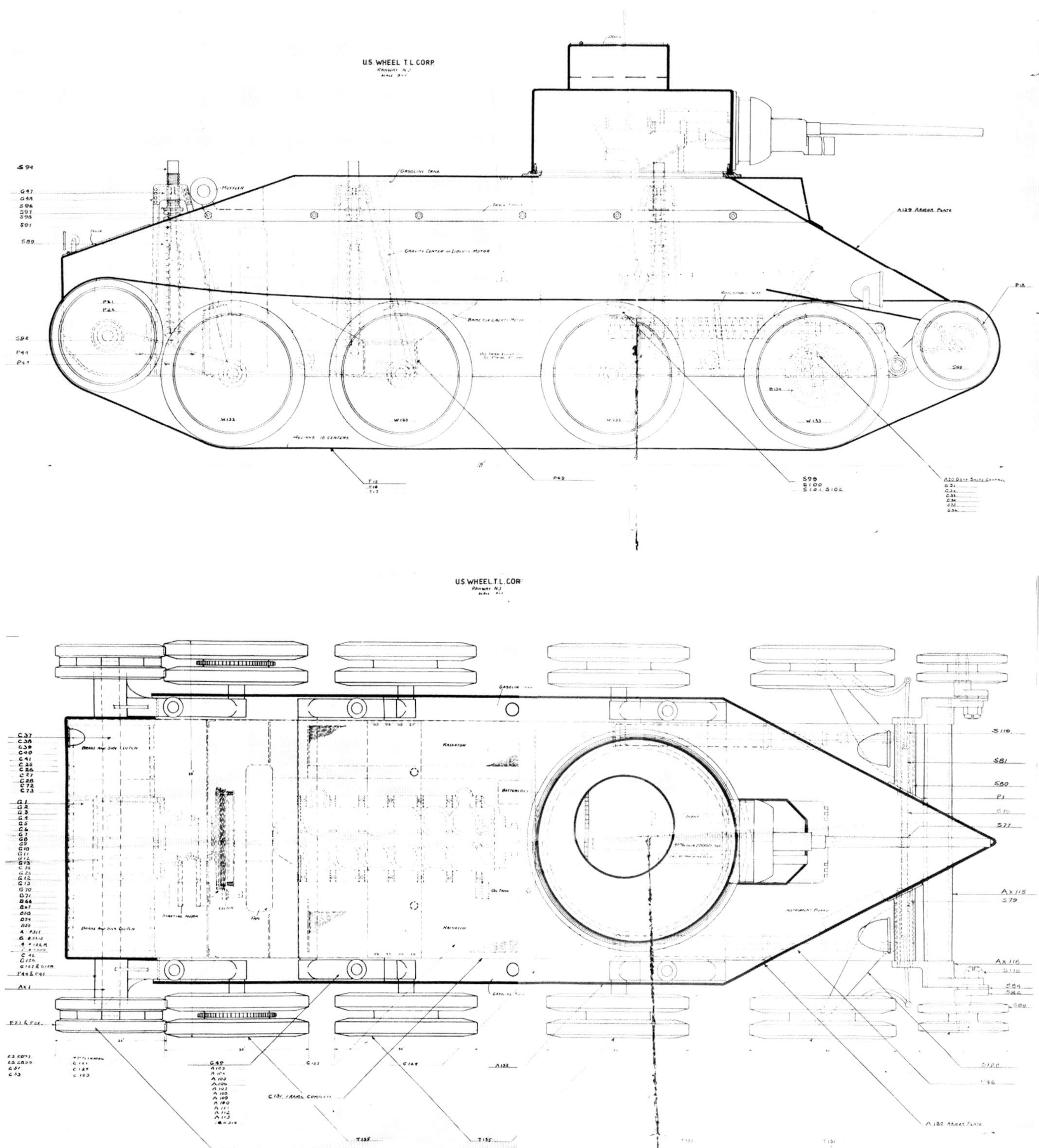

Werkzeichnungen einer modifizierten Version des M1931 bzw. T3, die Christie der UdSSR anbot. Man beachte das veränderte Wannenheck sowie die lange Kanone im Turm.

Medium Tank Convertible T3E2

Nachdem sich Christie mit der Army überworfen hatte, vergab diese den Bauauftrag über fünf modifizierte T3 1933 an die American La France and Foamite Corporation (New York), einen Hersteller von Feuerwehrfahrzeugen. Diese neue Version war nicht nur länger und breiter als der T3, sondern praktisch ein völlig neues Fahrzeug, das mit Christies Entwürfen nur noch das Laufwerk gemein hatte (für welches das Pentagon die Rechte erworben hatte). Im erheblich modifizierten Bug fanden nun zwei Personen und ein MG in Kugelblende Platz. Ein neuer und größerer Turm bot Raum für einen Kommandanten und einen Schützen, zudem wurde an jeder Turmseite sowie am Turmheck ein MG in Kugelblende installiert. Als Hauptbewaffnung diente wie beim T3 jedoch eine kurzläufige 37-mm-Kanone M1916. Die auf dem Turm angebrachte Kuppel befand sich mittig, beide Männer im Turm konnten sie nur mit Mühe nutzen. Als Antrieb diente ein 435 PS leistender Curtiss D-12 Flugzeugmotor, der bei Tests auf Ketten eine Höchstgeschwindigkeit von 56 km/h und auf Rädern von 93 km/h ermöglichte. Um zu hohen Verschleiß und Schäden am Fahrzeug zu vermeiden, wurde die Höchstgeschwindigkeit jedoch im Laufe der weiteren Erprobung auf 24 km/h bzw. 40 km/h beschränkt. Der T3E2 erhielt neu entwickelte Gleisketten, die eine höhere Lebensdauer aufwiesen, und konventioneller gestaltete Treibräder. Die Ingenieure von American La France erhöhten außerdem die bisher dürftige Wartungsfreundlichkeit von Motor und Getriebe, fanden aber keine Ideallösung.

Der erste T3E2 wurde Ende 1933 fertiggestellt. Im Laufe der Erprobung zeigte sich, dass das vom T3 übernommene Lenksystem veraltet und den hohen Geschwindigkeiten nicht gewachsen war. Daher wurde 1936 ein Differential-Lenkgetriebe verbaut. Diese und zahlreiche weitere Modifikationen führten dazu, dass sich die Bezeichnung des Typs in »T3E3« änderte. Zu einer Serienproduktion kam es jedoch nicht.

Medium Tank Convertible T3E2	
Typ	Mittlerer Kampfpanzer
Hersteller	American-La France and Foamite Corporation
Gefertigte Stückzahl	5
Besatzung	4
Gefechtsgewicht	10.442 kg
Länge	5715 mm
Breite	2438 mm
Höhe	2337 mm
Motor	1 x Curtiss D-12 12-Zyl.-Ottomotor
Leistung kW/PS	1 x 331/450
Leistungsgewicht	43,1 PS/t
Höchstgeschwindigkeit	56 km/h (auf Ketten), 93 km/h (auf Rädern)
Kraftstoffvorrat	k.A
Fahrbereich	k.A
Bewaffnung	1 x 37-mm-BK M1916, 5 x 7,62-mm-MG M1919
Kampfsatz	k.A
Furttiefe	k.A
Panzerung	6,35 mm – 12,7 mm

Heckansicht des T3E2. Der Turm starrte gleichsam vor Waffen. Hier sind die seitlichen MGs sowie das Heck-MG gut zu erkennen.

Der Medium Tank Convertible T3E2 während seiner Erprobung im Jahre 1936. Man beachte die neuen Ketten mit kleineren Kettengliedern als beim T3. (© LoC)

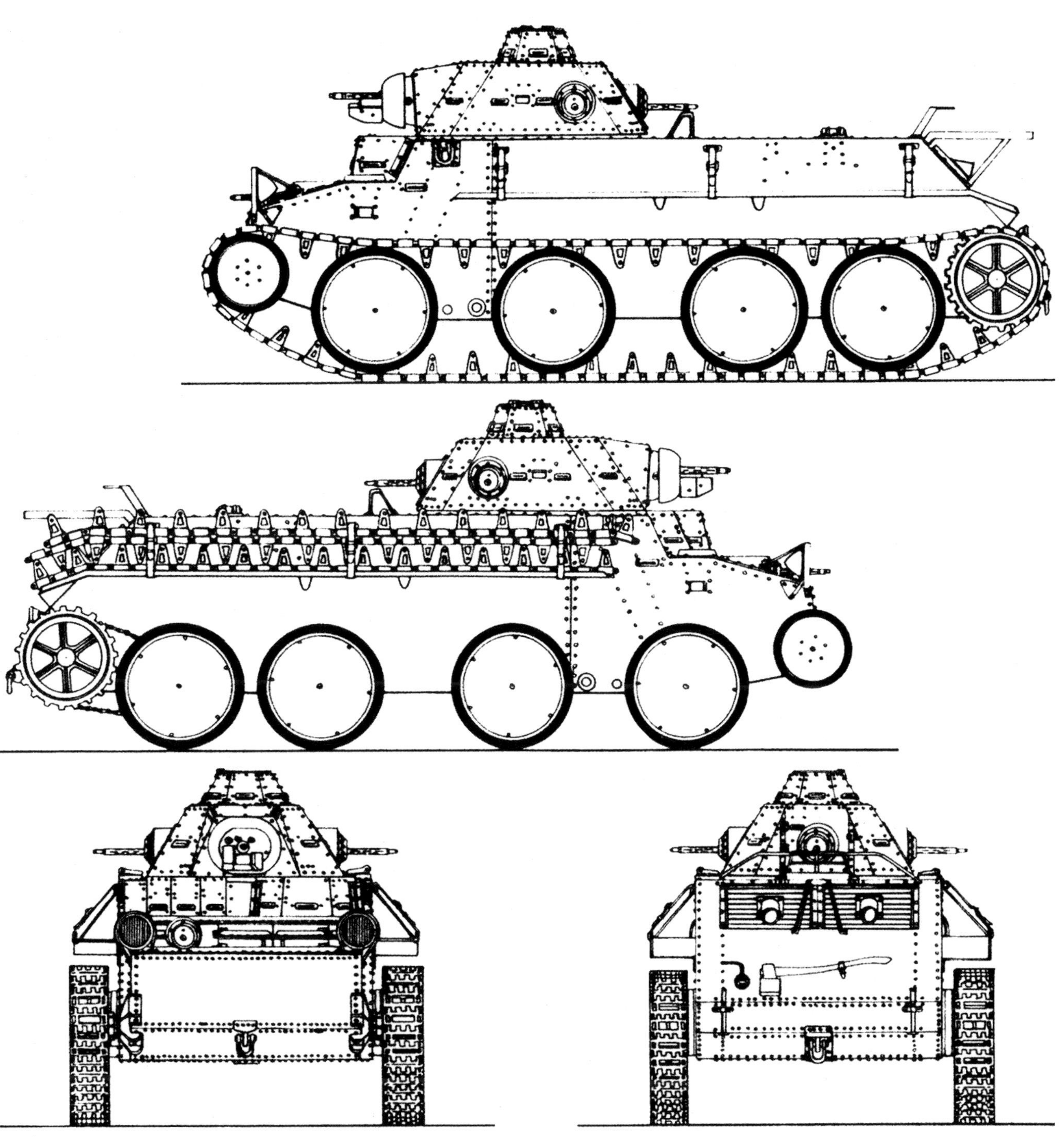

Vier-Seiten-Ansicht eines T3E2.

Christie M1932

Nachdem sich Christie mit dem US-Verteidigungsministerium überworfen hatte, entwarf er 1932 auf eigene Kosten das Modell M1932. Um eine niedrige Silhouette zu erreichen, verzichtete Christie auf einen Drehturm, weshalb der M1932 dem M1928 ähnelte. Er besaß erneut ein Rad-Ketten-Laufwerk, die vier großen Laufräder waren nun jedoch mit Luftbereifung versehen. Christie hatte besonderen Wert auf eine möglichst leichte Konstruktion gelegt, denn er plante, den Panzer mit abnehmbaren Doppeldeckertragflächen, einem Propeller und einem Ausleger-Leitwerk zu versehen, um ihn flugfähig zu machen. Dank eines 750 PS starken Flugzeugmotors erreichte der Panzer 193 km/h auf Rädern und 96 km/h auf Ketten. Der M1932 sollte am Boden Fahrt aufnehmen und dann die Leistung des Motors auf den Propeller übertragen und abheben. Später entstand die Idee, den Panzer unter einem Transportflugzeug aufzuhängen und in Bodennähe abzusetzen. Zuvor sollte der Fahrer das Laufwerk auf die Geschwindigkeit des Flugzeug bringen, um reibungslos aufsetzen zu können. Der einzige Prototyp wurde jedoch nie Flugversuchen unterzogen und, da die US Army kein Interesse zeigte, im November 1936 offenbar an Großbritannien verkauft.

Christie M1932	
Typ	Flugfähiger Kampfpanzerprototyp/ Luftlandepanzer
Hersteller	U.S. Wheel Track Layer Corporation
Gefertigte Stückzahl	1
Besatzung	3
Gefechtsgewicht	ca. 5.000 kg
Länge	6710 mm
Breite	2130 mm
Höhe	1720 mm/2159 mm
Motor	1 x Hispano-Suiza 12-Zyl.-Ottomotor
Leistung kW/PS	552/750
Leistungsgewicht	150 PS/t
Höchstgeschwindigkeit	96 km/h (auf Ketten), 193 km/h (auf Rädern)
Kraftstoffvorrat	337 l
Fahrbereich	k.A
Besatzung	3
Bewaffnung (geplant)	1 x 37-mm-BK, 1 - 2 x 7,62-mm-MG
Kampfsatz	k.A
Furttiefe	0,51 m
Panzerung	9,5 mm - 12,7 mm

Der M1932 war ursprünglich als fliegender Panzer konzipiert, der aus eigener Kraft abheben sollte.

Christie M1935–M1942

J. Walter Christie entwarf noch bis Ende der 1930er Jahre auf eigene Kosten eine ganze Reihe von Panzerfahrzeugen, die allesamt lufttransportfähig sein sollten. Christie war geradezu besessen davon, seine Entwürfe so leicht und mit Hilfe leistungsstarker Triebwerke so schnell wie möglich zu machen. In der Literatur liegen zu den Christie-Panzern jener Zeit nur unvollständige und zum Teil sogar widersprüchliche Angaben vor – was zu einem guten Teil auch an Christie selbst liegt, der seine Projekte nicht selten mehrfach umbenannte oder gar bewusst falsche Informationen an die Öffentlichkeit gab. Daher gibt es auch keine umfassenden Daten der späten Christie-Entwürfe.

M1935

Der M1935A ähnelte in seinem Aufbau dem M1932 und besaß erneut ein Rad-Ketten-Laufwerk, jedoch mit nur drei großen Laufrädern je Seite. Die Besatzung bestand aus zwei Mann, die über eine leichte Kanone oder ein MG im Wannenbug als Bewaffnung verfügen sollten. Einigen Berichten zufolge plante Christie zudem, auf dem Wannendach eine von innen bedienbare 47-mm-BK zu installieren. Die Höchstgeschwindigkeit des nur 3,6 t schweren Kampffahrzeugs lag bei 96,5 km/h auf Ketten und 145 km/h auf Rädern. Als Antrieb diente ein aufgeladenes 450-PS-Triebwerk des Flugzeugherstellers Curtiss. Der M1935B entstand offenbar auf Basis des M1935A und verfügte nun wieder über ein Rad-Ketten-Laufwerk mit vier Laufradpaaren sowie eine verlängerte Wanne. Die Besatzung soll aus zwei bis drei Mann bestanden haben. Als Bewaffnung war eine 75-mm-BK im Wannenbug vorgesehen (der Prototyp besaß nur eine Attrappe), und den Antrieb übernahm der aus dem M1932 bekannte 750-PS-Flugzeugmotor der französischen Firma Hispano-Suiza. Dieser beschleunigte den 4,99 t wiegenden M1935B auf 104,5 km/h auf Ketten sowie 153 km/h auf Rädern. Weder der M1935A noch der M1935B stießen bei der US Army auf Interesse.

M1936

Beim 1936 vorgestellten M1936 kehrte Christie einigen bis dahin typischen Entwurfsmerkmalen den Rücken zu. So war dieses Fahrzeug nicht mehr in der Lage, auf Rädern zu fahren, und die bis dahin in den doppelten Seitenwänden verborgenen Schraubenfedern des Laufwerks waren nun in außen liegenden Metallzylindern untergebracht. Das 5443 kg wiegende Fahrzeug wurde von einem 300 PS leistenden Curtiss D-12 Flugzeugmotor angetrieben, der eine Geschwindigkeit von bis zu 96,5 km/h ermöglichte. Bei Testfahrten übersprang der M1936 aus voller

Der Christie M1936 ist eindeutig an den außen liegenden Schraubenfedern zu erkennen.

Der M1937 wird für eine Probefahrt vorbereitet. Man beachte die Fahrerkuppel auf der Wanne.

Christie M1937 während einer Fahrt mit hoher Geschwindigkeit. Das Fahrzeug erreichte bis zu 103 km/h.

Fahrt einen 4,57 m breiten Graben. Die Besatzung bestand aus zwei Mann, die im abgeschrägten Wannenbug verbaute Waffe war nur eine Attrappe, nach Christies Angaben sollte die Ausrüstung mit einer 37- oder 47-mm-BK möglich sein.

M1937

Im Oktober 1936 erreichte Christie ein Anruf aus Großbritannien. Dort hatte man großes Interesse an seinen Fahrzeugen, nachdem britische Militärs in der UdSSR Zeuge einer Vor-

Der unbewaffnete Bigley Tank (oder Bigley GMC) basierte auf Christies M1938 und ist hier während seiner Erprobung auf dem Aberdeen Proving Ground, Maryland, am 29. Mai 1942 zu sehen. Zu dieser Zeit war der Entwurf jedoch bereits vollständig veraltet und wurde von der US-Armee zurückgewiesen.

führung von BT-2 geworden waren. Mit dem Erlös des nach Großbritannien verkauften M1932 fertigte Christie schließlich den M1937, den er den Briten anbot. Dieser basierte auf dem M1936 und war ebenfalls nicht mehr in der Lage, auf Rädern zu fahren. Um den britischen Vorstellungen gerecht zu werden, befand sich der Fahrerplatz nun im Bug, sodass in der Fahrzeugmitte ein Drehturm installiert werden konnte. Den Antrieb des gut 6 t schweren M1937 übernahm erneut ein Curtiss-Flugzeugtriebwerk, dieses Mal mit einer Leistung von 430 PS. Die Panzerung betrug maximal 17,5 mm. Obwohl auch dieses Fahrzeug spektakuläre Leistungen zeigte – es erreichte bei Tests in Großbritannien 103 km/h – blieb Christie wiederum erfolglos. Die Briten entwickelten ihre von seinen Entwürfen inspirierten Kreuzerkampfwagen (Cruiser Tanks) in eigener Regie. Über die in der Folge von Christie entworfenen Fahrzeuge ist nur noch Bruchstückhaftes bekannt.

M1938

Der M1938 entstand 1937 sehr wahrscheinlich auf Basis des M1937 und besaß anstelle der stark abgeschrägten Wannenfront der vorherigen Modelle eine im Bugbereich vergrößerte Wanne. Bei diesem auch als T12 bezeichneten Entwurf wurde bei internen Komponenten intensiv auf Aluminium zurückgegriffen, um das Gewicht weiter zu reduzieren. Zudem kamen keine Rohrleitungen, sondern flexible Schlauchleitungen zum Einbau, beispielweise für den Kraftstoff. Diese waren nicht nur leichter, sondern bei Geländefahrt auch robuster. Zudem wurde die maximale Panzerung auf 15,9 mm reduziert. Bei Versuchsfahrten beschleunigte das 450-PS-Triebwerk aus dem Hause Curtiss den rund 4,5 t schweren M1938 auf 128 km/h. Christie scheint danach in finanziellen und rechtlichen Schwierigkeiten gewesen zu sein, er verkaufte, was zu verkaufen war und löste sein Unternehmen auf. Der M1938 wurde in einer Fabrikhalle in Hempstead, Long Island, untergestellt und, da Christie nicht in der Lage war, die Hallenmiete zu zahlen, 1939 veräußert. Als das Pentagon 1941 eine Ausschreibung veröffentlichte, die zum späteren Luftlandepanzer M22 führen sollte, beteiligte sich ein gewisser Mr. Bigley, Präsident der U.S. Convertible System Inc., New York, mit einem als »Bigley Tank« oder »Bigley GMC« (Gun Motor Carriage) genannten Fahrzeug – einem modifizierten Christie M1938. Dieser wurde zwischen April 1941 und Januar 1943 mehrfach erprobt, wies jedoch immer noch erhebliche mechanische Unzulänglichkeiten auf. Danach verliert sich seine Spur.

Christie verstarb schließlich verarmt 1944. Sein Misserfolg beruhte nicht nur auf seiner schwierigen Persönlichkeit und seinem Unwillen, auf Forderungen seiner Auftraggeber einzugehen, sondern auch darauf, dass Christies Entwürfe zwar spektakuläre Leistungen zeigten, sich aber mit zunehmender Erprobungsdauer als unzuverlässig und zu wenig robust erwiesen. Zudem lag Christies Augenmerk allein auf der Geschwindigkeit, weder die tatsächliche Kampffähigkeit noch die Wartungsfreundlichkeit oder die Ergonomie seiner Entwürfe interessierten ihn.

Diese Bilder zeigen die mögliche Bewaffnung des Bigley Tanks. Es ist jedoch weder eine Attrappe noch ein echter Prototyp, sondern eine Bildretusche.

Convertible Combat Car T2

Nach der Vorstellung des Christie M1928 im Herbst 1928 meldete die US-Kavallerie Bedarf an dieser neuen Art von Panzern an: Solche hochmobilen Kampffahrzeuge schienen der Kavallerie-Führung ideal zu sein. Sie arbeitete daher ein Lastenheft für einen schnellen leichten Panzer aus und trat mit der U.S. Wheel Track Layer Corporation in Verhandlungen. J. Walter Christie lehnte, einmal mehr, das Lastenheft und die Vorstellungen der Kavallerie ab, daher kam kein Vertrag über den Bau eines »Combat Car« zustande. Stattdessen entwarf das Ordnance Board in Kooperation mit dem Rock Island Arsenal einen zunächst »Convertible Armored Car T5« und dann »Convertible Combat Car T2« genannten leichten Kavallerie-Panzer. Obwohl dieser einige Christie-Merkmale aufwies – beispielsweise die Möglichkeit, auf Ketten oder Rädern zu fahren, oder ein lenkbares vorderes Laufradpaar – war der T2 doch ein eigenständiger Entwurf. So verfügte er zum Beispiel anstelle von in der Wanne liegenden Schraubenfedern außen angebrachte Blattfedern. Zudem war es möglich, die Ketten auch nur auf die beiden hinteren Laufradpaare aufzuziehen, was den T2 zum Halbkettenfahrzeug machte. Die wichtigste Neuerung bestand jedoch im Einbau eines aus dem Flugzeugbau stammenden luftgekühlten Sternmotors, der kompakter als die bis dahin häufig verwendeten V-12-Liberty-Triebwerke war. Die Bewaffnung bestand aus einem 12,7-mm- und einem 7,62-mm-MG im Drehturm sowie einem außen am Turm mitgeführten 7,62-mm-MG, das entweder als Fla-MG genutzt oder auch an der Fahrerfront lafettiert werden konnte. Dem T2 folgte 1932 der verbesserte T2E1 mit modifizierter Wanne zur besseren Gewichtsverteilung sowie einem leistungsfähigeren Sternmotor mit 200 PS. In Serie ging jedoch auch der T2E1 nicht, ebenso wenig wie der verbesserte T3, der ebenfalls nicht über das Konzeptstadium hinaus gedieh.

Convertible Combat Car T2	
Typ	Leichter Kampfpanzer
Hersteller	Rock Island Arsenal
Gefertigte Stückzahl	je 1 Prototyp T2 und T2E1
Besatzung	3
Gefechtsgewicht	7711 kg
Länge	4496 mm
Breite	1905 mm
Höhe	2261 mm
Motor	1 x 7-Zyl.-Sternmotor Continental
Leistung kW/PS	121/165
Leistungsgewicht	21,4 PS/t
Höchstgeschwindigkeit	48 km/h auf Rädern, 32 km/h auf Ketten
Kraftstoffvorrat	189 l
Fahrbereich	200 km auf Rädern, 160 km auf Ketten
Bewaffnung	1 x 12,7-mm-Browning-MG M2 und ein 1 x 7,62-mm-Browning-MG M1919 im Turm, 1 x 7,62-mm-Browning-MG M1919 auf dem Turm oder in der Wannenfront
Kampfsatz:	k.A
Furttiefe	k.A
Panzerung	6,35 mm – 25,4 mm Panzerstahl

Das Convertible Armored Car T5 im September 1931. Kurz darauf wurde der Entwurf dann in Convertible Combat Car T2 umbenannt. Man beachte die Panzerung der hinteren Laufräder, die später wegfiel.

Der T2E1 sollte die Gewichtsverteilung des ursprünglichen T2 verbessern. Dazu wurden die vordere Wanne verkürzt und die Leiträder entfernt. Zudem wurde ein neuer Motor eingebaut, die Aufhängung des hinteren Laufradpaars verstärkt sowie auf das zweite 7,62-mm-MG verzichtet. Der T2E1 ist hier nach seiner Ankunft auf dem Aberdeen Proving Ground am 25. November 1932 zu sehen.

Der T2E1 konnte auch als Halbkettenfahrzeug betrieben werden. Die vorderen Laufräder waren lenkbar und erleichterten dann die Steuerung. Man beachte die wieder entfernte Verstärkung der hinteren Laufrollen-Aufhängung.

Convertible Combat Car T4

Im Februar 1932 legte die Kavallerie die Eigenschaften eines zukünftigen Kampfwagens fest. Dieser sollte nicht mehr als 9 t – später 8,5 t – wiegen, ein Rad-Ketten-Laufwerk besitzen und auf Ketten 35 km/h sowie auf Rädern 64 km/h erreichen. Als Bewaffnung waren ein 12,7-mm-MG und ein 7,62-mm-MG in einem Drehturm und ein 7,62-mm-MG in der Wanne vorgesehen. Die Besatzung sollte aus vier Mann bestehen.

Basierend auf diesen Spezifikationen konstruierte und baute das Rock Island Arsenal den als »Convertible Combat Car T4« bezeichneten Panzer, der ab September 1933 auf dem APG erprobt wurde. Auch der T4 wirkte auf den ersten Blick wie ein Christie-Entwurf, hatte jedoch nur noch das Rad-Ketten-Laufwerk mit diesem gemein. Der T4 besaß vier Paar große Laufräder mit Gummibereifung, von denen das erste Paar lenkbar war und das letzte Paar angetrieben werden konnte, wenn die Ketten abgenommen wurden und der Panzer auf seinem Rädern fuhr. Anstelle von senkrecht in der Wanne liegenden Schraubenfedern (typisch für Christie-Panzer) waren diese beim T4 waagerecht oder schräg eingebaut, wodurch sich die Wannenhöhe verringern ließ. Aufgrund der Verwendung eines 265-PS-Sternmotors mit Luftkühlung, der wesentlich leichter und kompakter als die zuvor eingesetzten Liberty-Triebwerke war, reduzierte sich die Länge der Wanne. Im Zusammenspiel mit einer sehr leichten Panzerung von maximal 9,5 mm führte dies dazu, dass der T4 nur 7711 kg auf die Waage brachte. Die Bewaffnung des viersitzigen Panzers bestand wie gefordert aus einem 7,62- und einem 12,7-mm-MG im Turm sowie einem 7,62-mm-MG in der Wanne. Die wichtigste Änderung war jedoch wohl die Verwendung eines Lenkgetriebes mit Dif-

Convertible Combat Car T4E1	
Typ	Leichter Kampfpanzer
Hersteller	Rock Island Arsenal
Gefertigte Stückzahl	1 Prototyp
Besatzung	4
Gefechtsgewicht	8165 kg
Länge	4705 mm
Breite	2320 mm
Höhe	1990 mm
Motor	1 x 7-Zyl.-Sternmotor Continental R670
Leistung kW/PS	195/265
Leistungsgewicht	32,5 PS/t
Höchstgeschwindigkeit	84 km/h auf Rädern, 40 km/h auf Ketten
Kraftstoffvorrat	k.A
Fahrbereich	k.A
Bewaffnung	1 x 12,7-mm-Browning-MG M2 und 1 x 7,62-mm-Browning-MG M1919A4 im Turm, 3 x 7,62-mm-Browning-MG M1919A4 in der Wanne, 1 x 7,62-mm-Browning-Fla-MG M1919A4 auf dem Turm
Furttiefe	k.A
Panzerung	6,35 mm – 9,5 mm

Convertible Combat Car T4 als Radfahrzeug. Die Bewaffnung ist auf diesem Bild nicht installiert. Aberdeen Proving Ground, 8. Dezember 1933.

Sternmotor und Getriebe des T4 werden auf diesem Bild als Paket ausgetauscht.

Der T4 überwindet ein ca. 91,5 cm (3 ft.) hohes Hindernis. Aberdeen Proving Ground, 5. Februar 1934.

Der T4E1 erhielt einen neuen Turm sowie zwei zusätzliche MG an der Wannenfront und ein Fla-MG.

ferentialsteuerung, das die Lenkbarkeit des Panzers bei hohen Geschwindigkeiten erheblich verbesserte.

T4E1

Der T4 wurde ab August 1933 im Rock Island Arsenal und ab September jenes Jahres auf dem APG erprobt. Dabei fuhr er schneller als erwartet, da er auf Rädern 84 km/h erreichte. Allerdings wurde der zu kleine Turm mit einem Drehkranzdurchmesser von nur 1118 mm bemängelt. Im August 1934 nahm daher ein überarbeitetes Modell mit der Bezeichnung »T4E1« die Erprobung auf, das einen auf 1420 mm vergrößerten Drehkranzdurchmesser und einen neuen, hufeisenförmigen Turm aufwies. Zudem wurden zwei zusätzliche 7,62-mm-MG in der Wanne und ein 7,62-mm-Fla-MG auf dem Turm installiert. Das Gewicht stieg dadurch auf 8165 kg. Obwohl die Erprobung der T4E1 positiv verlief und die US-Kavallerie für eine Serienfertigung plädierte, wurde das Programm eingestellt. Inzwischen lief nämlich bereits die Erprobung des »Combat Car T5«. Dieser Prototyp kostete nur halb so viel wie der T4E1 und war etwas stärker gepanzert. Und trotz identischer Bewaffnung lag der T5 unter dem von der Kavallerie gewünschten Gewichtslimit von 6,8 t und erreichte auf Ketten 68 km/h. So verwundert es nicht, dass der Prototyp T5 und nicht der T4E1 schließlich als »Combat Car M1« schließlich in Serie ging.

T4E2

Die Karriere des T4E1 war damit jedoch noch nicht beendet. 1935 erhielt er anstelle des Drehturms einen festen Aufbau mit je einem MG an den Seiten, einem im Heck sowie drei an der Front. Das Gewicht des nunmehrigen »T4E2« wuchs durch die Umkonstruktion auf 11.793 kg an. Zudem war der ursprüngliche Combat Car T4 im April 1934 der Infanterie vorgeführt worden, die daraufhin ein Kampffahrzeug auf dessen Basis in Auftrag gab, den späteren »Medium Tank T4« beziehungsweise »M1«.

Der T4E2 besaß anstelle eines Drehturms einen festen Panzeraufbau. Rock Island Arsenal, 1. März 1935.

Medium Tank Convertible M1

Im April 1934 wohnten Offiziere der Infanterie einer Vorführung des für die Kavallerie bestimmtem Combat Car T4 bei. Beeindruckt von dessen Mobilität, wurde kurz darauf das Rock Island Arsenal beauftragt, auf dieser Basis einen mittleren Kampfpanzer für die Infanterie zu entwickeln. Der 1935 vorgestellte »Medium Tank T4« ähnelte daher dem Combat Car T4E1 und war wie dieser mit einem Lenkgetriebe mit Differentialsteuerung ausgerüstet, wies jedoch tatsächlich eine ganze Reihe von Modifikationen auf. Die Panzerung war nun bis zu 15,9 mm stark und das gesamte Fahrzeug war länger und breiter. Wanne und Turm besaßen eine veränderte Form, letzterer verfügte nun über eine deutliche Stufe, die dem Kommandanten eine bessere Sicht ermöglichen sollte. Auf der Motorabdeckung befanden sich zwei große Schalldämpfer für die Abgasanlage. Das Fahrwerk folgte erneut dem Christie-Layout und erlaubte die Fahrt auf Rädern oder Ketten, war jedoch vollständig neu konstruiert. Die Bewaffnung des viersitzigen Fahrzeugs war für einen mittleren Panzer sehr leicht und bestand nur aus einem 12,7-mm-MG rechts und einem 7,62-mm-MG links im Zwei-Mann-Turm sowie einem weiteren 7,62-mm-MG in der Wanne. Das Gewicht lag bei 12.247 kg.

Bis 1936 entstanden 16 mittlere Panzer des Typs T4 sowie drei T4E1, die anstelle des Drehturms über einen Kasematten-Aufbau verfügten. Dieser war an der Frontseite mit einem 12,7- und einem 7,62-mm-MG sowie auf beiden Seiten und hinten mit je einem beweglichen 7,62-mm-MG bestückt. Der vergrößerte Kampfraum erlaubte den Einbau größerer Tanks. Das Treibstoff-Volumen lag nun bei 309 Liter, was den Fahrbereich nahezu verdoppelte.

Da sich die Fahrzeuge während ihrer Erprobung insgesamt bewährten, leicht zu manövrieren waren und zuverlässig, befürwortete das Ordnance Board am 6. März 1936 die offizielle Übernahme in das Inventar der US-Infanterie. Das wiederum lehnte das Pentagon aus Budgetgründen ab, außerdem hielten die Entscheidungsträger das Rad-Ketten-Laufwerk für zu kompliziert. Unter dem Eindruck der sich verschärfenden Lage in Europa unternahm das Ordnance Board am 30. März 1939 einen erneuten Anlauf. Diesmal wurde die Listung vorgenommen, die T4 und T4E1 gingen unter der Bezeichnung »Convertible Medium Tank M1« offiziell in die Beschaffung. 18 dieser Panzer waren bis März 1940 in Fort Benning stationiert. Dann aber galten alle M1 als bereits vollständig veraltet und wurden wieder ausgemustert.

Medium Tank Convertible T4	
Typ	Mittlerer Kampfpanzer
Hersteller	Rock Island Arsenal
Gefertigte Stückzahl	16 T4 und 3 T4E1
Gefechtsgewicht	12.247 kg
Länge	4907 mm
Breite	2499 mm
Höhe	2235 mm (auf Ketten)
Motor:	Continental R670 7-Zylinder-Sternmotor (Benzin)
Leistung kW/PS	184/250
Leistungsgewicht	20,41 PS/t
Höchstgeschwindigkeit	38 km/h (Straße, auf Ketten), 61 km/h (Straße, auf Rädern)
Kraftstoffvorrat	157 l
Fahrbereich	88 km (Straße, auf Ketten), 190 km (Straße, auf Rädern)
Besatzung	4
Bewaffnung	1 x 12,7-mm-MG M2 und 1 x 7,62-mm-MG M1919A4 im Turm, 1 x 7,62-mm-MG M1919A4 in der Wanne
Kampfsatz	k.A
Furttiefe	0,91 m
Panzerung	6,35 mm – 15,9 mm

Der Medium Tank T4 auf Gleisketten. Obwohl 1939 noch als Medium Tank M1 standardisiert, wurde der T4 aufgrund seines hohen Stückpreises und des zweifelhaften Werts seines Rad-Ketten-Laufwerks nicht in großer Zahl produziert.

Heckansicht eines Medium Tanks T4. Man beachte die beiden großen Schalldämpfer der Abgasanlage auf dem Heck.

Ein T4 auf Rädern. Die Ketten wurden währenddessen auf und unter den Kettenabdeckungen verstaut.

Für einen mittleren Panzer war die Bewaffnung der T4 selbst nach den Maßstäben Mitte der 1930er Jahre zu schwach. Ein 12,7-mm-MG und zwei 7,62-mm-MG waren auch in leichten Panzern zu finden.

Neben 16 Medium Tank T4 wurden auch drei T4E1 gefertigt, die über einen festen Panzeraufbau verfügten.

Convertible Combat Car T7

Nach Abschluss der Erprobung des Combat Car T4 wünschte sich die Kavallerie ein Fahrzeug mit einem mindestens 325 PS leistenden Motor, einem verbesserten Rad-Ketten-Laufwerk inklusive neuer Gleisketten sowie der maximal möglichen Treibstoffmenge. Obwohl die Serienfertigung des Combat Car T4 aus Kostengründen zugunsten des T5 eingestellt worden war, begannen Entwurfsarbeiten am T6, der alle gewünschten Kriterien erfüllen sollte. Bei einem Gewicht von fast elf Tonnen und einer fünfköpfigen Besatzung war ein 400 PS starker Wright R-975 Sternmotor vorgesehen, mit welchem auf Ketten 51 km/h und auf Rädern 70 km/h erreicht werden sollten. Die Bewaffnung bestand laut Plan aus zwei 7,62-mm-MGs links und rechts des Fahrers sowie einem 12,7-mm-MG in einem linken und einem 7,62-mm-MG in einem rechten Turm. Im November 1935 wurden die Arbeiten am T6 jedoch abgebrochen, da sich die Kavallerie nun ein Fahrzeug mit nur einem Drehturm und einer auf vier Mann reduzierten Besatzung wünschte. Zudem begrenzte das Verteidigungsministerium das Gewicht zukünftiger Combat Cars auf nur 7,5 t. Dennoch stieß die US-Kavallerie im November 1936 die Entwicklung eines weiteren Kampffahrzeugs an, das sowohl auf Ketten als auch auf Rädern fahren konnte, denn eine der Forderungen lautete nun, über längere Zeit mit hoher Geschwindigkeit fahren zu können, um eine größere strategische Beweglichkeit zu erreichen. Das Rock Island Arsenal schlug daher im Grunde eine Rad-Ketten-Version des Combat Car M1 vor. Die Wanne des als »T7« bezeichneten Musters basierte auf jener des M1, war jedoch breiter und länger. Auch das Triebwerk – ein luftgekühlter Continental W-670 Sternmotor mit sieben Zylindern und 250 PS – stammte vom M1. Das Laufwerk hingegen war eine vollständige Neukonstruktion und ähnelte jenem zeitgenössischer 6x4-Lkw. Es bestand aus drei Laufradpaaren, von denen die hinteren beiden in je einem Rollenwagen zusammengefasst waren. Diese verfügten über außenliegende Blattfedern sowie Bremsen und waren angetrieben. Das vordere Laufradpaar war bei Radfahrt lenkbar und besaß außenliegende Schraubenfedern. Sämtliche Laufräder waren mit Luftbereifung ausgerüstet, die über Notlaufeigenschaften verfügte, um ein Weiterfahren auch im Falle eines Treffers zu gewährleisten. Die Bewaffnung bestand nur aus einem 12,7-mm- und einem 7,62-mm-MG. Der 250-PS-Sternmotor beschleunigte auf 56 km/h auf Ketten und 85 km/h auf Rädern. Der vom

Convertible Combat Car T7	
Typ	Leichter Kampfpanzer
Hersteller	Rock Island Arsenal
Gefertigte Stückzahl	1
Besatzung	4
Gefechtsgewicht	9979 kg
Länge	5131 mm
Breite	2638 mm
Höhe	2464 mm
Motor	1 x 7-Zyl.-Sternmotor Continental R670 (Benzin)
Leistung kW/PS	184/250
Leistungsgewicht	25,1 PS/t
Höchstgeschwindigkeit	85 km/h auf Rädern, 56 km/h auf Ketten
Kraftstoffvorrat	k.A
Fahrbereich	k.A
Bewaffnung	1 x 12,7-mm-MG M2HB und 1 x 7,62-mm-MG M1919A4 im Turm
Kampfsatz	k.A
Furttiefe	k.A
Panzerung	6,35 mm – 15,9 mm Panzerstahl

Heckansicht des T7 auf Rädern.

Der T7 war ein Umbau aus dem letzten M1A1, der die Werkshalle des Rock Island Arsenal verlassen hatte. Aberdeen Proving Ground, 16. August 1938.

Rock Island Arsenal gebaute T7-Prototyp wurde ab August 1938 auf dem APG erprobt und erwies sich als durchaus zufriedenstellend, obwohl es an Rädern und Aufhängung immer wieder zu Schäden kam. Zudem hatten reine Kettenfahrzeuge mittlerweile einen Punkt erreicht, an dem sie Anforderungen der Kavallerie bezüglich strategischer Mobilität ebenfalls erfüllen konnten. Weil die Komplexität und Kosten des Rad-Ketten-Systems aus diesem Grund nicht mehr vertretbar waren, empfahl die Kavallerie am 19. Oktober 1939, die Entwicklung und Erprobung aller Rad-Ketten-Fahrzeuge einzustellen. Zudem wurde die Bewaffnung des T7 als zu leicht erachtet. Der T7 war damit der letzte für die US-Streitkräfte entwickelte Panzer, der über ein Rad-Ketten-Laufwerk verfügte.

Teil 2: Panzerentwicklungen der Jahre 1935–1945

Light Tanks

Marmon-Herrington Combat Tank Light

Der CTL-3A verfügte über ein robusteres Laufwerk und einen stärkeren Motor, konnte aber dennoch nicht überzeugen.

Der für seine 4x4-Fahrzeuge bekannte US-Nutzfahrzeughersteller Marmon-Herrington baute ab Mitte der 1930er Jahre auch eine Reihe von Kleinstpanzern (Tanketten) und leichten Panzern.

Der »CTL-1« (»Combat Tank Light«) war eine turmlose Tankette mit zwei nebeneinander sitzenden Besatzungsmitgliedern. Er war mit einem MG in Kugelblende an der Wannenfront ausgerüstet und wurde durch eine maximal 10 mm starke Panzerung geschützt. Der einzige CTL-1 scheint 1935 an Persien (heute Iran) verkauft worden zu sein. Der nachfolgende CTL-2, ebenfalls nur als Prototyp entstanden, war ein CTL-1 mit verstärkter Panzerung. Mittlerweile war das US Marine Corps (USMC) auf Marmon-Herrington aufmerksam geworden und orderte 1936 fünf turmlose CTL-3, die mit einem 110-PS-Motor bis zu 53 km/h erreichten. Die zweiköpfige Besatzung verfügte über ein 12,7-mm- und zwei 7,62-mm-MGs in Kugelblenden an der Wannenfront. Die Panzerung der 4264 kg schweren CTL-3 betrug lediglich 6,35 mm. Obwohl diese Panzer nicht überzeugen konnten, orderte das USMC fünf CTL-3A mit einem 124-PS-Motor und einem verbesserten Laufwerk, die im Juni 1939 ausgeliefert wurden. Die fünf CTL-3 wurden ebenfalls auf diesen Standard gebracht. 1941 entstanden mindestens fünf CTL-3A mit einem VVSS-Fahrwerk und neuen Ketten, die Bezeichnung lautete dann »CTL-3M«.

Die Bewaffnung des CTL-3 bestand aus zwei 7,62-mm-MGs und einem 12,7-mm-MG in drei Kugelblenden an der Fahrzeugfront.

1936 beschaffte das United States Marine Corps (USMC) fünf leichte Panzer des Typs CTL-3. Dieses Exemplar ist unbewaffnet.

CTL-3TBD und CTL-6

1942 erwarb das USMC 20 CTL-6, eine verbesserte Version des 1935 in zehn Exemplaren beschafften CTL-3. Der CTL-6 besaß ein VVSS-Laufwerk und nur noch zwei MGs in Kugelblenden an der Wannenfront. Die 6524 kg schweren CTL-6 waren 6,35 mm stark gepanzert und erreichten mit einem 124-PS-Motor bis zu 53 km/h. Hinzu kamen fünf CTL-3TBD mit dreiköpfiger Besatzung, die ebenfalls über ein VVSS-Laufwerk und erstmals über einen Turm verfügten. Dieser war mit zwei 12,7-mm-MGs bestückt, während sich in der Fahrerfront drei 7,62-mm-MGs in Kugelblenden befanden. Der CTL-3TBD wog 9616 kg und wurde von einem 123-PS-Diesel angetrieben. Seine Panzerung betrug maximal 12,7 mm; die Höchstgeschwindigkeit lag bei 48 km/h. Obwohl die CTL-6 und CTL-3TBD auf der Pazifik-Insel Samoa stationiert wurden, kamen sie nicht zum Kampfeinsatz. Die CTL-Fahrzeuge erwiesen sich als mechanisch sehr unzuverlässig, sämtliche Fahrzeuge dieser Baureihe hat das USMC bereits Ende 1943 verschrottet.

CVTL

1937 orderte Mexiko bei Marmon-Herrington vier (nach anderen Quellen fünf) CVTL (»Combat Tank Very Light«). Diese Tanketten hatten ein kurioses Äußeres, waren sie doch breiter (1900 mm) als lang (1830 mm). Die nebeneinander sitzende zweiköpfige Besatzung bediente zwei MGs in Kugelblenden an der Wannenfront. Die CVTL blieben bis 1943 in mexikanischen Diensten und wurden dann durch M5 ersetzt.

CTL-4TA

Der größte Auftrag für Marmon-Herrington kam jedoch 1941 aus Niederländisch-Ostindien (heute Indonesien), das 200 leichte CTL-4A in Auftrag gab. Diese Zwei-Mann-Panzer besaßen einen kleinen MG-Turm, der aber nur um 240° schwenkbar war, da der daneben liegende Erker des Fahrers eine Rund-

Der CTL-3TBD besaß als erster Marmon-Herrington Panzer einen Drehturm. Dieser war mit zwei 12,7-mm-MGs bestückt, während sich in der Fahrerfront drei 7,62-mm-MGs in Kugelblenden befanden.

Zwei CTL-4TAC (T16) der US Army in Alaska 1942.

Vorn ein CTL-4TAY (T14), dahinter ein CTL-4TAC (T16) sowie zwei Jeeps der US-Armee. Alaska, 1942.

umdrehung verhinderte. Daher existierten zwei Versionen des CTL-4A. Bei der einen war der Turm rechts (CTL-4TAC), bei der anderen (CTL-4TAY) links auf der Wanne. Wie viele CTL-4TA jedoch vor dem japanischen Sieg im März 1942 noch Niederländisch-Ostindien erreichten, ist unklar, je nach Quelle ist von sieben bis zwölf die Rede. 149 Stück wurden nach Australien umgeleitet, wo sie kurzzeitig als Schulfahrzeuge genutzt wurden. 39 weitere gingen nach Niederländisch-Westindien (Karibik). Im Mai 1942 bestellte die US-Regierung dann 240 CTL-4TA für China, die dann jedoch von den US-Streitkräften übernommen wurden. Die USA nutzte die Panzer ebenfalls zur Schulung sowie auf den Aleuten und in Alaska zur Abwehr eine befürchteten japanischen Invasion. In US-Diensten erhielt der CTL-4TAC die offizielle Bezeichnung »T16«, während der CTL-4TAY »T14« genannt wurde. Doch unter welchem Namen auch immer: Bereits 1943 wurden beide verschrottet.

CTMS-1TB1 und MTLS-1G14

Niederländisch-Ostindien gab 1941 zudem zwei weitere Panzer in Auftrag, den CTMS-1TB1 und den MTLS-1G14. Der CTMS-1TB1 war ein vergrößerter CTL-3TBD und hatte drei Mann Besatzung. Er war mit einer automatischen 37-mm-BK L/44 und einem koaxialen 7,62-mm-MG in einem Ein-Mann-Turm ausgerüstet. Hinzu kamen ein 7,62-mm-MG in einer Kugelblende und zwei starre 7,62-mm-MGs an der Fahrerfront. Vor der japanischen Okkupation Niederländisch-Ostindiens im März 1942 konnte jedoch keiner der 194 bestellten Panzer mehr auf den Weg gebracht werden. Die US-Streitkräfte übernahmen daher 62 bereits fertig gestellte CTMS-1TB1. Nach ihrer Erprobung Anfang 1943 wurden 26 (nach anderen Quellen 31) in die Karibik nach Niederländisch-Westindien geliefert.

Ligth Tank CTL-4TA	
Typ	Leichter Panzerkampfwagen
Hersteller	Marmon-Herrington
Gefertigte Stückzahl	474
Gefechtsgewicht	7600 kg
Länge	3510 mm
Breite	2084 mm
Höhe	2109 mm
Motor	Hercules JXD 6-Zyl.-Ottomotor
Leistung kW/PS	81/110
Leistungsgewicht	14,47 PS/t
Höchstgeschwindigkeit	48 km/h (Straße)
Kraftstoffvorrat	k.A
Fahrbereich	100 km (Straße)
Besatzung	2
Bewaffnung	3 x 7,62-mm-M1919A4-MG
Furttiefe	1,02 m
Panzerung	max. 12,7 mm

Andere CTMS-1TB1 gingen als Militärhilfe an Kuba (8), Ecuador (12), Guatemala (6) und Mexiko (4).
1941 bestellte die Kolonialregierung in Niederländisch-Ostindien zudem 200 MTLS-1G14. Dieser Typ gehörte mit einem Gewicht von ca. 19 t bereits in die Klasse der mittleren Pan-

Ein MTLS-1G14 während seiner Erprobung auf dem Aberdeen Proving Ground. Diese Tests endeten mit denkbar schlechten Ergebnissen.

zer. Der MTLS-1G14 war bis zu 38,1 mm stark gepanzert und erreichte mit einem 240-PS-Ottomotor 42 km/h. Seine Besatzung betrug vier Mann. Als Bewaffnung war eine automatische 37-mm-Zwillings-BK mit einem koaxialen 7,62-mm-MG im Zwei-Mann-Turm installiert, die von einem 7,62-mm-MG in Kugelblende rechts am Turm, drei weiteren an der Fahrerfront (eines davon beweglich in einer Kugelblende) sowie zwei Fla-MGs auf dem Turm ergänzt wurden. Da Niederländisch-Ostindien von den Japanern besetzt wurde, übernahmen die US-Streitkräften 125 nicht ausgelieferte Panzer, von denen 19 nach Niederländisch-Westindien weitergeben und dort bis in die 1950er Jahre verwendet wurden. Eine im Frühjahr 1943 durchgeführte Erprobung des MTLS-1G14 auf dem Aberdeen Proving Ground erbrachte katastrophale Ergebnisse, woraufhin der Befehl zur Verschrottung der noch vorhandenen Panzer erging.

Light Tank CTMS-1TB1	
Typ	Leichter Panzerkampfwagen
Hersteller	Marmon-Herrington
Gefertigte Stückzahl	194
Gefechtsgewicht	11.350 kg
Länge	4191 mm
Breite	2337 mm
Höhe	2489 mm
Motor	Hercules RXLD 6-Zyl.-Ottomotor
Leistung kW/PS	128/174
Leistungsgewicht	15,33 PS/t
Höchstgeschwindigkeit	53 km/h (Straße)
Kraftstoffvorrat	230 l
Fahrbereich	130 km (Straße)
Besatzung	3
Bewaffnung	1 x 37-mm-MK L/44, ein koaxiales 7,62-mm-Colt-MG im Turm, 3 x 7,62-mm-Colt-MG in der Wanne
Furttiefe	1,02 m
Panzerung	max. 12,7 mm

Combat Car M1 und M2 (Light Tank M1)

Nachdem das Pentagon im Frühjahr 1933 entschieden hatte, dass zukünftige leichte Panzer der Infanterie – beziehungsweise »Combat Cars« der Kavallerie – nicht schwerer als 6,8 t sein sollten, entwarf das Rock Island Arsenal (RIA) ab Juni 1933 den Kampfwagen T5. Das neue Fahrzeug sollte ein reines Kettenfahrzeug sein, mindestens 48 km/h erreichen und mit Funk ausgestattet werden können. Als Bewaffnung waren ein 12,7-mm-MG und zwei 7,62-mm-MGs vorsehen, wobei im Oktober 1933 festgelegt wurde, dass der T5 über zwei nebeneinander liegende Drehtürme mit je einem MG verfügen sollte. Der Prototyp dieses Fahrzeugs wurde Anfang April 1934 vorgestellt und wies ein von Harry Knox neu entwickeltes Fahrwerk auf. Dieses besaß auf jeder Seite vier Laufrollen, von denen je zwei in einem Rollenwagen zusammengefasst wurden. Diese Rollenwagen verfügten über senkrechte Kegelstumpffedern, die diesem Fahrwerk auch seinen Namen »Vertical Volute Spring Suspension« (VVSS) gaben. Hinzu kam die Verwendung einer ebenfalls von Harry Knox entwickelten Endverbinderkette mit Gummipolstern, die wesentlich haltbarer

Das erste Exemplar des T5 im März 1934. Man beachte die provisorischen Windschutzscheiben für Fahrer und MG-Schützen sowie die Planen über den oben offenen Türmen.

war als bisherige Ketten und eine höhere Laufruhe sowie Endgeschwindigkeit ermöglichte. Die strikte Gewichtsbeschränkung erforderte auch ein besonders kompaktes Triebwerk. Da kein anderer passender Motor zu Verfügung stand, übernahm schließlich ein Siebenzylinder-Sternmotor (Continental R-670) aus dem Flugzeugbau den Antrieb, der auf ein Differential-Lenkgetriebe wirkte. VVSS-Laufwerk, gummigepolsterte Verbinderketten und Flugzeug-Sternmotoren sollten die typischen Konstruktionsmerkmale einer ganzen Generation von US-Kampfpanzern werden.

Seitenansicht des T5, aufgenommen am 3. April 1934 auf dem Aberdeen Proving Ground. Man beachte das neu entwickelte VVSS-Fahrwerk (Vertical Volute Spring Suspension) sowie die fehlende Bewaffnung.

Der T5E1 wies anstelle der beiden Drehtürme einen festen Panzeraufbau auf. Rock Island Arsenal, Illinois, 31. Mai 1935.

Der T5-Prototyp während seiner Geländeerprobung. Man beachte die abgeworfene Kette.

Im Juni und Juli 1935 wurde der T5E1 auf dem APG erprobt. Aberdeen Proving Ground, 1. Juli 1935.

Die Serienversion M1 erhielt einen einzelnen Drehturm mit je einem 12,7-mm-MG und einem 7,62-mm-MG, die jedes seine eigene Blende besaßen. Der hufeisenförmige Turm hatte keine Kuppel.

In dieser Frontalaufnahme eines M1 ist die Turmluke geöffnet. Bei genauer Betrachtung zeigen sich die dort angebrachten Sehschlitze, die eine Beobachtung nach vorn erlauben.

Das Continental-Triebwerk des T5 besaß allerdings einen großen Nachteil. Bedingt durch die Sternform lag die Antriebswelle sehr hoch. Da das Getriebe vorn lag, lief die Welle mittig durch den Kampfraum und behinderte dort die Besatzung. Das RIA stattete den T5 daher mit zwei nebeneinanderliegenden, oben offenen Türmen aus, sodass die Welle zwischen den Türmen hindurchlief und die Besatzung nicht behinderte. Der rechte Turm war mit einem 12,7-mm-MG M2 ausgerüstet, während der linke ein 7,62-mm-MG M1919 aufwies. Ein weiteres 7,62-mm-MG befand sich in einer Kugelblende in der Wannenfront. Während der Erprobung erwiesen sich Laufwerk und Antriebsstrang als sehr überzeugend, der T5 erreichte bis zu 68 km/h.

Im März 1935 entstand ein Versuchsträger, der anstelle der beiden Drehtürme einen festen Panzeraufbau aufwies. An der Front war er mit einem 12,7-mm- und einem 7,62-mm-MG ausgerüstet. An jeder Seite und am Heck waren Kugelblenden für weitere 7,62-mm-MGs installiert. Allerdings überlastete der Aufbau das Fahrgestell und verursachte Probleme bei der Motorkühlung. Außerdem war die Feuerkraft zu stark gesunken, sie entsprach nur nach vorn jener des T5.

T5E2 / M1

In Serie ging jedoch schließlich die Variante T5E2 mit einem Zwei-Mann-Turm und einem 12,7-mm- sowie einem 7,62-mm-MG. Von diesen nun als »Combat Car M1« bezeichneten leichten Panzer fertigte das Rock Island Arsenal zwischen 1935 und 1937 89 Exemplare. Späte M1 wiesen einen neuen achteckigen Turm auf, die Bewaffnung blieb jedoch unverändert.

Der ursprüngliche Prototyp T5 wurde Anfang 1936 mit einem Guiberson-Diesel-Sternmotor T-1020 ausgerüstet, der 220 PS leistete. Das nun als »T5E3« bezeichnete Fahrzeug wurde von Mai bis September 1936 auf dem APG erprobt. Drei M1-Serienfahrzeuge erhielten ebenfalls den Guiberson-Diesel und gingen unter der Bezeichnung »M1E1« im Februar 1937 nach Fort Knox. Die Diesel-Fahrzeuge waren gut an den großen Luftfiltern auf den Kettenabdeckungen seitlich des hinteren Motorraumes zu erkennen.

Während des Sommers 1937 wurde bei einem M1-Serienfahrzeug die hintere Wanne verlängert, das Leitrad nach hinten versetzt und der Abstand zwischen den Laufrollenwagen um etwa 28 cm vergrößert. Dieser Umbau wurde vorgenommen, um den Zugang zum Motor zu erleichtern und größere Treibstofftanks unterbringen zu können. Der derartig modifizierte Panzer erhielt die Bezeichnung »M1E2« und wurde zwischen dem 3. August und dem 5. Oktober 1937 auf dem APG erprobt. Die Maßnahmen hatten die Fahreigenschaften sowie die Stabilität verbessert, weshalb alle künftigen M1 auf den Stand E2 gebracht wurden.

Den 89 M1 folgten daher ab Ende 1937 weitere 24 als »M1A1« bezeichnete Panzer mit verlängerter Wanne und Laufwerk sowie dem bereits bei späten M1 zu findenden achteckigen Turm und einem neuen Getriebe. Zudem kam eine neue Blende für das Wannen-MG zum Einbau. Sieben M1A1 wurden mit einem Guiberson-Diesel ausgestattet und als »M1A1E1« geführt.

Combat Car M1 der US-Kavallerie während eines Manövers Ende der 1930er Jahre.

Combat Car M1 der US-Kavallerie während eines Manövers Ende der 1930er Jahre.

M1A1 der Kavallerie im Manöver. Hier ist die kleinere Blende des Wannen-MGs zu erkennen.

Später M1 wie diese Exemplare wiesen anstelle des hinten abgerundeten, hufeisenförmigen Turms einen achteckigen Turm auf. Diese Aufnahme des M1E2 zeigt gut den vergrößerten Abstand zwischen den beiden Laufrollenwagen.

T5E4

Ende 1937 wurde der ursprüngliche T5-Prototyp erneut umgebaut. Nun wurde das hintere Leitrad abgesenkt, sodass es Bodenkontakt erhielt. Zudem wurden die metallenen Kegelstumpffedern am hinteren Laufradpaar durch Gummiblöcke ersetzt und der Panzer mit einem Guiberson-Diesel des Typs T-570-1 ausgestattet, der hier 150 PS leistete. Aus Gewichtsgründen nahm man den Turm ab. In dieser Form wurde der Panzer ab Januar auf dem APG und später in Fort Knox getestet. Dabei erwies sich, dass diese Laufwerksmodifikation die Laufruhe verbesserte und den Bodendruck verringerte, weshalb sie für künftige Serienmodelle empfohlen wurde.

Das Versuchsfahrzeug T5E4 entstand aus dem Umbau des ursprünglichen Prototypen T5 und zeigte ein abgesenktes Leitrad sowie eine neue Federung am hinteren Laufradpaar.

Unter der Bezeichnung M1E3 lief ein im Rock Island Arsenal umgebautes M1-Serienfahrzeug, welches zu Testzwecken ein neues Laufwerk sowie eine 406 mm breite Gummikette der Firma Goodrich erhielt. Nach der Erprobung auf dem APG Ende 1938 wurde wieder die normale Endverbinder-Gleiskette mit Gummipolstern installiert, jedoch eine neue Übertragungswelle zwischen hinten liegendem Motor und dem vorn verbauten Getriebe getestet, welche wesentlich näher am Boden des Kampfraums verlief als die übliche Welle.

M2

Ab Ende 1939 gebaute Panzer verfügten über das abgesenkte Laufrad sowie einen höheren Turm, um der Besatzung mehr Kopffreiheit zu gewähren. Dazu kamen weitere Detailverbesserungen. Diese Variante wurde »Combat Car M2« genannt und 34 Mal gebaut. Die geplante Verwendung der im M1E3 getesteten neuen Antriebswelle entfiel, da diese Modifikation zu viel Zeit gekostet hätte. Alle M2 hatten jedoch den Guiberson-Diesel-Sternmotor des Typs T-1020.

Als am 10. Juli 1940 die Panzertruppe (Armored Force) der U.S. Army ins Leben gerufen wurde, entfiel die Notwendigkeit unterschiedlicher Bezeichnungen für die Panzer von Infanterie und Kavallerie, alle Panzer waren nun Teil der neuen Truppe. Ab dem 22. August 1940 änderte sich daher die Bezeichnung des »Combat Car M2« in »Light Tank M1A1« und die des »Combat Car M1« (beziehungsweise M1A1) in »Light Tank M1A2«. Keine der beiden Versionen kam je zum Kampfeinsatz, sie blieben jedoch bei Ausbildungseinheiten bis 1942 in Verwendung.

In dieser Ansicht eines Combat Car M2 sind gut die beiden großen Luftfilter links und rechts auf den hinteren Kettenabdeckungen sowie die dazugehörenden Rohre zu erkennen, durch welche die angesaugte und gereinigte Luft zum Dieselmotor geleitet wurde. identifizieren.

T3

Ab 1933 wurde auf Basis des Laufwerks des M1 ein Schlepper entwickelt, der die Bezeichnung »Tracked Light Tractor T3« erhielt. Über die Prototypen T3, T3E1, T3E2 sowie T3E3 entstand im Sommer 1937 schließlich der T3E4, der mit einem 100 PS starken Hercules WXC-2-Motor versehen war. Inklusive der später auf den Stand des T3E4 umgerüsteten Prototypen wurden sechs dieser Schlepper gebaut. Drei davon waren 1939/40 Teil einer Expedition in die Antarktis und wurden dort zurückgelassen, als dieses Unternehmen endete.

Der Combat Car M2 ist gut an seinem abgesenkten Leitrad zu identifizieren.

Der leichte Kettenschlepper T3E4 – hier in der Antarktis, Stonington Insel, 1940 – basierte auf dem Laufwerk des Combat Car T5 und war ursprünglich als Artilleriezugmaschine vorgesehen.

Combat Car M1	
Typ	Leichter Panzerkampfwagen
Hersteller	Rock Island Arsenal
Gefertigte Stückzahl	89 M1 + 24 M1A1
Gefechtsgewicht	8523 kg
Länge	4140 mm
Breite	2388 mm
Höhe	2261 mm
Motor	Continental W-670 7-Zylin-der-Sternmotor (Benzin)
Leistung kW/PS	184/250
Leistungsgewicht	29,33 PS/t
Höchstgeschwindigkeit	68 km/h (Straße)
Kraftstoffvorrat	189 l
Fahrbereich	190 km (Straße)
Besatzung	4
Bewaffnung	1 x 12,7-mm-MG M2HB und 1 x 7,62-mm-MG M1919A4 im Turm, 1 x 7,62-mm-MG M1919A4 im Bug, 1 x 7,62-mm-MG M1919A4 als Fla-MG
Kampfsatz	1100 x 12,7 mm, 6700 x 7,62 mm
Furttiefe	1,32 m
Panzerung (mm/Neigung)	
Wannenfront	15,9 mm/73°
Wannenbug	15,9 mm/69°
Wannenseite	12,7 mm/90°
Wannenheck (oben/unten)	9,5 mm/90° bzw. 71°
Wannenoberseite	6,35 mm/0°
Wannenunterseite	6,35 mm/0°
Turmfront	15,9 mm/60°
Turmseiten	15,9 mm/90°
Turmheck	15,9 mm/90°
Turmdach	6,35 mm/0°

Combat Car M2	
Typ	Leichter Panzerkampfwagen
Hersteller	Rock Island Arsenal
Gefertigte Stückzahl	34
Gefechtsgewicht	11.567 kg
Länge	4389 mm
Breite	2301 mm
Höhe	2413 mm
Motor	Guiberson T-1020-4, 9-Zylin-der-Sternmotor (Diesel)
Leistung kW/PS	184/250
Leistungsgewicht	21,6 PS/t
Höchstgeschwindigkeit	58 km/h (Straße)
Kraftstoffvorrat	227 l
Fahrbereich	320 km (Straße)
Besatzung	4
Bewaffnung	1 x 12,7-mm-MG M2HB und 1 x 7,62-mm-MG M1919A4 im Turm, 1 x 7,62-mm-MG M1919A4 im Bug, 1 x 7,62-mm-MG M1919A4 als Fla-MG
Kampfsatz	1364 x 12,7 mm, 9470 x 7,62 mm
Furttiefe	1,32 m
Panzerung (mm/Neigung)	
Fahrerfront	15,9 mm/73°
Wannenfront	15,9 mm/21°
Wannenbug	15,9 mm/69°
Wannenseite	12,7 mm/90°
Wannenheck (oben/unten)	9,5 mm/90° bzw. 71°
Wannenoberseite	9,5 mm/0°
Wannenunterseite	6,35 mm/0°
Turmfront	15,9 mm/60°
Turmseiten	15,9 mm/90°
Turmheck	15,9 mm/90°
Turmdach	6,35 mm/0°

Light Tank M2

Parallel zum Combat Car T5 der Kavallerie entwarf das Rock Island Arsenal ab Sommer 1933 einen leichten Panzer für die Infanterie. Der ab April 1934 vorgestellte Prototyp T2 entsprach in vielen Bereichen (Wanne, Antriebsstrang) dem T5, war jedoch mit nur einem Zwei-Mann-Drehturm ausgerüstet, in dem ein 12,7-mm- und ein 7,62-mm-MG lafettiert waren. Ein weiteres 7,62-mm-MG war beweglich in der Wannenfront eingebaut. Diese Waffe wurde vom rechts sitzenden MG-Schützen/Beifahrer bedient, der Fahrer befand sich links davon. Ein im Heck installierter Continental W-670 7-Zylinder-Sternmotor mit 250 PS wirkte auf das vorn in der Wanne verbaute Getriebe. Zudem erhielt der T2 ein Laufwerk, das auf jenem des leichten T1E4 und T1E6 beruhte.

Sowohl der T5 als auch der T2 trafen am 13. April 1934 auf dem APG ein und hatten beide am 23. April 1934 ihren ersten großen Auftritt in der Öffentlichkeit.

Als sich das VVSS-Laufwerk des T5 im Zuge der im April und Mai jenes Jahres durchgeführten Erprobung jedoch als weit überlegen zeigte, wurde der T2 zurück ins Rock Island Arsenal gesandt, um dort ebenfalls ein VVSS-Fahrwerk zu erhalten. Das dann als »T2E1« bezeichnete Fahrzeug erhielt zudem eine neue, von Harry Knox entwickelte Endverbinder-Gleiskette (T16) mit Gummipolstern, die für das nächste Jahrzehnt zum Standard für US-Panzer werden sollte.

Der Prototyp T2 auf dem APG. Man beachte das beim britischen Vickers 6-ton-tank kopierte Laufwerk. Aberdeen Proving Ground, 23. Mai 1934.

M2A1

Der T2E1 nahm im Oktober 1934 seine Erprobung auf dem APG erneut auf und wurde zudem von 14. Januar bis 14. Februar 1935 in Fort Benning, Georgia, bewertet. Aufgrund der Empfehlung der Infanterie erhielt der Turm eine kleine Kuppel, um eine bessere Übersicht zu gewähren. 1935 wurde der T2E1 zudem offiziell als »M2A1« in die Bewaffnung übernommen, aber in nur neun Exemplaren gebaut, denn einmal mehr störte die hoch im Kampfraum vom Heckmotor zum vorne liegenden Getriebe verlaufende Welle die Besatzung bei einer Turmdrehung. Die neun M2A1 blieben daher auch ohne Bewaffnung und wurden nur zur Ausbildung verwendet.

Der unbewaffnete T2E1 in Fort Benning im Januar 1935. Man beachte das neue Fahrwerk, welches auf dem im Combat Car T5 verwendeten Typ beruhte.

Einer der ersten von nur neun M2A1. Man beachte die Kuppel auf dem Drehturm und die Tatsache, dass der werksneue Panzer noch keinerlei Markierungen trägt.

Im RIA erhielt der T2-Prototyp ein VVSS-Fahrwerk sowie neue Ketten. Die Bezeichnung änderte sich dann in T2E1. Rock Island Arsenal (Illinois), 13. November 1934.

Die Höhe der vom im Heck gelegenen Sternmotor nach vorn zum Getriebe laufenden Welle lässt sich auf dieser Aufnahme vom 23. Mai 1934 erkennen. Da der Wellentunnel den Kampfraum einmal der Länge nach durchlief, störte er die Arbeit der Turmbesatzung erheblich.

M2A2

Da der Tunnel für die Antriebswelle den Kampfraum des leichten Panzers M2 einmal der Länge nach in Oberschenkelhöhe durchschnitt, war es dem Kommandanten und dem Schützen nur mit Schwierigkeiten möglich, den Drehbewegungen des Turms zu folgen. Aufgrund der Erfahrungen mit dem Combat Car T5 wurde 1935 daher ein M2 mit zwei kleinen, nebeneinander liegenden Türmen versehen. Die Bezeichnung dieses Versuchsfahrzeugs lautete »T2E2«. Auf diese Weise lief die Antriebswelle zwischen den Türmen hindurch und störte die Besatzung nicht. Die ab Ende 1935 gebaute Serienausführung trug die Bezeichnung »M2A2«. 1937 wurden drei M2A2 permanent und ein M2A2 temporär mit Guiberson-Diesel-Sternmotoren des Typs T-1020 ausgestattet, was zur Bezeichnung »M2A2E1« führte. Allerdings zeigte sich, dass der luftgekühlte Guiberson bei Kälte nur schwer anzulassen war, weshalb keine weiteren Umbauten erfolgten. Von Ende 1935 bis Ende 1937 wurden insgesamt 237 M2A2 gebaut, späte Exemplare besaßen diverse Detailverbesserungen. So waren bei den letzten 103 Panzern die Türme nicht mehr zylindrisch, sondern siebeneckig. Die beiden Türmen des M2A2 führten dazu, dass dieser Typ den Spitznamen »Mae West« (ein vollbusiger Hollywoodstar jener Tage) erhielt.

Light Tank M2A1	
Typ	Leichter Panzerkampfwagen
Hersteller	Rock Island Arsenal
Gefechtsgewicht	8531 kg
Gefertigte Stückzahl	9
Länge	4140 mm
Breite	2388 mm
Höhe	2337 mm
Motor	Continental W-670 7-Zylinder-Sternmotor (Benzin)
Leistung kW/PS	184/250
Leistungsgewicht	29, 28 PS/t
Höchstgeschwindigkeit	72 km/h (Straße)
Kraftstoffvorrat	189 l
Fahrbereich	190 km (Straße)
Besatzung	4
Bewaffnung	1 x 12,7-mm-MG M2HB und 1 x 7,62-mm-MG M1919A3 in zwei Türmen, 1 x 7,62-mm-MG M1919A4 im Bug, 1 x 7,62-mm-MG M1919A4 als Fla-MG
Kampfsatz	1800 x 12,7 mm, 4700 x 7,62 mm
Furttiefe	1,09 m
Panzerung (mm/Neigung)	
Fahrerfront	15,9 mm/73°
Wannenfront	15,9 mm/21°
Wannenbug	15,9 mm/69°
Wannenseite	12,7 mm/90°
Wannenheck (oben/unten)	6,35 mm/90°
Wannenoberseite	6,35 mm/0°
Wannenunterseite	6,35 mm/0°
Turmfront	15,9 mm/90°
Turmseiten	15,9 mm/90°
Turmheck	15,9 mm/90°
Turmdach	6,35 mm/0°

Light Tank M2A2	
Typ	Leichter Panzerkampfwagen
Hersteller	Rock Island Arsenal
Gefechtsgewicht	8671 kg
Gefertigte Stückzahl	237
Länge	4140 mm
Breite	2388 mm
Höhe	2337 mm
Motor	Continental W-670 7-Zylinder-Sternmotor (Benzin)
Leistung kW/PS	184/250
Leistungsgewicht	28,83 PS/t
Höchstgeschwindigkeit	68 km/h (Straße)
Kraftstoffvorrat	189 l
Fahrbereich	190 km (Straße)
Besatzung	4
Bewaffnung	1 x 12,7-mm-MG M2HB und 1 x 7,62-mm-MG M1919A4 in zwei Türmen, 1 x 7,62-mm-MG M1919A4 im Bug, 1 x 7,62-mm-MG M1919A4 als Fla-MG
Kampfsatz	1625 x 12,7 mm, 4700 x 7,62 mm
Furttiefe	1,09 m
Panzerung (mm/Neigung)	
Fahrerfront	15,9 mm/73°
Wannenfront	15,9 mm/21°
Wannenbug	15,9 mm/69°
Wannenseite	12,7 mm/90°
Wannenheck (oben/unten)	6,35 mm/90°
Wannenoberseite	6,35 mm/0°
Wannenunterseite	6,35 mm/0°
Turmfront	15,9 mm/90°
Turmseiten	15,9 mm/90°
Turmheck	15,9 mm/90°
Turmdach	6,35 mm/0°

Der letzte M2A2, der die Werkshallen des Rock Island Arsenal verließ, mutierte zum »M2A2E2« mit auf 25,4 mm verstärkter Panzerung und neu gestaltetem Wannenheck. Diese Umbauten ließen das Gewicht auf 9675 kg ansteigen. Weitere Modifikationen folgten, zuletzt – Juli 1938 – in Form eines modifizierten Laufwerks mit abgesenktem Leitrad sowie wassergekühltem GM 6-71 Dieselmotor mit 188 PS. Dafür hatte die hintere Wanne erheblich verlängert werden müssen, was zur Bezeichnung »M2A2E3« führte. Zu einer Serienfertigung kam es jedoch nicht.

Der erste Serienpanzer des Modells M2A2. Frühe Modelle wie dieses besaßen zylindrische Türme.

M2A2, stationiert in den Jefferson Barracks, Missouri, während einer Übung Ende der 1930er Jahre.

Leichte Panzer M2A2 und M1 Combat Cars in »Shop M« des Rock Island Arsenals, Illinois, 17. Dezember 1936.

M2A2E2 am 10. Mai 1937 im Rock Island Arsenal. Man beachte die Verstärkung zwischen den Laufradpaaren.

Der M2A2E3 auf dem APG, aufgenommen am 6. Juli 1939. Jetzt hat das Leitrad Bodenkontakt.

Heckansicht eines M2A3. Man beachte das veränderte Wannenheck sowie die weiter auseinanderliegenden Rollenwagen des Laufwerks.

M2A3

Als Ergebnis der positiven Erfahrungen mit dem umgestalteten Laufwerk des Combat Car M1E2 bzw. M1A1 wurden am M2A2 einige Veränderungen vorgenommen, was zum »M2A3« führte. Gebaut ab Ende 1937, besaß er ein umgestaltetes Wannenheck, während das letzte Laufrollenpaar wie bei beim M1E2 um 28 cm nach hinten versetzt worden war, um die Laufruhe zu verbessern und den Bodendruck zu verringern. Zudem wurden die beiden Türme weiter außen installiert, um den Schwenkbereich zu vergrößern. Die maximale Frontpanzerung des Turms und der Wanne stieg von 15,9 mm auf 22,2 mm an, und die Motorabdeckung erhielt eine neue Form. Das Gewicht stieg auf rund 9,5 t an. Das Mehrgewicht und eine andere Getriebeübersetzung ließen die Höchstgeschwindigkeit auf 60 km/h fallen. Insgesamt entstanden bis Ende 1938 73 M2A3, von denen acht den Guiberson-Diesel-Sternmotor T-1020 erhielten, ihre Bezeichnung lautete »M2A3E1«. Ein weiterer Versuchsträger – M2A3E2 – hatte ein elektrisch zu schaltendes Getriebe von Timken erhalten; bei einem dritten (M2A3E3) vom Frühjahr 1940 sorgte ein Zweitakt-Dieselmotor GM V-4-223 (Leistung 250 PS) für Vortrieb. Um dieses Triebwerk unterbringen zu können, musste die Wanne verlängert werden. Dies erforderte wiederum eine Absenkung des Treibrads bis zum Boden.

Ein M2A3 während einer Parade im Rahmen des National Army Day. Washington D.C., 6. April 1939. (© LoC)

Acht M2A3E1 waren mit einem Diesel-Sternmotor ausgerüstet. Diese Modelle sind an den Rohren zu erkennen, die vom Motorraum zu den Luftfiltern am den hinteren Wannenseiten laufen. Rock Island Arsenal, 22. September 1938.

Ein werksneuer M2A3 während der Erprobung. Man beachte die großen Gummipolster der T16-Kette.

Blick von oben auf den Motorraum des M2A3E3 mit dem Zweitakt-Dieselmotor GM V-4-223.

Der M2A3E3 während seiner Erprobung auf dem APG im Januar 1941. Man beachte das veränderte Wannenheck., welches durch den neuen Motor notwendig wurde.

Drei M2A3 stehen am 30. November 1938 im Rock Island Arsenal zur Auslieferung bereit.

Light Tank M2A3	
Typ	Leichter Panzerkampfwagen
Hersteller	Rock Island Arsenal
Gefechtsgewicht	9534 kg
Gefertigte Stückzahl	73
Länge	4432 mm
Breite	2489 mm
Höhe	2337 mm
Motor	Continental W-670 7-Zylinder-Sternmotor (Benzin)
Leistung kW/PS	184/250
Leistungsgewicht	26,22 PS/t
Höchstgeschwindigkeit	60 km/h (Straße)
Kraftstoffvorrat	204 l
Fahrbereich	190 km (Straße)
Besatzung	4
Bewaffnung	1 x 12,7-mm-MG M2HB und 1 x 7,62-mm-MG M1919A4 in zwei Türmen, 1 x 7,62-mm-MG M1919A4 im Bug, 1 x 7,62-mm-MG M1919A4 als Fla-MG
Kampfsatz	1579 x 12,7 mm, 2370 - 6210 x 7,62 mm (je nach Funkausstattung)
Furttiefe	1,06 m
Panzerung (mm/Neigung)	
Fahrerfront	22,2 mm/73°
Wannenfront	15,9 mm/21°
Wannenbug	22,2 mm/69°
Wannenseite	15,9 mm/90°
Wannenheck (oben/unten)	15,9 mm/90° bzw. 15,9 mm/71°
Wannenoberseite	9,5 mm/0°
Wannenunterseite	12,7 mm /0° (vorn); 6,35 mm/0° (hinten
Turmfront	22,2 mm/90° (Blende 50,8 mm)
Turmseiten	15,9 mm/90°
Turmheck	15,9 mm/90°
Turmdach	6,35 mm/0°

Die leichten M2-Panzer waren seit Anfang der 1920er Jahre die ersten Kampffahrzeuge, die in größeren Zahlen in den USA gebaut wurden. Ihr Erscheinen erlaubte es den US-Streitkräften endlich, die völlig veralteten M1917 auszumustern. Obwohl für ihre Zeit ein durchaus gelungener Entwurf mit erstklassiger Mobilität und Zuverlässigkeit, galten die frühen Version des M2 doch ab 1941 als veraltet und wurden nur noch zur Ausbildung verwendet. Die Modelle M2A1 bis A3 kamen im Zweiten Weltkrieg nicht zum Kampfeinsatz.

Light Tank M2A4

Die US-Armee beobachtete sehr genau die Ereignisse im Spanischen Bürgerkrieg (1936–1939) und erkannte, dass eine alleinige MG-Bewaffnung für Kampfpanzer nicht mehr ausreichte und zudem die Schutzwirkung erhöht werden musste.
Der wichtigste amerikanische Panzer jener Zeit war der leichte M2A3. Dessen Produktion wurde am 29. Dezember 1938 auf Beschluss des Ordnance Department gestoppt, um Kapazitäten zur Entwicklung eines stärker bewaffneten und gepanzerten Nachfolgers zu haben. Der letzte M2A3 wurde bereits zum Prototypen des späteren Modells M2A4 umgebaut. Die beiden Ein-Mann-Türme wichen einen neuen Zwei-Mann-Drehturm, in dem eine 37-mm-BK und ein koaxiales 7,62-mm-MG lafettiert waren. Neben dem 7,62-mm-Bug-MG befand sich in der linken Seite des Panzeraufbaus ein weiteres MG dieses Kalibers, das starr nach vorn gerichtet war und vom Fahrer bedient wurde. Alle senkrechten Flächen an Wanne und Turm sollten 25,4 mm (1 inch) stark gepanzert sein. Alle Modifikationen wurde in Weichstahl ausgeführt und der Prototyp anschließend zum APG gebracht. Dort wurde das Fahrzeug am 6. Juni 1939 begutachtet und mit diversen Änderungswünschen vor Anlauf der Serienfertigung bedacht. So sollte das Rohr der Hauptwaffe um etwa 13 cm gekürzt werden, um zu verhindern, dass sich das lange Rohr in Hindernissen verfangen könnte. Die derart modifizierte Kanone wurde dann als »M5« standardisiert. Änderungsbedarf sah man auch an der Blende und am Höhenrichtbereich. In den Panzerkasten sollte rechts ein weiteres starres MG installiert und eine neue Kugelblende für das Bug-MG verbaut werden. Außerdem sollte der Turm eine Kuppel und je eine Nahkampföffnung pro Seite erhalten und es wurde eine Ausrüstung mit Funkempfän-

Der Prototyp des M2A4, aufgenommen am 11. Mai 1939 auf dem APG. Im Gegensatz zu den späteren Serienfahrzeugen verfügte dieser Panzer über keine Kuppel, und in der Wanne ist nur ein starres MG verbaut. Man beachte auch den fehlenden Schutz für das Rücklaufsystem der Kanone.

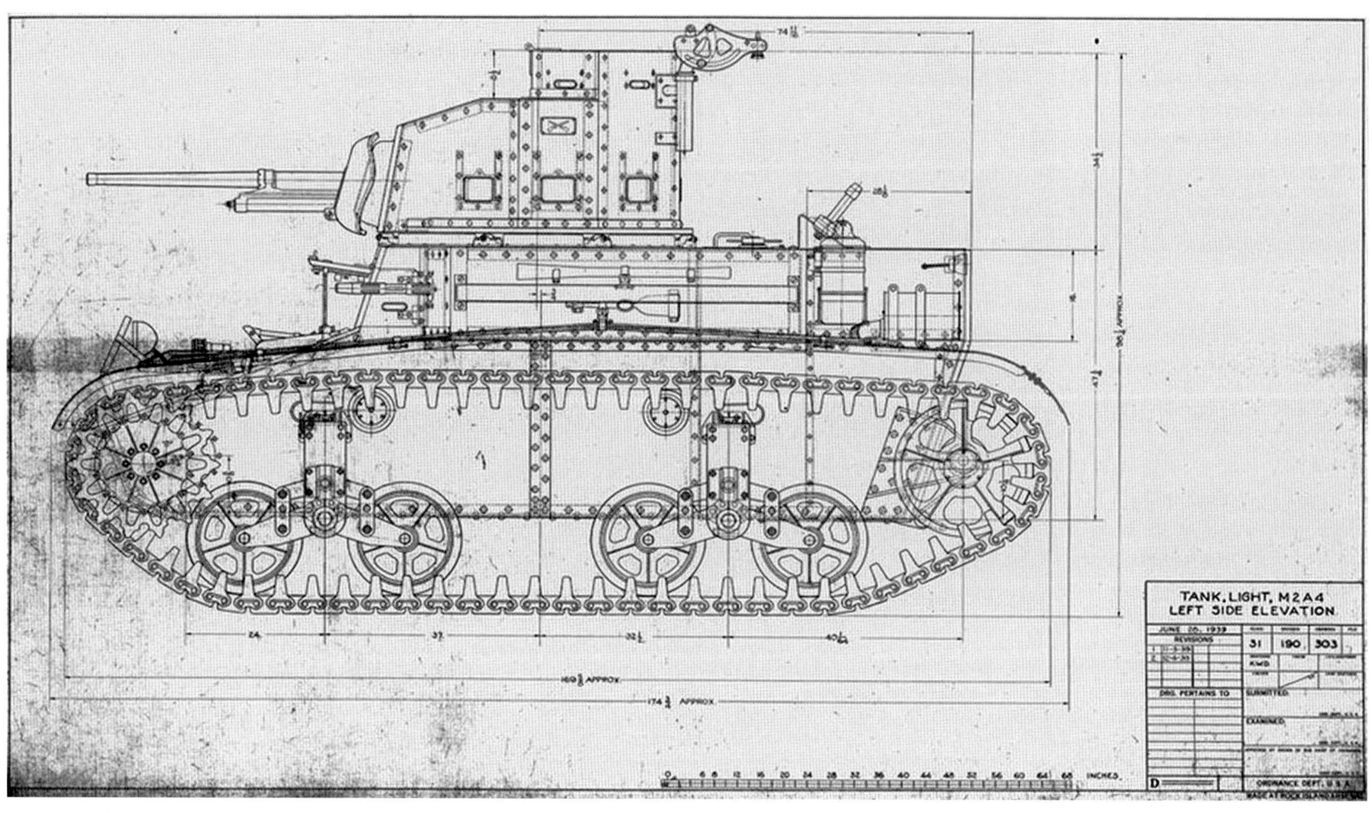

Seitenansicht des überarbeiteten Prototyps des M2A4, erstellt im Juni 1939. Man beachte das immer noch ungeschützte Rücklaufsystem der Kanone.

Der modifizierte Prototyp des M2A4 während einer Vorführung auf dem APG am 12. Oktober 1939.

Dieser M2A4 hat sich während einer Übung festgefahren. Man beachte das am Bug befestigte Drahtseil sowie die entfernten starren MGs in der Wanne. Auf der Motorraumabdeckung ist ein Holzgestell mit Treibstoffkanistern zu sehen.

Ein M2A4 mit Dieselmotor, erkennbar an den Luftfiltern auf der hinteren Kettenabdeckung sowie den dazugehörigen Rohren auf der Motorabdeckung.

Light Tank M2A4	
Typ	Leichter Panzerkampfwagen
Hersteller	American Car & Foundry
Gefechtsgewicht	11.620 kg
Länge	4432 mm
Breite	2470 mm
Höhe	2642 mm
Motor	Continental W-670 7-Zylinder-Sternmotor (Benzin)
Leistung kW/PS	184/250
Leistungsgewicht	21,5 PS/t
Höchstgeschwindigkeit	58 km/h (Straße)
Kraftstoffvorrat	205 l
Fahrbereich	190 km (Straße)
Besatzung	4
Bewaffnung	1 x 37-mm-BK M5 L/56 und 1 x 7,62-mm-MG M1919A4 im Turm, 3 x 7,62-mm-MG M1919A4 in der Wanne, 1 x 7,62-mm-Fla-MG M1919A4 auf dem Turm
Kampfsatz	103 x 37 mm, 8470 x 7,62 mm
Furttiefe	1,09 m
Furttiefe	1,06 m
Panzerung (mm/Neigung)	
Fahrerfront	25,4 mm/73°
Wannenfront	15,9 mm/21°
Wannenbug	25,4 mm/71°
Wannenseite	25,4 mm/90°
Wannenheck (oben/unten)	25,4 mm/90°; 25,4 mm/70°
Wannenoberseite	6,35 mm/0°
Wannenunterseite	12,7 mm /0° (vorn); 6,35 mm/0° (hinten)
Turmfront	25,4 mm/90°
Turmseiten	25,4 mm/90°
Turmheck	25,4 mm/90°
Turmdach	6,35 mm/15° - 0°

gern gefordert. Die Befehlspanzer sollten zusätzliche Funksender erhalten. Hinzu kamen ein verstärktes Laufwerk, eine verbesserte Motorkühlung sowie ein überarbeitetes Getriebe. Der so modifizierte Prototyp wurde ab Anfang Oktober erneut auf dem APG erprobt.

Die Serienfertigung des M2A4 lief im Mai 1940 nicht mehr im Rock Island Arsenal an, sondern beim Lokomotivbauunternehmen American Car & Foundry, wo bis Anfang 1941 insgesamt 329 Exemplare gebaut wurden. Weitere 26 Panzer entstanden im Februar und März 1941 bei Baldwin Locomotive Works. Die meisten dieser Kampfwagen erhielten Continental W-670 Sternmotoren, einige wenige wurden jedoch auch mit Guiberson T1020 ausgeliefert.

Die Panzerung des M2A4 war durchgehend genietet. Im Zwei-Mann-Drehturm saß beziehungsweise stand der Kommandant (zugleich Ladeschütze) rechts, der Richtschütze links. Einen Turmkorb gab es nicht. Die Hauptwaffe und das koaxiale MG konnten in ihrer gemeinsamen Blende unabhängig vom Turm um jeweils 10° nach links oder rechts bewegt werden. Der Höhenrichtbereich lag bei +19° bis -6°. Vorn links in der Wanne befand sich der Fahrer, der MG-Schütze saß rechts daneben. Die beiden im Panzerkastenoberteil montierten und starr nach vorn gerichteten MGs wurden vom Fahrer bedient.

Neben der Army erhielt auch das United States Marine Corps (USMC) 36 M2A4. Während aber die M2A4 des Heeres wegen ihres geringen Kampfwerts die USA nicht verließen, hat das USMC seine Panzer bis 1943 bei den Kämpfen um die Salomonen-Insel Guadalcanal eingesetzt.

Großbritannien hatte Anfang 1941 insgesamt 100 M2A4 bestellt, stornierte den Vertrag jedoch nach 36 ausgelieferten Panzern, weil jetzt der geeignetere leichte M3 zur Verfügung stand. Der Verbleib dieser britischen M2A4 ist unklar, einigen US-Autoren zufolge wurden zumindest manche davon nach Indien und Burma verschifft. Ob sie dort gegen die Japaner zum Einsatz kamen, ist jedoch nicht geklärt.

Britische Mechaniker arbeiten 1941 an einem der 36 M2A4, die an Großbritannien geliefert wurden.

M2A4 des 1st Tank Battalion des USMC im Einsatz auf der Salomonen-Insel Guadalcanal, gefolgt von einem M3 Stuart sowie einem weiteren M2A4.

Light Tank M3

Diese Seitenansicht des ersten Serienpanzers des Typs M3 zeigt deutlich die Ähnlichkeit zum M2A4, zugleich aber auch das modifizierte Fahrwerk mit dem abgesenkten Leitrad. Die Nahkampföffnungen bzw. Sehklappen im Turm wurden von sieben auf drei reduziert und wiesen ein verändertes Design auf.

Der Krieg in Europa machte der US-Armee deutlich, dass ihre leichten Panzer veraltet waren, weshalb im Juli 1940 eine verbesserte Version des M2A4 in Auftrag gegeben wurde. Dieser »M3« genannte Panzer war mit seinem Vorgänger in großen Teilen identisch, besaß jedoch eine stärkere Panzerung von maximal 50,8 mm. Um das gestiegene Gewicht zu kompensieren, wurde die Laufwerksaufhängung verstärkt und das Leitrad bekam Bodenkontakt, um die Kettenauflagelänge zu erhöhen. Wie beim M2A4 waren Wanne und Aufbau zunächst genietet. Angetrieben wurde der leichte Standard-Panzer von einem 250-PS-Sternmotor; das Getriebe lag vorne. Der gesamte Antriebsstrang sorgte für eine erstaunliche Mobilität. Wie beim M2A4 konnten Hauptwaffe und koaxiales MG unabhängig vom Turm um je 10° nach links und rechts bewegt werden. Anachronistisch wirkte dagegen die Beibehaltung der zwei seitlich in der Wanne angebrachten 7,62-mm-MGs.

Ein erster Prototyp wurde im März 1941 fertiggestellt, die Serienfertigung des M3 begann im April 1941; bis August 1942 wurden 5811 Fahrzeuge produziert. Aufgrund der ständigen Knappheit an Continental-Sternmotoren waren darunter auch 1285 Panzer, die mit Diesel-Sternmotoren von 220 PS Leistung der Firma Guiberson ausgerüstet wurden. Im Zuge des

Front- und Heckansicht des ersten M3 aus der Serienfertigung.

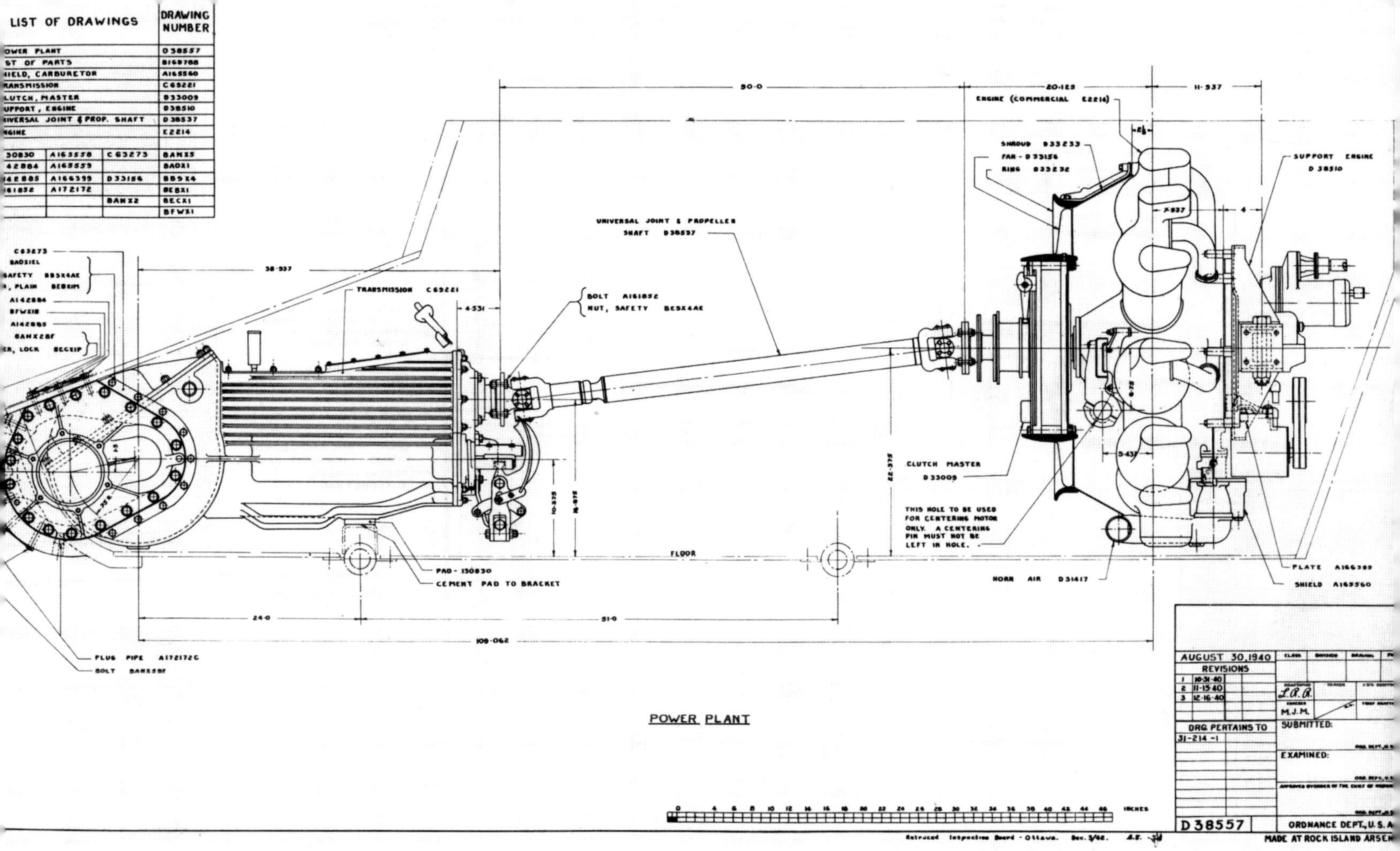

LIST OF DRAWINGS			DRAWING NUMBER
OWER PLANT			D38557
ST OF PARTS			B169788
IIELD, CARBURETOR			A165560
RANSMISSION			C69221
LUTCH, MASTER			B33009
UPPORT, ENGINE			D38510
IIVERSAL JOINT & PROP. SHAFT			D38537
IGINE			E2214
30830	A165558	C63273	BANX5
42884	A165559		BADX1
42885	A166399	D33156	BB5X4
61852	A172172		BEBX1
		BANX2	BECX1
			BFWX1

UNIVERSAL JOINT & PROPELLER SHAFT D38537

TRANSMISSION C69221

BOLT A161852
NUT, SAFETY BE5X4AE

ENGINE (COMMERCIAL E2214)

SHROUD B33233
FAN - D33156
RING B33232

SUPPORT ENGINE D38510

CLUTCH MASTER D33009

THIS HOLE TO BE USED FOR CENTERING MOTOR ONLY. A CENTERING PIN MUST NOT BE LEFT IN HOLE.

FLOOR

PAD - 130830
CEMENT PAD TO BRACKET

HORN AIR D31417

PLATE A166399
SHIELD A165560

PLUG PIPE A172172C
BOLT BANX5BF

POWER PLANT

AUGUST 30, 1940
REVISIONS
1 10-31-40
2 11-15-40
3 12-16-40

M.J.M.

DRG PERTAINS TO
31-214-1

SUBMITTED:

EXAMINED:

D 38557 ORDNANCE DEPT., U.S.A.
MADE AT ROCK ISLAND ARSEN

D38557 **POWER PLANT** **M3, M3A1**

Diese Schnittzeichnung zeigt den Antriebsstrang der M3-Serie mit hinten liegendem Sternmotor, welcher über eine mitten durch den Kampfraum führende Welle auf das vorn verbaute Getriebe wirkt.

Ein früher M3 mit geschweißtem Turm D38976.

Leih- und Pachtgesetzes (Lend-Lease) gingen 1784 M3 mit Benzin- und 50 M3 mit Dieselmotor an die britischen Streitkräfte. Die Briten gaben dem Typ den Namen »Stuart«, nach dem Konföderierten-Kavalleriegeneral J. E. B Stuart aus dem US-Bürgerkrieg. Die Benzinversion wurde dabei als »Stuart I«, die Dieselvariante hingegen als »Stuart II« bezeichnet. Die Briten setzten ihre M3 Stuart ab Sommer 1941 in Nordafrika ein. Dort machte sich allerdings der geringe Fahrbereich negativ bemerkbar. Die Truppe monierte zudem den fehlenden Turmkorb und die durch den Kampfraum laufende Welle des Sternmotors. Zugleich wurden jedoch die Geschwindigkeit, Wendigkeit und Zuverlässigkeit gelobt, was dem M3 den Spitznamen »Honey« (Liebling) eintrug. 1336 M3 mit Benzinmotor gingen an die UdSSR.

Während der Fertigung des M3 wurden zahlreiche kleinere und größere Modifikationen vorgenommen. Die sichtbarsten Veränderungen betrafen den Drehturm. Beim zunächst verwendeten genieteten Turm, Typ D37812, so zeigten Beschussversuche, neigten die Nieten bei Treffern dazu, abzuplatzen und im Inneren des Panzers umherzufliegen. Das Ordnance Committee empfahl daher am 27. Dezember 1940, zukünftig alle Türme zu schweißen (Bezeichnung D38976). Ab Oktober 1941 liefen M3 mit einem erneut veränderten Turm (D39273) vom Band. Dessen Kuppel hatte keine Sehschlitze mehr. Stattdessen kam ein drehbares Periskop zum Einbau, welches jedoch so ungeschickt platziert war, das es kaum benutzt werden konnte. Nach 160 gebauten D39273-Türmen wurden daher wieder vier Sehschlitze in die Kuppel integriert. Zudem kamen veränderte Sehklappen, abwerfbare Zusatztanks und neue Staukästen

Light Tank M3 (früh)	
Typ	Leichter Panzerkampfwagen
Hersteller	American Car & Foundry
Gefertigte Stückzahl	5810
Gefechtsgewicht	12.700 kg
Länge	4531 mm
Breite	2235 mm
Höhe	2640 mm (mit Fla-MG)
Motor	Continental W-670-9A 7-Zylinder-Sternmotor (Benzin)
Hubraum	10.900 ccm
Leistung kW/PS	184/250
Leistungsgewicht	19,68 PS/t
Höchstgeschwindigkeit	58 km/h (Straße), 32 km/h (Gelände)
Kraftstoffvorrat	204 l
Fahrbereich	120 km (Straße)
Besatzung	4
Bewaffnung	1 x 37-mm-BK M5, 5 x 7,62-mm-M1919A4-MG
Kampfsatz	103 x 37 mm, 8270 x 7,62 mm
Furttiefe	0,91
Panzerung (mm/Neigung)	
Fahrerfront	38,1 mm/73°
Wannenfront	15,9 mm/21°
Wannenbug	44,5 mm/71°
Wannenseite	25,4 mm/90°
Wannenheck (oben/unten)	25,4 mm/31°; 25,4 mm/70°
Wannenoberseite	12,7 mm/0°
Wannenunterseite	12,7 mm /0° (vorn); 9,5 mm/0° (hinten)
Turmfront	38,1 mm/80°
Blende	38,1 mm /76 – 90° (im Laufe der Produktion auf 50,8 mm angehoben)
Turmseiten	25,4 mm/90°
Turmheck	25,4 mm/90°
Turmdach	12,7 mm/15° - 0°

Dieser M3 zeigt einen erneut veränderten Turm (D39273), der ab Oktober 1941 verbaut wurde. Man beachte zudem die neuen Sehklappen (»protectoscopes«) sowie die reduzierte Anzahl an Sehschlitzen in der Kuppel.

Ein später M3 mit dem ab Februar 1942 eingeführten Turm ohne Kuppel (D58101). Man beachte die längere 37-mm-Bk M6 sowie die neuen Staukästen auf den hinteren Kettenabdeckungen. General Motors Proving Ground, 4. Juli 1942.

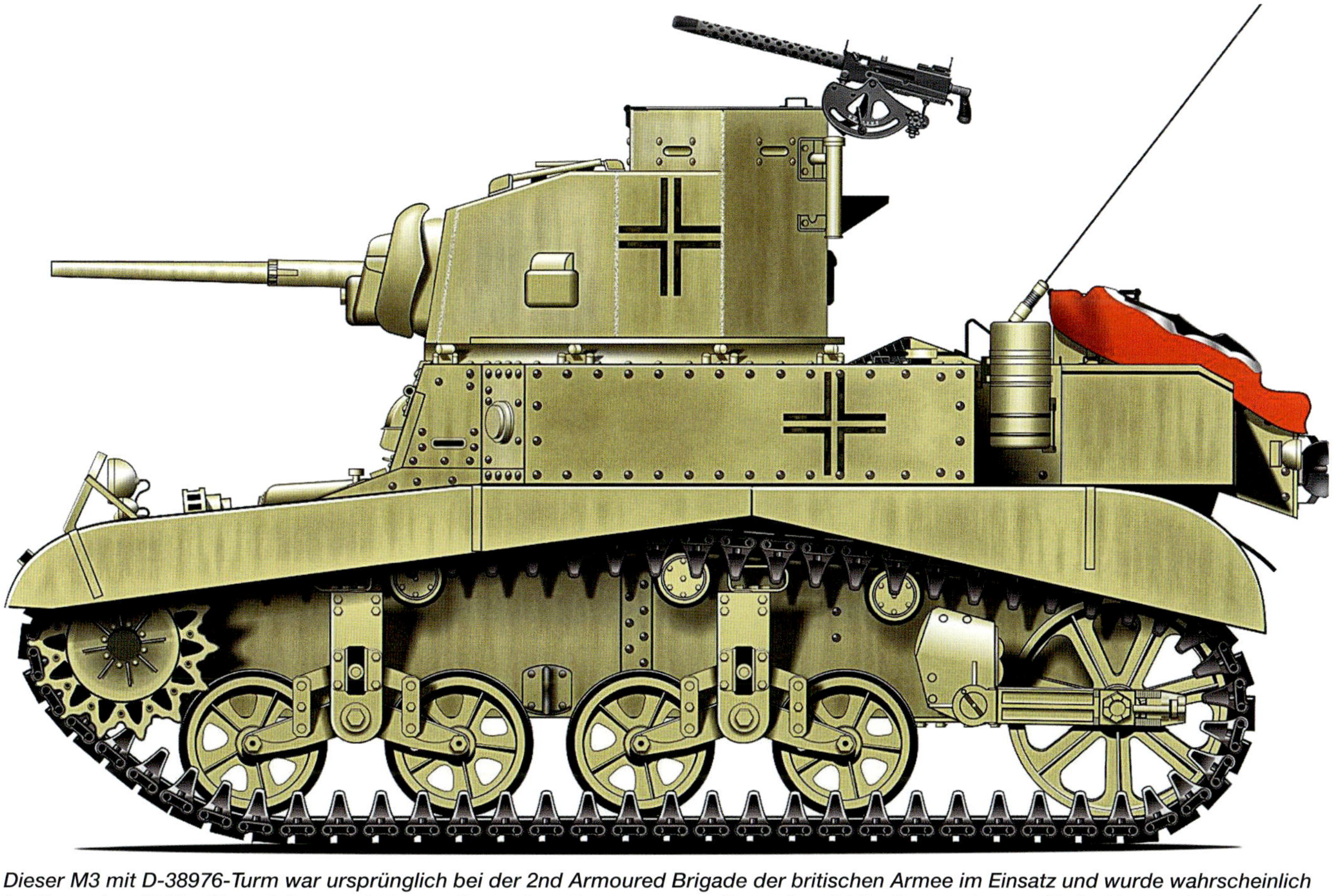

Dieser M3 mit D-38976-Turm war ursprünglich bei der 2nd Armoured Brigade der britischen Armee im Einsatz und wurde wahrscheinlich im November 1941 während der gescheiterten Operation »Compass« vom Deutschen Afrika Korps erbeutet. Umlackiert und mit großen Balkenkreuzen versehen, kam der Panzer 1942 bei der »Kampfstaffel des Oberbefehlshabers« zum Einsatz. Dort sind mindestens zwölf M3 nachgewiesen, australische Quellen sprechen sogar von bis zu 17 »Stuart«. Man beachte die entfernten Wannen-MGs sowie das große Fliegersichttuch am Heck. (© Oliver Missing)

Aufgrund einer erwarteten Knappheit an eigentlich für die Flugzeugindustrie gedachten Sternmotoren suchte die Panzertruppe der US-Armee ab März 1941 nach rasch verfügbaren Alternativen, die zuverlässiger als der Guiberson-Diesel waren. Im November 1941 wurde daher ein M3 mit einem Sechszylinder-Diesel der Firma Cummins versehen und unter der Bezeichnung »M3E1« auf dem APG erprobt. Um dieses 230-PS-Triebwerk unterbringen zu können, musste die hintere Wanne um gut 28 cm verlängert werden, doch selbst dann ragten einige Komponenten noch in den Kampfraum hinein. Obwohl der Cummins-Diesel wesentlich wirtschaftlicher, zuverlässiger und wartungsfreundlicher war als alle anderen US-Panzermotoren, wurde er beim M3 nicht eingeführt, weil die Wanne dazu hätte erheblich umgestaltet werden müssen. Im Mai 1942 wurden die Tests beendet.

auf den hinteren Kettenabdeckungen zum Einbau. Im Februar 1942 erhielten die vom Band laufenden M3 einen geschweißten Turm ohne Kuppel (D58101). Ebenfalls Anfang 1942 wurde eine Kreiselstabilisierung für die 37-mm-Kanone M5 eingeführt, welche (eine umfassende Ausbildung der Besatzung vorausgesetzt) die Treffergenauigkeit signifikant erhöhte. Bei späten M3 wurde zudem noch ein Turmdrehkorb sowie eine neue Blende mit der längeren 37-mm-Kanone M6 verbaut.

M3A1

Der bereits seit Februar 1942 verbaute Turm des Modells D58101 wurde beim ab Mai 1942 gebauten M3A1 zum Standard. Der M3A1 besaß einen Turmdrehkorb, und der Kommandant saß nun zudem nicht mehr links, sondern auf der rechten Turmseite und fungierte zugleich als Ladeschütze. Die Hauptwaffe war kreiselstabilisiert, und bei fast allen Panzern dieser Ausführung entfielen die seitlichen MGs in der Wanne. Verbaut wurde die 37-mm-Kanone M6 L/56 mit halbautomatischem Verschluss. Die neue Blende M23 ließ zwar noch ein vom Turm unabhängiges Schwenken der Hauptwaffe zu, da jetzt aber ein hydraulisches Schwenkwerk zum Einsatz kam, entfiel dies. Ab Sommer 1942 wurden auch die Wannen nicht mehr genietet, sondern ebenfalls geschweißt. Und um die Batterien zu entlasten, wurde hinter dem Fahrersitz zudem ein benzinbetriebener Hilfsgenerator installiert.

Bis Februar 1943 entstanden insgesamt 4621 M3A1, davon 211 mit Guiberson-Sternmotor. Die britischen Bezeichnungen lauteten »Stuart III« für M3A1 mit Otto- und »Stuart IV« für solche mit Dieseltriebwerken. Die Briten erhielten 1594 M3A1, die Sowjetunion 340 Stück, alle mit Benzinmotoren.

Light Tank M3A1	
Typ	Leichter Panzerkampfwagen
Hersteller	American Car & Foundry
Gefertigte Stückzahl	4261
Gefechtsgewicht	12.927 kg
Länge	4531 mm
Breite	2235 mm
Höhe	2388 mm (mit Fla-MG)
Motor	Continental W-670-9A 7-Zylinder-Sternmotor (Benzin)
Hubraum	10.900 ccm
Leistung kW/PS	184/250
Leistungsgewicht	19,68 PS/t
Höchstgeschwindigkeit	58 km/h (Straße), 32 km/h (Gelände)
Kraftstoffvorrat	204 l (2 x 95 l Zusatztanks möglich)
Fahrbereich	120 km (Straße), 215 km mit Zusatztanks
Besatzung	4
Bewaffnung	1 x 37-mm-BK M6 L/56, 3 x 7,62-mm-M1919A4-MG
Kampfsatz	106 x 37 mm, 7220 x 7,62 mm
Furttiefe	0,91 m
Panzerung (mm/Neigung)	
Fahrerfront	38,1 mm/73°
Wannenfront	15,9 mm/21°
Wannenbug	44,5 mm/71°
Wannenseite	25,4 mm/90°
Wannenheck (oben/unten)	25,4 mm/31°; 25,4 mm/70°
Wannenoberseite	12,7 mm/0°
Wannenunterseite	12,7 mm /0° (vorn); 9,5 mm/0° (hinten)
Turmfront	38,1 mm/80°
Blende	50,8 mm /76 – 90°
Turmseiten	25,4 mm/90°
Turmheck	25,4 mm/90°
Turmdach	12,7 mm/15° - 0°

M3A2

Diese Bezeichnung war die ursprünglich für vollständig geschweißte M3A1 vorgesehen, wurde jedoch nie genutzt.

M3A3

Im April 1942 forderte die Panzertruppe der US-Armee für den M3A1 eine ähnliche Wanne, wie sie der neu entwickelte leichte Panzer M5 aufweisen sollte. Im August 1942 wurde dann ein entsprechender Prototyp mit vollständig neuer oberer Wanne vorgestellt. Sowohl die Front als auch die Seiten waren nun abgeschrägt. Fahrer und Beifahrer/MG-Schütze erhielten jeweils eigene Luken im Wannendach, die über je einen drehbaren Winkelspiegel verfügten. Bei Marschfahrt konnten die Sitze dieser beiden Besatzungsmitglieder nach oben gestellt werden, sodass sie bis zu den Schultern im Freien saßen und bessere Sicht hatten. Bei Regen konnte eine Wetterschutzhaube installiert werden. Durch das neue Panzerkastenoberteil konnten nun die Luftfilter unter Panzerschutz gebracht und zusätzliche Treibstofftanks integriert werden, was den Fahrbereich auf 215 km ansteigen ließ. Der Antriebsstrang stammte vom M3A1, allerdings wurde wegen des gestiegenen Gewichts die Übersetzung geändert.

Der neue Turm erhielt eine Heckauslage für die Funkanlage, vergrößerte Dachluken sowie eine verbesserte Blende zur Installation einer neuen Optik. Außerdem bestand nun die Möglichkeit, anstelle von Gurtkästen mit 100 Schuss 7,62-mm-Munition solche mit 250 Schuss für das koaxiale MG zu verstauen. Obwohl bereits ab September 1942 zwei Serienpanzer des Typs M3A3 gebaut worden waren, lief die Großserienproduktion erst im Januar 1943 an. Bis Herbst jenes Jahres wurden 3427 Panzer hergestellt. Da die USA dem M5 gegenüber dem M3A3 den Vorzug gaben, wurde der M3A3 nur exportiert. Die

Der erste Prototyp des M3A1, aufgenommen am 21. Mai 1942 auf dem Aberdeen Proving Ground. Gut zu sehen ist die nun ebenfalls geschweißte Front. Die Wanne hingegen ist noch genietet.

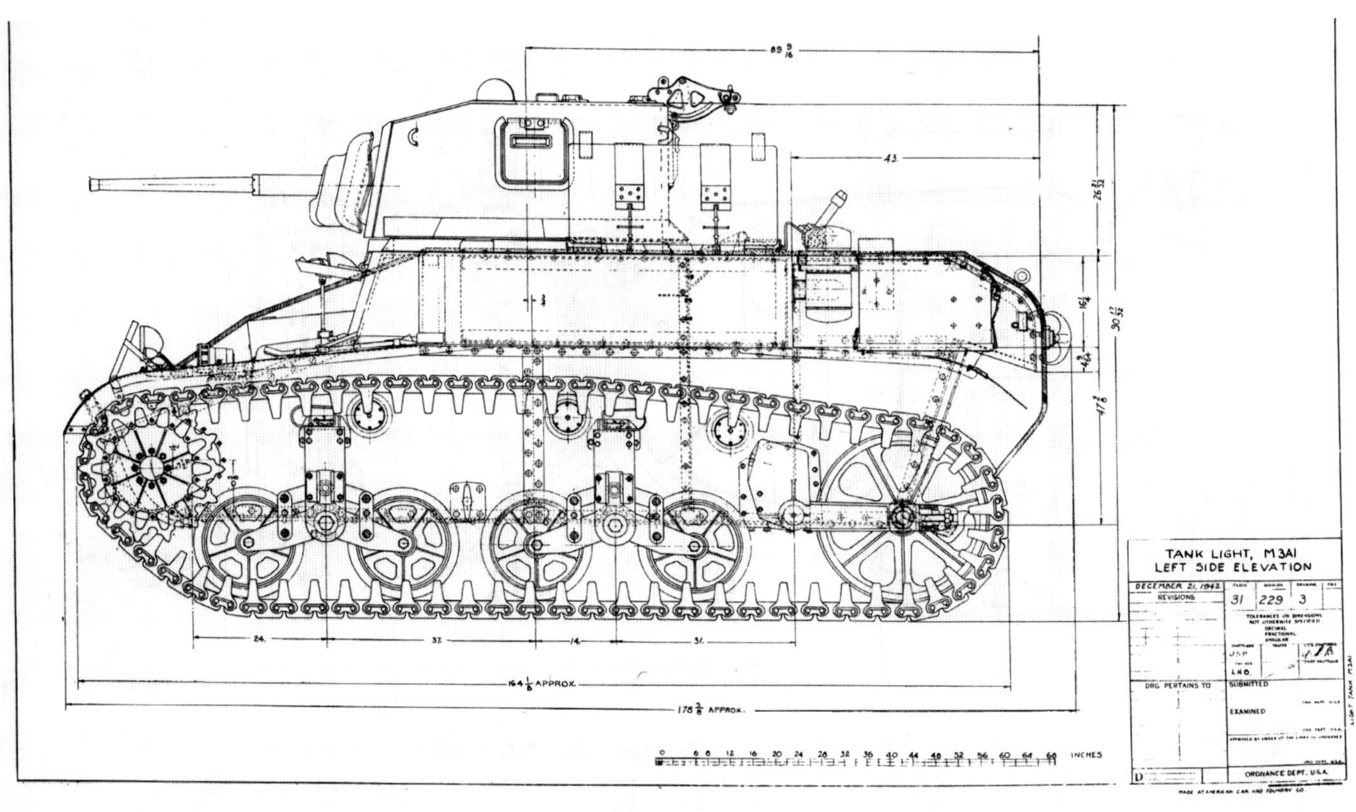

31-229-3 **LEFT SIDE ELEVATION** **M3A1**

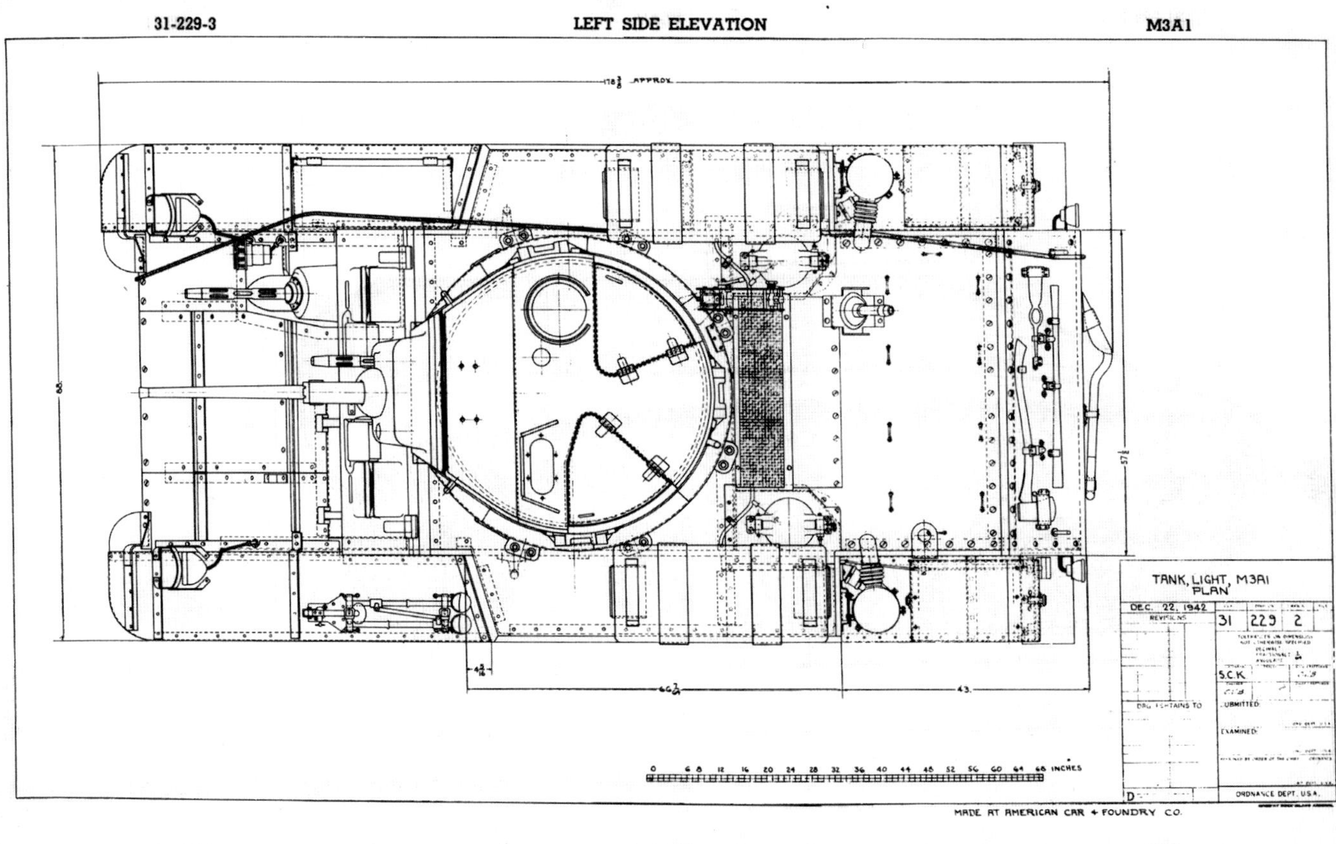

31-229-2 **PLAN** **M3A1**

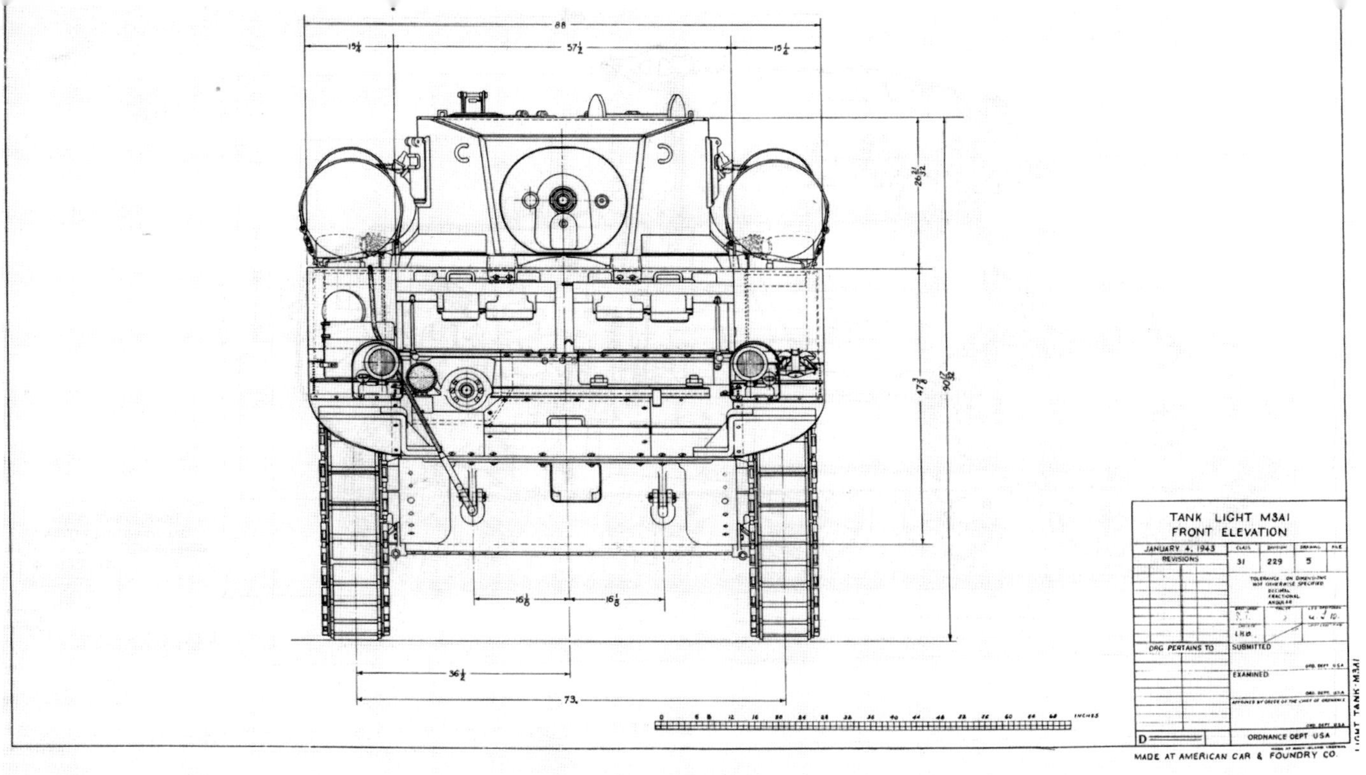

31-229-5 **FRONT ELEVATION** **M3A1**

Drei-Seiten-Ansicht eines M3A1.

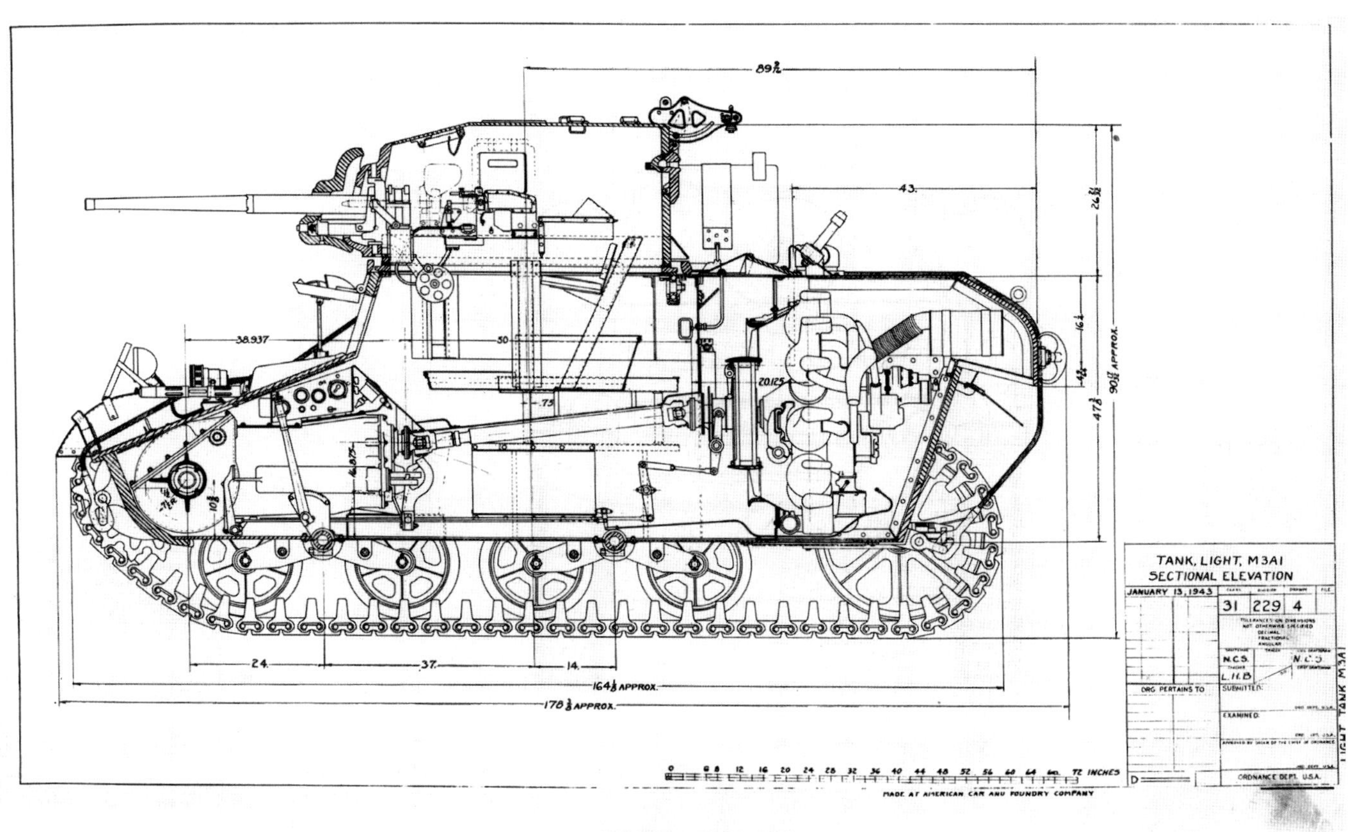

31-229-4 **SECTIONAL ELEVATION** **M3A1**

Die Schnittzeichnung eines M3A1 zeigt deutlich die innere Auslegung mit dem hinten verbauten Sternmotor und dessen mitten durch den Kampfraum führende Antriebswelle.

Dieser M3A1 des 1st Armored Battalion, 1st Armored Division war Ende 1942 in Tunesien im Einsatz. Die Wanne ist zwar geschweißt, die starren MGs sind jedoch noch vorhanden. Auf der Wanne sind die abwerfbaren Zusatztanks zu sehen. Die große US-Flagge sollte verhindern, dass französische Kolonialtruppen auf die amerikanischen Panzer schossen.

Dieser Panzer gehört zu den 340 an die UdSSR gelieferten M3A1 und wurde während seiner Erprobung in Kubinka aufgenommen. In dieser Ansicht ist zu erkennen, dass der D58101-Turm über keine Kuppel, aber zwei Luken im Dach verfügte. Je ein drehbarer Winkelspiegel für Kommandant und Richtschützen sowie drei »protectoscope«-Sehklappen sollten die Sicht nach außen gewährleisten.

Ein M3A1 mit Dieselmotor des Marine Corps bei Landungsübungen. Während die dieselgetrieben M3 der Army nur zur Ausbildung verwendet wurden und die USA nicht verließen, bevorzugte das USMC diesen Motortyp, denn, anders als bei der Army stellte die Kraftstoffversorgung beim USMC kein Problem dar: Die Guiberson-M3 vertrugen Schiffsdiesel.

Briten nannten dieses Variante »Stuart V«, sie nutzten 2045 Fahrzeuge. Die Freien Französischen Streitkräfte erhielten 277 Stück und nach China gingen 1000 M3A3.

M3-Varianten

Neben den bereits erwähnten Versionen des M3 existierten noch eine Reihe Sub-Varianten. So wurden z. B. einige Fahrzeuge zu Befehlspanzern umgerüstet, indem der Turm entfernt und durch einen festen Aufbau mit einem in der Front lafettierten 12,7-mm-MG ersetzt wurde. Für den Einsatz beim USMC im pazifischen Raum erhielten 1943 insgesamt 20 M3 und M3A1 anstelle der 37-mm-BK einen Flammenwerfer mit maximal 55 m Reichweite. Die als »M3 Satan« bezeichneten Panzer führten 643 Liter Flammöl mit sich. Bei anderen M3A1 wurde das MG an der Fahrerfront durch einen tragbaren Flammenwerfer ersetzt, der Flammölvorrat betrug dann nur ca. 38 Liter. Auf Basis der M3-Reihe entstanden zudem zahlreiche Versuchsfahrzeuge, zumeist Artillerie- oder Fla-Selbstfahrlafetten, die aber nie über das Prototypenstadium hinauskamen. Die M3-Reihe war der meistgebaute leichte Panzerkampfwa-

Auch dieser M3A1 ist einer von den 340 an die UdSSR gelieferten Panzern. Bei dieser Aufnahme vom Testgelände Kubinka sind weder das MG in der Kugelblende in der Wanne noch das koaxiale MG installiert. Da sich die starren MGs im Panzeraufbau ohnehin als nutzlos erwiesen hatten, wurden die für sie gedachten Öffnungen beim M3A1 in aller Regel zugeschweißt.

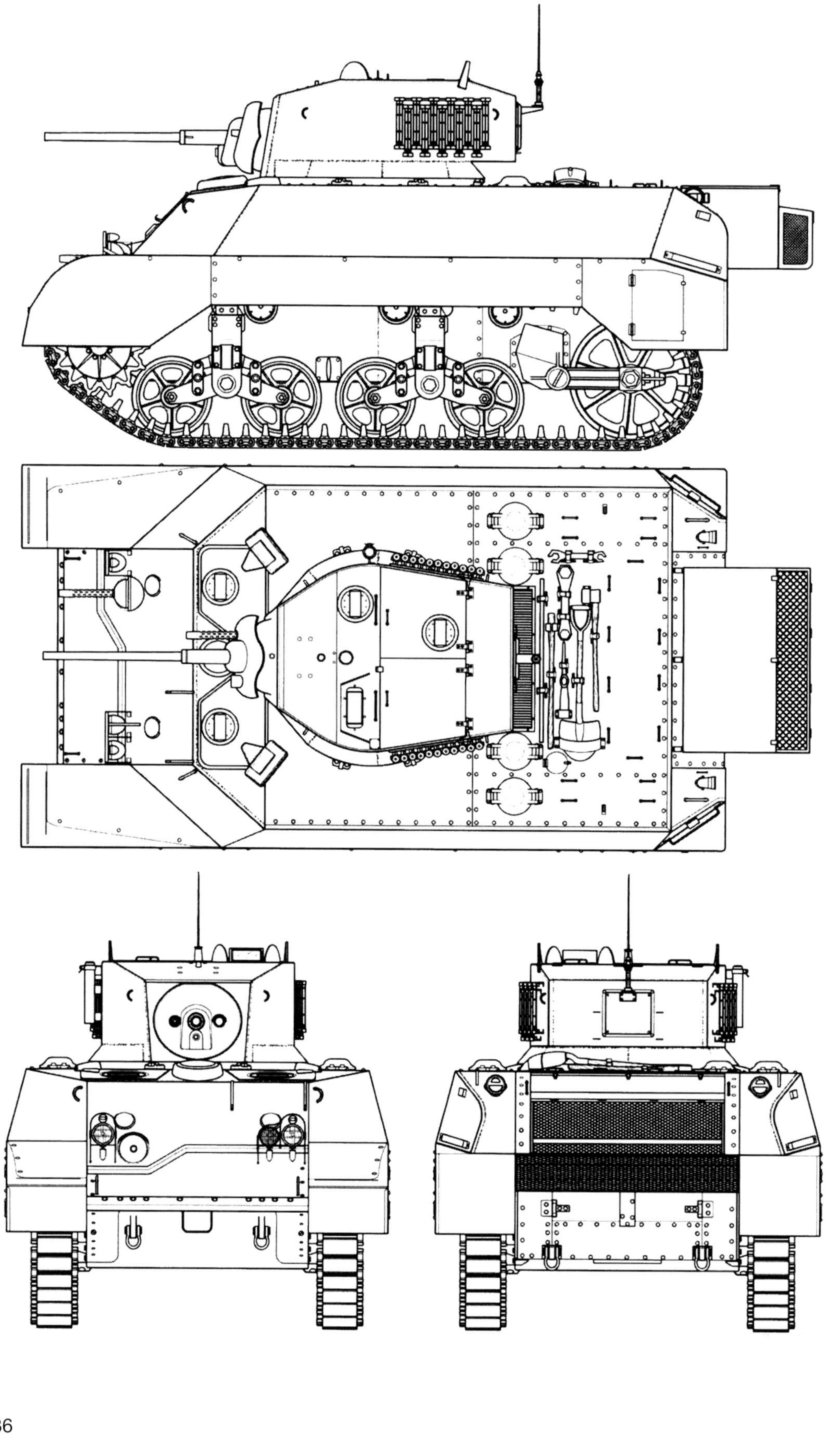

Vierseiten-Ansicht eines späten M3A3. Man beachte die für späte Modelle dieses Panzers typische Staukiste am Wannenheck.

Einer der ersten M3A3 aus Serienfertigung. Man beachte die Schlechtwetterhaube über der Fahrerluke.

gen der USA. Der Typ wurde in großer Zahl exportiert und sowohl von britischen und Commonwealth-Streitkräften (5532 Exemplare) als auch von weiteren Alliierten der USA wie den Freien Französische Streitkräften, der UdSSR und Brasilien (427) verwendet – zum Teil bis weit nach 1945.

Auf den europäischen und nordafrikanischen Kriegsschauplätzen war die M3-Reihe als leichter Panzer nach 1942 jedoch veraltet, da Bewaffnung und Panzerung nicht ausreichten. Daher kamen M3 in der zweiten Kriegshälfte dort vor allem als Aufklärungsfahrzeuge zum Einsatz. Eine Rolle, in der sie auf-

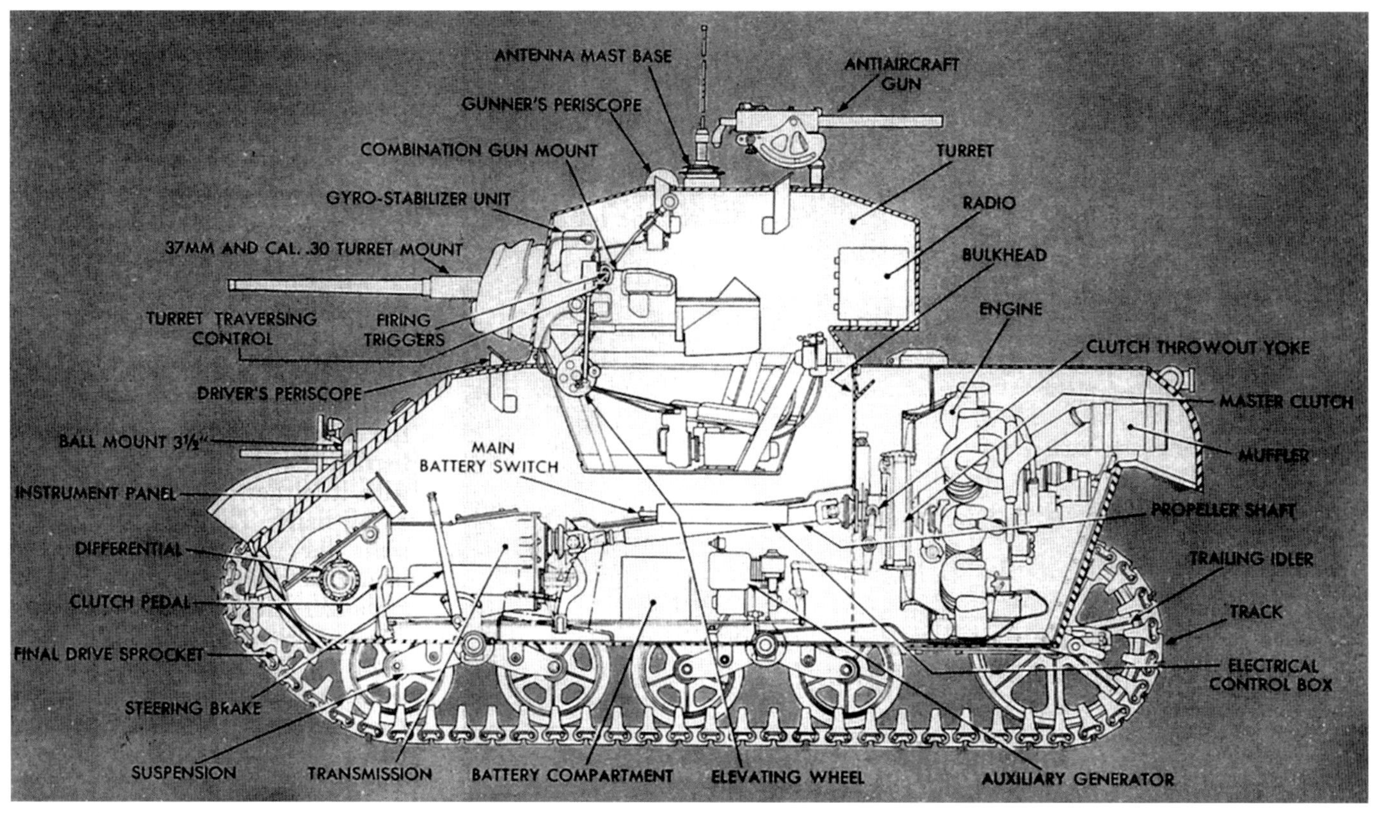

Diese Schnittzeichnung belegt, dass der Antriebsstrang des Typs sich nicht von dem der vorhergehenden Modelle unterschied. Der M3A3 nutzte nach wie vor den sehr kompakten Continental W-670 7-Zylinder-Sternmotor, dessen Antriebswelle jedoch mitten durch den Kampfraum verlief.

Bei diesem M3A3 sind die ursprünglich vorhandenen Sichtklappen am Turm bereits weggefallen. Obwohl der M3A3 dem M5 sehr ähnelt, lassen sich beide Modelle aufgrund ihres Panzerkastenoberteils gut unterscheiden. Dieses ist beim M3A3 um 20° nach innen geneigt, beim M5 hingegen senkrecht ausgeführt. Aberdeen Proving Ground, 17. Februar 1943.

Diese Aufnahme eines M3A1 mit Flammenwerfer anstelle der 37-mm-Kanone entstand im Juni 1944 auf der Insel Saipan. Der inoffizielle Name dieser Flammenwerferversion lautete »Satan«.

Als Feldumrüstung wurden bei einigen M3A1 des USMC die Bug-MGs ausgebaut und in deren Kugelblende modifizierte tragbare Flammenwerfer des Typs M1A1 verbaut. Neukaledonien, 10. Oktober 1943.

Light Tank M3A3	
Typ	Leichter Panzerkampfwagen
Hersteller	American Car & Foundry
Gefertigte Stückzahl	3427
Gefechtsgewicht	14.710 kg
Länge	5027 mm (mit Heckstaukiste)
Breite	2520 mm (mit Kettenblenden)
Höhe	2570 mm (mit Fla-MG)
Motor	Continental W-670 7-Zylinder-Sternmotor (Benzin)
Hubraum	10.900 ccm
Leistung kW/PS	184/250
Leistungsgewicht	17,45 PS/t
Höchstgeschwindigkeit	50 km/h (Straße), 32 km/h (Gelände)
Kraftstoffvorrat	416 l
Fahrbereich	215 km (Straße)
Besatzung	4
Bewaffnung	1 x 37-mm-BK M6 L/56, 3 x 7,62-mm-M1919A4-MG
Kampfsatz	174 x 37 mm, 7500 x 7,62 mm
Furttiefe	0,91 m
Panzerung (mm/Neigung)	
Wannenfront	25,4 mm/42°
Wannenbug	44,5 mm/71°
Wannenseite (oben/unten)	25,4 mm/70°; 25,4 mm/90°
Wannenheck (oben/unten)	25,4 mm/31°; 25,4 mm/70°
Wannenoberseite	12,7 mm/0°
Wannenunterseite	12,7 mm /0° (vorn); 9,5 mm/0° (hinten)
Turmfront	38,1 mm/80°
Blende	50,8 mm /76 – 90°
Turmseiten	25,4 mm/90°
Turmheck	25,4 mm/90°
Turmdach	12,7 mm/15° - 0°
Turmdach	12,7 mm/15° - 0°

Fertigungszahlen der M3-Serie	
Monat/Jahr	**Stückzahl**
März 1941	1
April 1941	127
Mai 1941	211
Juni 1941	221
Juli 1941	253
August 1941	281
September 1941	309
Oktober 1941	400
November 1941	338
Dezember 1941	410
Januar 1942	378
Februar 1942	363
März 1942	418
April 1942	544
Mai 1942	619
Juni 1942	711
Juli 1942	762
August 1942	694
September 1942	620
Oktober 1942	944
November 1942	199
Dezember 1942	1587
Januar 1943	104
Februar 1943	443
März 1943	475
April 1943	475
Mai 1943	475
Juni 1943	475
Juli 1943	475
August 1943	500
September 1943	47
Insgesamt	**13.859**

grund ihrer Beweglichkeit recht erfolgreich waren. Um die Geschwindigkeit weiter zu steigern und die Silhouette zu verringern, entfernten sowohl die US-Armee als auch die Briten und Kanadier bei einer ganzen Reihe von M3 aller Versionen die Türme und setzten diese dann als Befehls- und Aufklärungsfahrzeuge (»M3 Command« und »M3 Recce«) ein. Zudem verwandelten die Briten gegen Kriegsende überzählige M3 durch das Entfernen des Turmes und die Hinzufügung von Sitz-

Ein M3A3 »Recce« Stuart V der 26th Armoured Brigade, 6th Armoured Division der britischen Streitkräfte in Arezzo, Italien, am 16. Juli 1944. (© IWM)

bänken im Kampfraum zu einfachen Schützenpanzern (»M3 Kangaroo«) oder Artillerie-Zugmaschinen. Gegen die leichter gepanzerten und bewaffneten japanischen Panzer blieb die M3-Reihe jedoch bis 1945 effektiv.

1676 M3 wurden in die UdSSR exportiert, nicht alle erreichten jedoch ihr Ziel, da immer wieder Transportschiffe versenkt wurden. Die Rote Armee war mit dem M3 nicht besonders zufrieden, weil zu leicht bewaffnet und gepanzert. Außerdem erforderte er Flugzeugbenzin mit hoher Oktanzahl, das nicht immer zur Verfügung stand. Und für den Einsatz in Schnee und Schlamm waren die Ketten zu schmal. Dennoch blieb der Typ bis mindestens 1944 bei der Roten Armee im Einsatz.

Light Tank M5

Bereits im März 1941 befürchtete die Führung der Panzertruppe der US-Armee, dass der Bedarf an Continental-Sternmotoren deren Verfügbarkeit übersteigen könnte. Die Suche nach alternativen Triebwerken war allerdings nicht einfach, da der Motorraum des M3 nur Platz für einen kompakten luftgekühlten Sternmotor bot. Handelsübliche LKW-Motoren mit Wasserkühlung wie im M3E1 erwiesen sich als zu voluminös und hätten erhebliche Modifikationen erfordert. Daher genehmigte das Ordnance Committee am 6. Juni 1941 die Ausstattung eines M3 mit einem Cadillac-Zwillingsmotor und einem automatischen Getriebe (Hydramatic) aus dem Automobilbau. Dieses neue Triebwerk bestand aus zwei gekoppelten V8-Motoren mit je 5700 ccm Hubraum. Das derartig modifizierte Fahrzeug erhielt die Bezeichnung »M3E2« und wurde im Herbst 1941 höchst erfolgreich auf dem General Motors Proving Ground getestet. Der neue Zwillingsmotor wurde nicht mit Luft, sondern mit Wasser gekühlt. Die beiden Kühler saßen über den Motoren, sodass der Motorraum nach oben hin erweitert wer-

Das Versuchsfahrzeug M3E2 am 3. November 1941 auf dem Aberdeen Proving Ground. Man beachte die Gewichte am Bug, die dazu dienten, dass Gefechtsgewicht zu simulieren.

Der M3E3 wies ein völlig neues Panzerkastenoberteil auf. Man beachte die Beschriftung »M5«, denn zum Zeitpunkt der Aufnahme war bereits die neue Bezeichnung vergeben. Das starre, vom Fahrer zu bedienende MG in der Wannenfront fehlt, es fiel später ganz weg. Aberdeen Proving Ground, 19. März 1942.

Ein sehr früher M5 im Gelände, noch mit starrem Bug-MG.

Ein M5 der US-Armee, aufgenommen im Frühjahr 1943 in Marokko.

Light Tank M5	
Typ	Leichter Panzerkampfwagen
Hersteller	Cadillac Division GMC, Massey-Harris, American Car & Foundry
Gefertigte Stückzahl	2074
Gefechtsgewicht	15.014 kg
Länge	4338 mm (ohne Rohr, Heckstaukiste und Kettenblenden)
Breite	2243 mm (ohne Kettenblenden)
Höhe	2591 mm (mit Fla-MG)
Motor	Cadillac Twin Series 42 2 x 8-Zylinder-Ottomotor
Hubraum	2 x 5700 ccm
Leistung kW/PS	zusammen 220/300
Leistungsgewicht	19,98 PS/t
Höchstgeschwindigkeit	58 km/h (Straße), 32 km/h (Gelände)
Kraftstoffvorrat	337 l
Fahrbereich	160 km (Straße)
Besatzung	4
Bewaffnung	1 x 37-mm-Kanone M6 L/56, 3 x 7,62-mm-M1919A4-MG
Kampfsatz	123 x 37 mm, 6250 x 7,62 mm
Furttiefe	0,91 m
Panzerung (mm/Neigung)	
Wannenfront	28,6 mm/42°
Wannenbug	44,5 mm/73°
Wannenseite	25,4 mm/90°
Wannenheck (oben/unten)	25,4 mm/60°; 25,4 mm/73°
Wannenoberseite	12,7 mm/0°
Wannenunterseite	12,7 mm /0° (vorn); 9,5 mm/0° (hinten)
Turmfront	44,5 mm/80°
Blende	38,1 mm /76 – 90°
Turmseiten	31,8 mm/90°
Turmheck	31,8 mm/90°
Turmdach	12,7 mm/15° - 0°
Turmdach	12,7 mm/15° - 0°

den musste. Der M3E2 besaß daher bereits den für den späteren M5 typischen »Buckel«. Der M3E2 war gut zu steuern, leiser als ein M3 und mit dem Automatikgetriebe leicht zu bedienen. Zudem verlief die Antriebswelle nun nicht mehr so hoch durch den Kampfraum, was die Platzverhältnisse verbesserte. Da sich entgegen erster Befürchtungen der Antriebsstrang als sehr zuverlässig erwies, sollte der M3E2 in Serienfertigung gehen. Das Ordnance Committee vergab daher am 13. November 1941 die Bezeichnung »M4« für den neuen leichten Panzer mit Hydramatic-Antrieb. Um einige Schwächen des M3 zu beseitigen, wurde zudem ein völlig neues Panzerkastenoberteil entworfen, das den Schutz im Frontbereich erhöhte sowie Fahrer und Beifahrer/MG-Schütze mehr Raum bot. Der M3E2 mutierte so zum M3E3 und erhielt eine durchgehende und abgeschrägte Frontplatte. Die obere Wanne reichte nun über das Laufwerk hinaus. Fahrer und Beifahrer/MG-Schütze erhielten jeweils eigene Luken mit drehbarem Winkelspiegel im Wannendach. Bei Marschfahrt konnten die Sitze dieser beiden Besatzungsmitglieder nach oben gestellt werden. Bis zu den Schultern saßen sie nun im Freien und hatten deutlich bessere Sicht. Bei Regen ließ sich eine Wetterschutzhaube anbringen. Laufwerk und untere Wanne entsprachen zunächst dem M3A1. Der Turm jedoch ähnelte nur äußerlich dem M3A1-Turm, besaß jedoch ein hydraulisches Schwenkwerk, eine kreiselstabilisierte Hauptwaffe sowie einen Turmkorb.

Da bereits seit Februar 1942 mittlere Panzer des Typs M4 (»Sherman«) vom Band liefen, änderte das Ordnance Committee die Bezeichnung des neuen leichten Panzers von M4 in »M5«. Im April 1942 begann die Produktion des M5 im Cadillac Werk in Detroit, Michigan, wo bis Dezember jenes Jahres 1470 Panzer entstanden. Ab August 1941 lief die Produktion auch im Cadillac-Werk in Southgate, Kalifornien an; bis Dezember 1942 wurden dort 354 Fahrzeuge gebaut. Ab Juli 1942 wurde auch Traktorhersteller Massey-Harris in die Fertigung eingeschaltet und produzierte bis Dezember jenes Jahre 250 M5. Insgesamt wurden so 2074 Panzer dieses Modells ausgeliefert. Späte M5 sind am Lüftergehäuse zwischen der Fahrer- und Beifahrerluke zu erkennen.

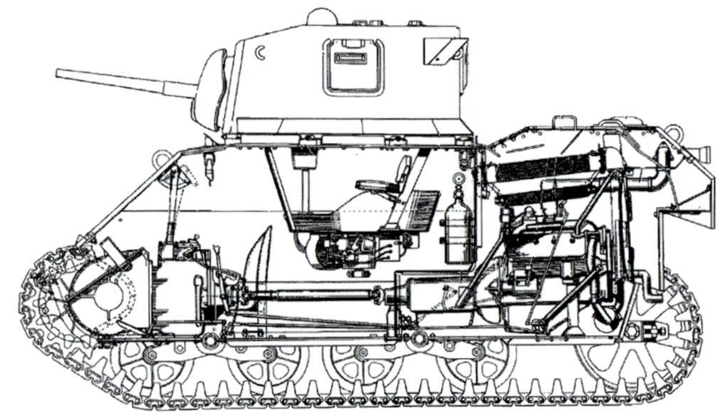

Diese Schnittzeichnung zeigt den neuen Antriebsstrang des Typs, der es nötig machte, die Kühler oberhalb der beiden V8-Motoren zu installieren.

M5A1

Ab November 1942 ersetzte der verbesserte M5A1 nach und nach seinen Vorgänger auf den Fertigungsbändern von Cadillac in Detroit und ab Dezember in Southgate. Bis August 1943 wurden in Southgate 1196 und bis Mai 1944 in Detroit 3530 M5A1 fertiggestellt. Massey-Harris baute bis Juni 1944 1084 Panzer dieses Typs. Nach dem Ende der M3A3 Produktion in Herbst 1943 beteiligte sich auch American Car & Foundry am Bau des M5A1 und komplettierte bis April 1944 weitere 1000 Fahrzeuge. Insgesamt wurden 6810 M5A1 gefertigt.

Der M5A1 besaß einen vergrößerten Turm nach Art des M3A3 sowie einige Detailverbesserungen im Bereich der Luken und Zieleinrichtungen. Unter anderem wurde eine Notausstiegsluke im Wannenboden direkt hinter dem Fahrer eingeführt. Späte M5A1 wiesen an der rechten Turmseite eine Verkleidung zur Abdeckung der an der Turmaußenseite befindlichen Lafette des Fla-MG auf. Analog zum M3 gab es auch als M5 »Satan« bezeichnete Flammpanzer, deren 37-mm-BK durch ein Flammrohr ersetzt worden war und die Flammöl im Kampfraum mitführten. Außerdem entstanden einige M5-Befehlspanzer mit festem Aufbau und 12,7-mm-MG sowie turmlose Aufklärungsfahrzeuge und mit Räumschilden versehene Einzelexemplare. Hinzu kamen zahlreiche Versuchsfahrzeuge, zumeist Selbstfahrlafetten, die nicht in Serie gingen. Allerdings basierten die leichten Panzerhaubitzen M8 und M8A1 mit 7,5-cm-Haubitze M2 L/16 in einem oben offenen Drehturm auf dem M5 beziehungsweise M5A1. Sie wurden zwischen September 1942 und Januar 1944 in 1778 Exemplaren gebaut.

Da der M5 erst auf dem Schlachtfeld erschien, als die Zeit leichter Kampfpanzer (zumindest in Europa) bereits abgelaufen war, wurde er wie der M3 vor allem als Aufklärungsfahrzeug verwendet. In dieser Rolle kam der Typ nicht nur bei den US-Streitkräften, sondern auch in Großbritannien und den Commonwealth Staaten (1391 Exemplare, Bezeichnung »Stuart VI«) sowie bei den Freien Französischen Truppen (413 Einheiten) zum Einsatz. Die UdSSR erhielt nur fünf M5 / M5A1, da sie nach deren Erprobung nicht an einer weiteren Lieferung interessiert war. Die bereits erwähnten M5-Flammpanzer wurden im pazifischen Raum eingesetzt, wo der M5 bis Kriegsende als Kampfpanzer im Einsatz blieb.

Nach 1945 wurden Tausende M5 an zahlreiche Staaten vor allem in Lateinamerika günstig abgegeben und blieben dort noch lange in Dienst.

Ein sehr früher M5A1 mit Sehklappen oder auch Nahkampföffnungen in den Turmseiten, die bei späteren Modellen zunächst zugeschweißt wurden und dann ganz entfielen. Man beachte auch die frühe Form der Kettenblenden.

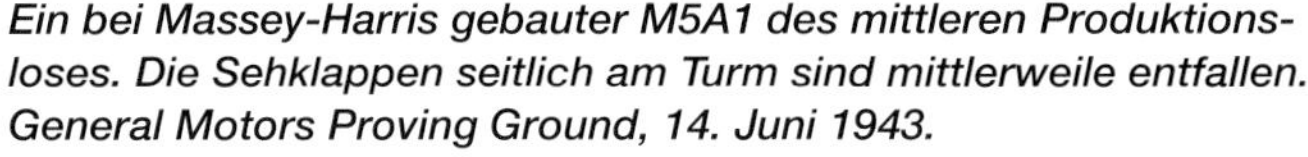

Ein bei Massey-Harris gebauter M5A1 des mittleren Produktionsloses. Die Sehklappen seitlich am Turm sind mittlerweile entfallen. General Motors Proving Ground, 14. Juni 1943.

M5A1 der US-Armee, aufgenommen in Camp Strathpine, Queensland (Australien) im September 1943.

M5A1 der 2nd Armored Division, Sizilien Juli 1943. (© Oliver Missing)

Ein M5A1 der 2nd Armored Division, Deutschland, 1945. Mit Sandsäcken und Baumstämmen versuchte die Besatzung, den Panzerschutz zu erhöhen.

Ein M5A1 wurde im April 1943 versuchsweise mit einem E9-9-Flammenwerfer ausgerüstet. Flammöl und komprimierter Stickstoff wurden in einem großen, einachsigen Anhänger mitgeführt. Nachdem es bei der Explosion des Anhängers während der Erprobung Tote gab, wurde das Projekt abgebrochen.

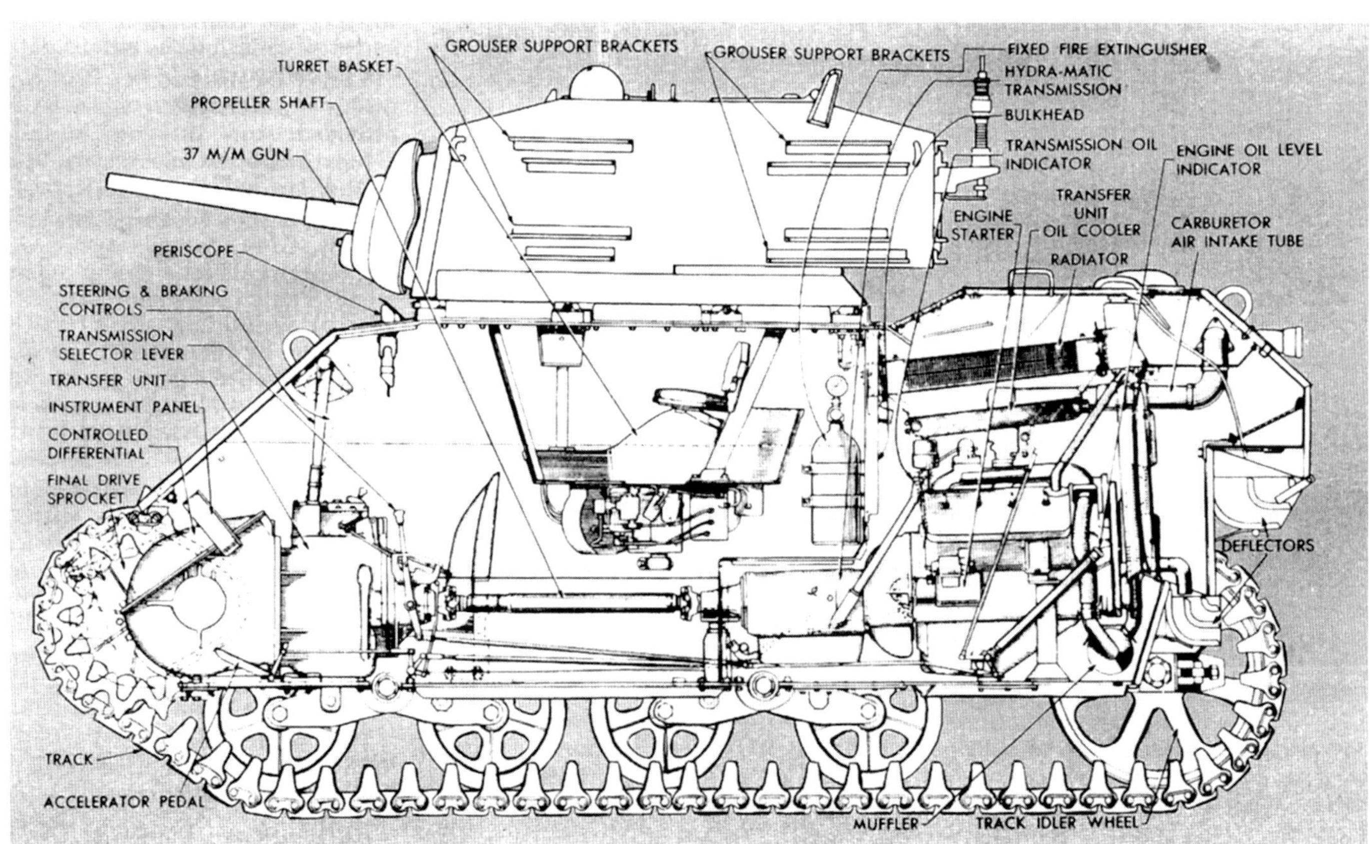

Der M5A1 unterschied sich vom M5 vor allem durch seinen neuen Turm, in dessen Heck die Funkanlage untergebracht war. Dementsprechend befand sich auch die Antenne dort.

M5A1 (späte Version)	
Typ	Leichter Panzerkampfwagen
Hersteller	Cadillac Division GMC, Massey-Harris, American Car & Foundry
Gefertigte Stückzahl	6810
Gefechtsgewicht	15.740 kg
Länge	4839 mm (mit Heckstaukiste und Kettenblenden)
Breite	2286 mm (mit Kettenblenden)
Höhe	2565 mm (mit Fla-MG)
Motor	Cadillac Twin Series 42 2 x 8-Zylinder-Ottomotor
Hubraum	2 x 5700 ccm
Leistung kW/PS	zusammen 220/300
Leistungsgewicht	19,06 PS/t
Höchstgeschwindigkeit	58 km/h (Straße), 32 km/h (Gelände)
Kraftstoffvorrat	337 l
Fahrbereich	160 km (Straße)
Besatzung	4
Bewaffnung	1 x 37-mm-BK M6 L/56, 3 x 7,62-mm-M1919A4-MG
Kampfsatz	147 x 37 mm, 6750 x 7,62 mm
Furttiefe	0,91 m
Panzerung (mm/Neigung)	
Wannenfront	28,6 mm/42°
Wannenbug	38,1 – 63,5 mm/90 - 73°
Wannenseite (vorn/hinten)	28,6 mm/90°; 25,4 mm/90°
Wannenheck (oben/unten)	25,4 mm/41°; 25,4 mm/73°
Wannenoberseite	12,7 mm/0°
Wannenunterseite	12,7 mm /0° (vorn); 9,5 mm/0° (hinten)
Turmfront	44,5 mm/80°
Blende	50,8 mm /76 – 90°
Turmseiten	28,6 mm/90°
Turmheck	28,6 mm/90°
Turmdach	12,7 mm/15° - 0°
Turmdach	12,7 mm/15° - 0°

Fertigungszahlen der M5-Reihe	
Monat/Jahr	**Stückzahl**
April 1942	3
Mai 1942	16
Juni 1942	60
Juli 1942	127
August 1942	268
September 1942	449
Oktober 1942	593
November 1942	605
Dezember 1942	737
Januar 1943	401
Februar 1943	400
März 1943	402
April 1943	293
Mai 1943	260
Juni 1943	283
Juli 1943	351
August 1943	403
September 1943	198
Oktober 1943	251
November 1943	348
Dezember 1943	473
Januar 1944	490
Februar 1944	458
März 1944	513
April 1944	344
Mai 1944	134
Juni 1944	24
Insgesamt	**8.884**

Light Tank (Airborne) M22

Im Frühjahr 1941 veröffentlichte die US-Armee eine Ausschreibung für einen Luftlandepanzer, der, um lufttransportfähig zu sein, ein Transportgewicht (ohne Besatzung oder Ladung) von maximal 6800 kg besitzen sollte. Auch die Briten zeigten großes Interesse an einem solchen Fahrzeug und dem noch zu konstruierenden Flugzeug für dessen Transport.

J. Walther Christie, die Pontiac Division von GMC und Marmon-Herrington legten entsprechende Entwürfe vor. Aus Budgetgründen erhielt Marmon-Herrington den Zuschlag. Ab November 1941 wurde ein turmloses Mock-Up des Marmon-Herrington-Entwurfs unter die in Entwicklung befindliche Transportmaschine Douglas C-54 gehängt. Der fahrbereite Prototyp T9 wurde im April 1942 fertig.

Der T9 hatte drei Mann Besatzung und war mit einer 37-mm-BK M6 sowie einem koaxialen 7,62-mm-MG im Turm sowie zwei starren MGs desselben Kalibers rechts im Bug bewaffnet. Die Hauptwaffe und das koaxiale MG waren kreiselstabilisiert, der Turm besaß einen Schwenkantrieb. Als Motor diente ein Lycoming O-435T, ein 165 PS leistender Boxermotor aus dem Flugzeugbau.

Der Prototyp T9 vom April 1942 verfügte über zwei starre MGs in der Wannenfront.

M22 »Locust« der britischen Armee, die 260 Stück des M22 erhielt.

Ein »Locust« verlässt einen Lastensegler des Typs »Hamilcar«.

Light Tank (Airborne) M22	
Typ	Luftlandepanzer
Hersteller	Marmon-Herrington
Gefertigte Stückzahl	830
Gefechtsgewicht	7445 kg
Länge	3930 mm
Breite	2250 mm
Höhe	1840 mm
Motor	Lycoming 0-435T, 6-Zylinder-Ottomotor
Hubraum	7100 ccm
Leistung kW/PS	124/165
Leistungsgewicht	22,2 PS/t
Höchstgeschwindigkeit	64 km/h (Straße)
Kraftstoffvorrat	204 l
Fahrbereich	215 km (Straße)
Besatzung	4
Bewaffnung	1 x 37-mm-Kanone M6 L/56, 1 x 7,62-mm-M1919A4-MG
Kampfsatz	50 x 37 mm, 2500 x 7,62 mm
Furttiefe	0,91 m
Panzerung (mm/Neigung)	
Fahrerfront	12,7 mm/25°
Fahrererker-Front	25,4 mm /90°
Wannenbug	25,4 mm/90°
Wannenseite (oben/unten)	9,52 mm/45° bzw. 12,7 mm/90°
Wannenheck	12,7 mm/81°
Wannenoberseite	9,52 mm - 19,05 mm/0°
Wannenunterseite	12,7 mm /0° (vorn)
Turmfront	25,4 mm/60°
Blende	25,4 mm/40°
Turmseiten	25,4 mm/85°
Turmheck	25,4 mm/90°
Turmdach	9,52 mm - 19,05 mm/0°

Wie so oft wuchs im Laufe der Entwicklung das Gewicht immer mehr an. Ende Mai 1942 führte das Ordnance Department daher eine Gewichtsobergrenze von 7173 kg ein. Um diese Vorgabe zu erfüllen, entfielen die Stabilisierung der BK, der Turmschwenkantrieb sowie die beiden starren 7,62-mm-MGs im Wannenbug. Bereits im Februar 1942 entstand jedoch auch der Entwurf eines verbesserten zweiten Modells (T9E1) mit verbesserter Form und höherer ballistischen Schutzwirkung. Außerdem verfügte jedes Besatzungsmitglied über eine eigene Luke und bessere Winkelspiegel. Ein hölzernes Mock-Up wurde im April 1942 fertiggestellt, der erste von zwei Prototypen folgte im November jenes Jahres. Der zweite T9E1 wurde direkt nach Großbritannien verschifft. Der T9E1 erhielt die offizielle Bezeichnung »M22« und Marmon-Herrington den Auftrag, davon 1900 Exemplare zu bauen. Die Serienfertigung begann im April 1943. Zu dem Zeitpunkt waren sie nach Meinung der Army aber bereits veraltet, und weil sie überdies nicht sonderlich zuverlässig waren, lief die Produktion im Februar 1944 nach nur 830 M22 wieder aus. Dass er sich nicht bewährte, lag auch an den Entwurfsvorgaben: Um luftverlastbar zu sein, musste der Panzer sehr kompakt gehalten werden, nur leicht gepanzert und bewaffnet – was den Kampfwert beeinträchtigte. Um den M22 unter den Rumpf einer Douglas C-54 Transportmaschine zu bringen, musste der Turm abgenommen werden, was bedeutete, dass er nach der Landung wieder aufgesetzt werden musste. Diese aufwändige Herstellung der Gefechtsbereitschaft minderte den Einsatzwert des Panzers zusätzlich. 260 Fahrzeuge wurden an Großbritannien übergeben, das mit dem »Hamilcar« über entsprechende Lastensegler verfügte. Die Briten setzen den dort »Locust« (Heuschrecke) genannten Panzer jedoch nur einmal im Kampf ein. Acht von »Hamilcar«-Lastenseglern transportierte »Locust« sollten die britischen Truppen bei der Überquerung des Rheins im März 1945 unterstützten, bewährten sich aber nicht und wurden bereits 1946 für veraltet erklärt. 1948 wurden einige ex-britische M22 auf ägyptischer Seite während des arabisch-israelischen Kriegs am Kampf beteiligt, und Belgien setzte einige ebenfalls ehemals britische M22 kurzfristig als Kommandopanzer ein. Die U.S. Army brachte keine M22 an die Front.

Light Tank M24

Nachdem das Programm zur Entwicklung eines Nachfolgers für die M3/M5-Serie gescheitert war (siehe Medium Tank M7), begannen im April 1943 die Entwurfsarbeiten für einen neuen leichten Panzer. Das Ordnance Department arbeitete dieses Mal mit Cadillac zusammen, und bereits im Oktober 1943 wurde der Prototyp T24 vorgestellt. Da sich der Zwillingsmotor und das automatische Hydramatic-Getriebe des M5 als sehr zuverlässig erwiesen hatten, wurde diese Kombination auch im T24 verwendet. Ein erster Prototyp wurde am 15. Oktober 1943 fertiggestellt. Im Gegensatz zum M5 oder M7 besaß dieser kein VVSS- oder HVSS-Fahrwerk mehr, sondern eine moderne Drehstabfederung. Da das Gewicht 18 t nicht überschreiten sollte, war die Panzerung nur bis zu 38,1 mm stark, aber soweit wie möglich schräg gestellt, um die Schutzwirkung zu erhöhen. Zudem war der T24 für einen leichten Panzer recht schwer bewaffnet. Seine 75-mm-BK war ursprünglich als Flugzeugwaffe für den mittleren Bomber B-25 entworfen worden und besaß die gleichen ballistischen Eigenschaften wie die M3-Kanone des Medium Tank M4, war aber wesentlich leichter. Die Erprobung des T24 verlief weitgehend problemlos, und noch vor Abschluss der Tests orderte das US-Verteidigungsministerium 5000 Exemplare des nun offiziell »M24« genannten Panzers. Die Serienfertigung lief im April 1944 an; bis Juli 1945 wurden 4731 Exemplare gebaut. Der M24 kam erstmals Ende 1944 bei US-Einheiten in Europa zum Einsatz und bewährte sich auf Anhieb. Wenn auch sein Antrieb als etwas schwach galt, wurden seine Beweglichkeit, Robustheit und Zuverlässigkeit sowie seine 75-mm-BK gelobt, die eine erhebliche Verbesserung gegenüber den bisherigen 37-mm-Waffen darstellte. Anfang Mai 1945 waren 1163 M24 bei US-Einheiten in Europa in Dienst. Auch Großbritannien erhielt 289 M24, die dort »Chaffee« (nach Adna R. Chaffee, einem US-Panzergeneral) genannt wurden. Im Zuge des Leih- und Pachtgesetzes gingen auch zwei M24 an die UdSSR.

Auf Basis des M24 entstanden zudem drei Selbstfahrlafetten (Fla-Panzer M19, Panzerhaubitzen M37 und M41), die jedoch vor Kriegsende nicht mehr zum Einsatz kamen. Die U.S. Army sonderte die M24 erst ab 1953 aus. Im Rahmen des Military Defence Aid Program (MDAP) wurden dann nahezu alle noch vorhandenen M24 an zahlreiche Nationen weltweit abgege-

Der Prototyp T24 unterschied sich nur in wenigen Punkten von den späteren Serienpanzern, so fehlte die Kommandantenkuppel sowie die Sehklappe/Nahkampföffnung an der rechten Turmseite. Aberdeen Proving Ground, 21. Oktober 1943.

Light Tank M24	
Typ	leichter Panzerkampfwagen
Hersteller	Cadillac Division GMC, Massey Harris, American Car & Foundry
Gefertigte Stückzahl	4731
Gefechtsgewicht	18.387 kg
Länge	5030 mm (ohne Rohr)
Breite	2950 mm
Höhe	2450 mm (ohne Fla-MG)
Motor	Cadillac Twin Series 44T24 2 x 8-Zylinder-Ottomotor
Leistung kW/PS	zusammen 178/242
Leistungsgewicht	13,2 PS/t
Höchstgeschwindigkeit	56 km/h (Straße), 38 km/h (Gelände)
Kraftstoffvorrat	407 l
Fahrbereich	160 km (Straße)
Besatzung	5
Bewaffnung	1 x 75-mm-Kanone M6 L/39, 2 x 7,62-mm-M1919A4-MG, 1 x 12,7-mm-M2HB-Fla-MG
Kampfsatz	48 x 75 mm, 440 x 12,7 mm, 3750 x 7,62 mm
Furttiefe	0,91 m
Panzerung (mm/Neigung)	
Fahrerfront	25,4 mm/30°
Wannenbug	25,4 mm/45°
Wannenseite (vorn/hinten)	25,4 mm/78° bzw. 19,5 mm/78°
Wannenheck (oben/unten)	19,5 mm/90° bzw. 19,5 mm/48°
Wannenoberseite	12,7 mm/0° - 13°
Wannenunterseite (vorn/ hinten)	12,7 mm /0° (vorn) bzw. 9,52 mm (hinten)
Turmfront	38,1 mm/30° - 90°
Blende	38,1 mm/30° - 90°
Turmseiten (rechts/links)	25,4 mm/65° (rechts) und 70° (links)
Turmheck	25,4 mm/90°
Turmdach	12,7 mm/0° - 22°

M24 der 1st Armored Divion, 81st Recon. Squadron., Gergato, Italien, 1945.

M24 der 18th Cavalry Reconnaissance Squadron, 14th Cavalry Group. Petit-Tier, Belgien, Anfang Februar 1945.

ben. Insgesamt verwendeten neben den bereits erwähnten Streitkräften 24 weitere Armeen den M24. Größter Empfänger war Frankreich mit 1254 Stück M24. Weitere große Nutzer waren Italien (518), Japan (292), Taiwan (292), Türkei (238) und Belgien (223). Österreich erwarb 46 M24, die bis 1966 in Dienst standen.

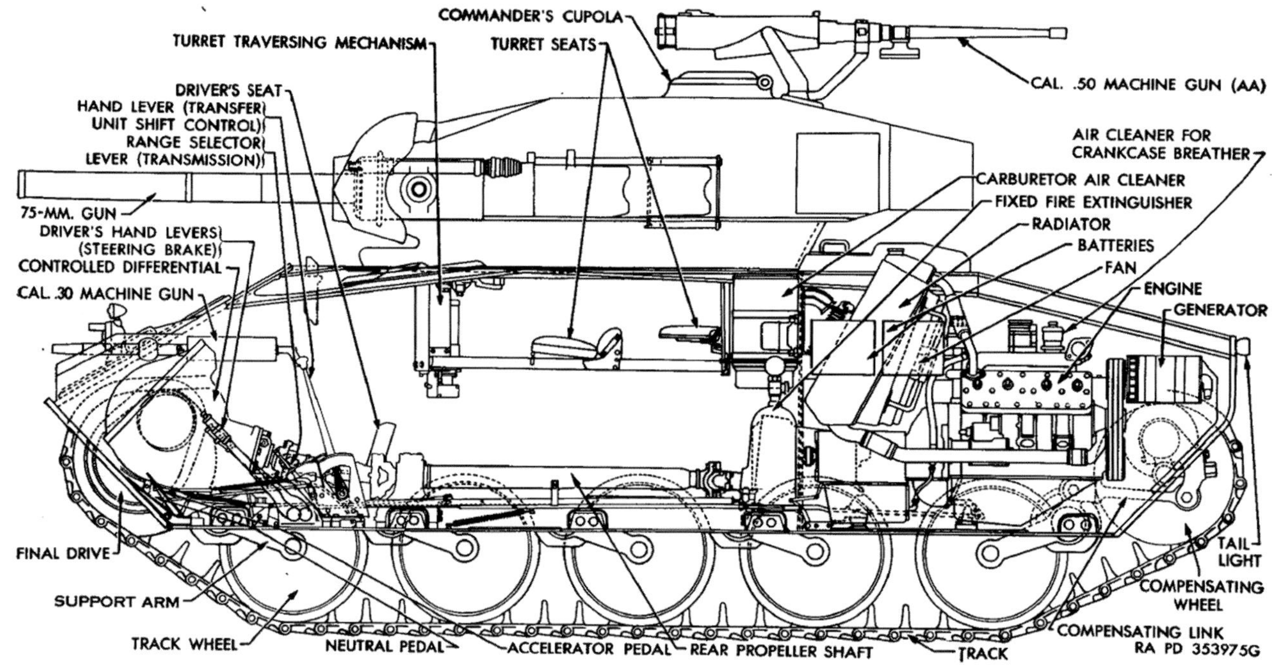

Figure 4. Light tank M24—longitudinal cross section.

Diese etwas schematische Schnittzeichnung aus einem Handbuch der U.S. Army gibt dennoch einen Eindruck von der internen Auslegung des Typs.

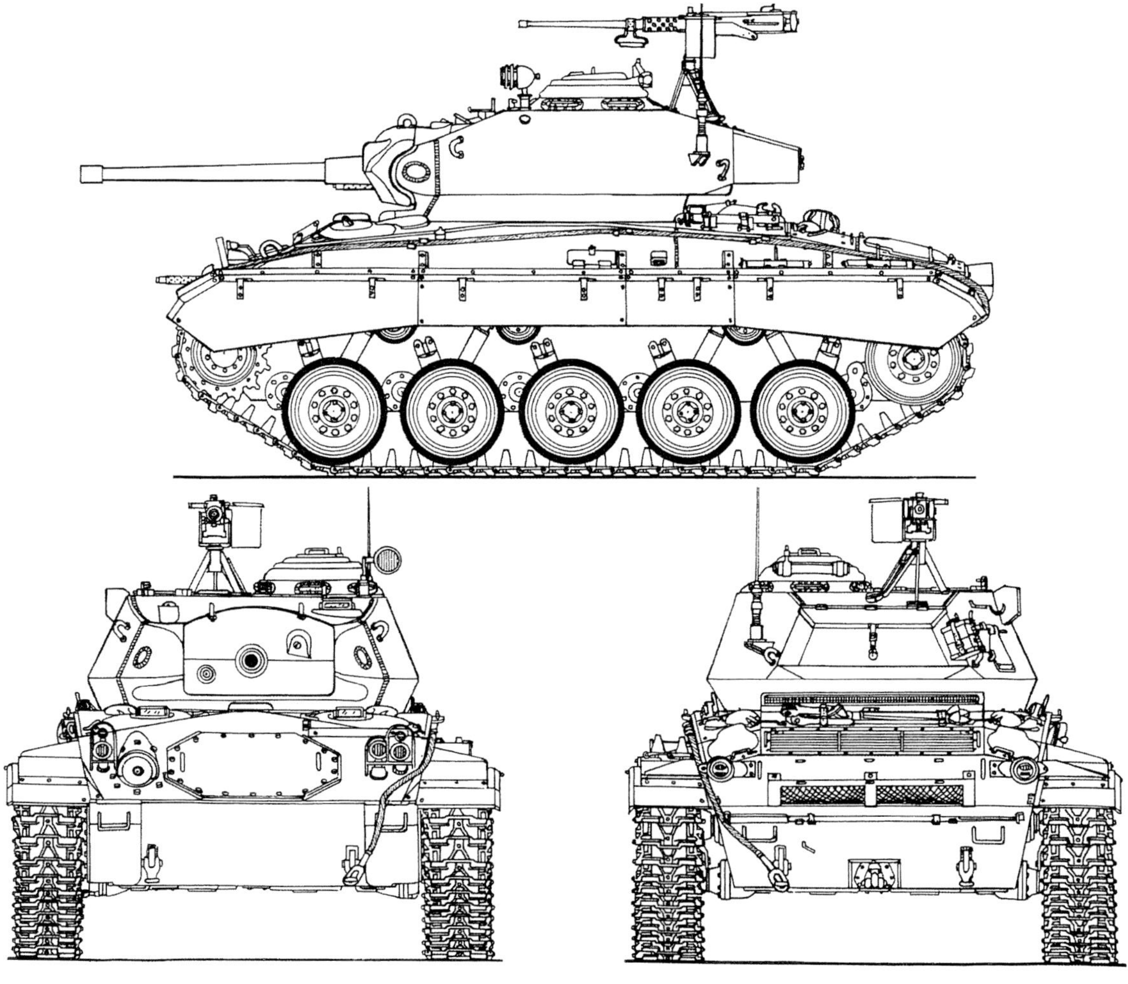

Drei-Seiten-Ansicht eines M24. Die große Wartungsluke auf der Wannenfront, durch die das Getriebe zugänglich war, ist mit Schrauben gesichert.

Der M24 war zu Kriegsende und in den ersten Nachkriegsjahren der leichte Standardpanzer der US-Streitkräfte. Trotz vergleichsweise schwerer Bewaffnung war der M24 dennoch mobil und relativ klein – günstige Voraussetzungen für seine Hauptaufgabe als Aufklärungsfahrzeug.

Medium Tanks

Medium Tank M2

Mitte der 1930er Jahre gab es innerhalb des Ordnance Departments der Army erhebliche Meinungsverschiedenheiten über die Auslegung zukünftiger mittlerer Panzer. Neben dem Streit darüber, ob ein reines Kettenlaufwerk oder ein kombiniertes Rad-Ketten-Laufwerk (wie in den Entwürfen von J. Walter Christie) zu bevorzugen sei, herrschte zudem Uneinigkeit darüber, ob die Bewaffnung in einem Drehturm oder einem starren Panzeraufbau lafettiert werden sollte.

Im Mai 1936 begannen im Rock Island Arsenal in Davenport (Illinois) die Entwicklungsarbeiten für einen neuen mittleren Kampfpanzer. Der als »T5« bezeichnete Entwurf unterschied sich radikal von den vorherigen US-Entwürfen dieser Art. Da sich das von Harry Knox konstruierte VVSS-Laufwerk sowie der aus dem Flugzeugbau stammende 250-PS-Sternmotor und das Getriebe des leichten Panzers M2 bewährt hatten, fanden diese Komponenten auch im T5 Verwendung. Zugleich besaß der T5 jedoch auch Merkmale eines bereits im April 1934 vorgeschlagenen Fahrzeugs. Dieser von Captain (Hauptmann) H. Rarey konzipierte mittlere Panzer wies ein Laufwerk des Christie-Typs und einen Drehturm mit einer kurzläufigen 47-mm-BK auf, war jedoch zugleich an allen vier Ecken des Panzeraufbaus mit MG bewaffnet. Der Fahrer war in einem nach vorn herausragenden Erker untergebracht.

Der T5 nahm zwar am 16. November 1937 seine Erprobung auf, doch das Panzerkastenoberteil, der Drehturm und die Hauptwaffe bestanden nur aus Holz. In diesem Stadium sollten zunächst auch nur der Antriebsstrang und das Laufwerk getestet werden. Letzteres war zwar bereits im leichten Panzer M2 erprobt, hatte aber für den schweren T5 modifiziert und um einen Rollenwagen je Seite verlängert werden müssen. Nach

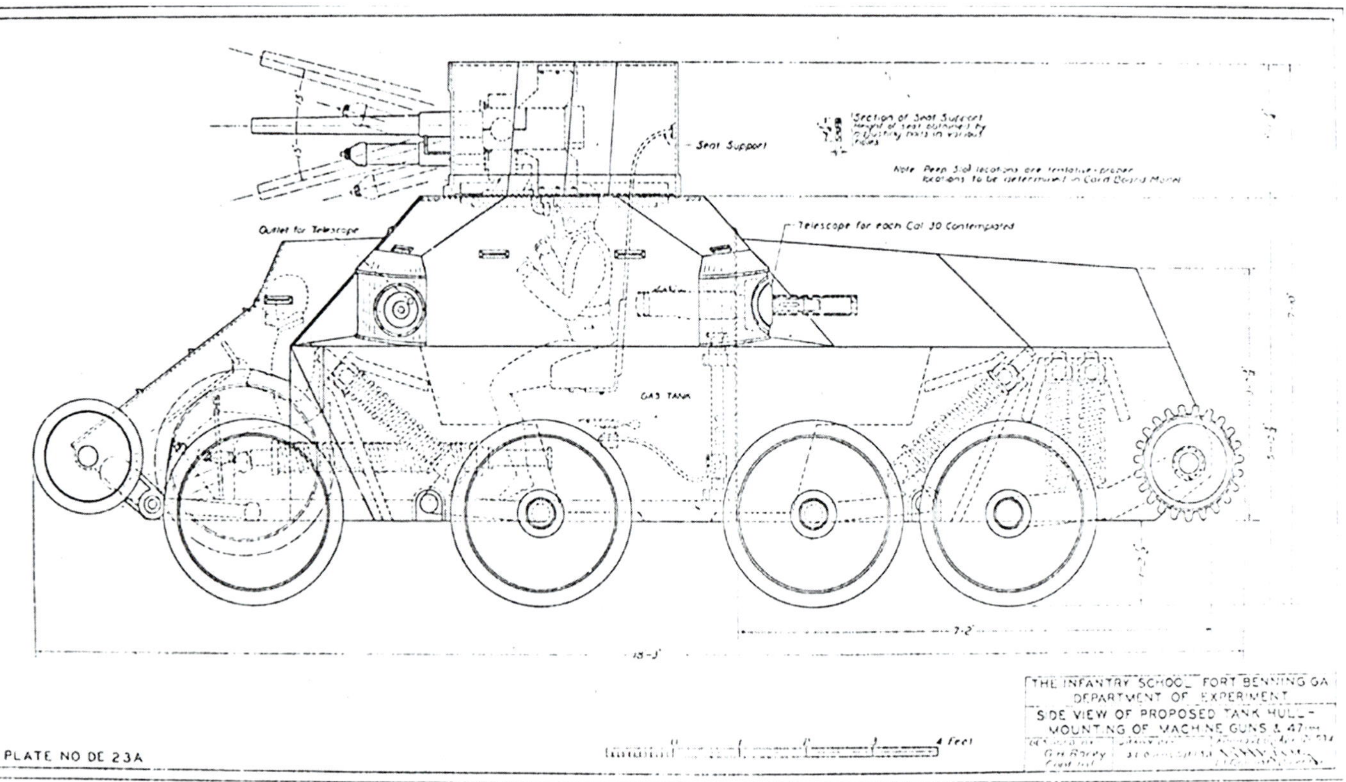

Der 1934 von Captain H. Rarey entworfene mittlere Panzer nahm einige Elemente des späteren T5 vorweg, unterschied sich jedoch im Detail ganz erheblich.

ROCK ISLAND ARSENAL

805-41904 Nov. 16,1937
Tank, Medium,
T5
Phase I

Der Prototyp T5 war zunächst mit einem hölzernen Turm, Waffenattrappen sowie eine Panzerkastenoberteil aus Holz ausgestattet. Diese Aufnahme entstand vor dem Abtransport des T5 zum Aberdeen Proving Ground. Rock Island Arsenal, 16. November 1937.

Frontansicht des T5 Phase I.

Zahlreiche Elemente des T5 basierten auf dem leichten Panzer M2. Am sichtbarsten ist dies beim VVSS-Laufwerk und den Gleisketten, aber auch der Antriebsstrang beruhte auf den Komponenten des leichteren M2.

Im Februar ging der überarbeitete Prototyp T5 Phase I in Erprobung. Man beachte die beiden starren MGs an der Fahrzeugfront. Die vorgesehene BK ist noch nicht installiert, stattdessen befindet sich im Turm nach wie vor eine Attrappe.

Der T5 Phase I erhielt anstelle der Kanonen-Attrappe schließlich eine kurzläufige 37-mm-Zwillings-BK. Die beiden Metallplatten am Heck sollten das Feuer der hinteren Kasematt-MGs nach unten ablenken.

Abschluss der ersten Erprobungsphase am 29. Dezember 1937 traf der Prototyp wieder im Rock Island Arsenal ein. Als Folge der Tests wurden die Form des Aufbaus, des Turms sowie des Fahrererkers verändert. Auch Modifikationen am Laufwerk hat man vorgenommen. Die Vorgelege waren bereits zuvor mit Kühlrippen versehen worden, da sie zum Überhitzen neigten. Zudem wurde ein Turm aus Metall aufgesetzt. Da sich die vorgesehene Hauptwaffe jedoch noch in Entwicklung befand, war die BK nur eine Attrappe. Die Panzerung bestand aus bis zu 25,4 mm starken Weichstahlblechen. In dieser Form wurde der T5 ab Mitte Februar 1938 erneut erprobt.

Im Laufe der Versuche auf dem Testgelände Aberdeen Proving Ground und später in Fort Benning wurde die BK-Attrappe durch eine Zwillingskanone M2A1 im Kaliber 37 mm ersetzt und am Heck wurden Metallplatten als Deflektoren angebracht, die das Feuer der hinteren Kasematt-MGs nach unten ablenken sollten, um so beim Überqueren von Schützengräben in diese hineinschießen zu können.

Obwohl die Erprobung des T5 erfolgreich abgeschlossen werden konnte und der Typ für die Serienfertigung und Einführung bei der Army empfohlen wurde, ging die Entwicklung weiter. Die Analyse des Spanischen Bürgerkriegs ließ die Army zum Schluss kommen, dass künftig nicht mehr Panzerbüchsen oder überschwere MGs die Hauptgefahr für ein Panzerfahrzeug darstellten, sondern Geschütze wie die deutsche 3,7-cm-Pak 36. So wurde die Wannenpanzerung auf bis zu 28,6 mm verstärkt und ein neuer Turm mit bis zu 35,6 mm starker Panzerung installiert, der nun auch mit der ursprünglich vorgesehenen 37-mm-BK T3 ausgestattet war. Aufgrund des erhöhten Gewichts wurden das Fahrwerk verstärkt und neue, 406 mm breite Ketten verwendet (Kettenbreite zuvor 295 mm). Der bisher verwendete 250-PS-Motor wurde durch einen 350-PS-Wright-Sternmotor ersetzt, was Anpassungen des Getriebes erforderte. Der Fahrer saß nun nicht mehr mittig

Der T5 Phase III am 15. November 1938 auf dem Aberdeen Proving Ground. Die Schalldämpfer der Abgasanlage wurden später erheblich modifiziert.

Medium Tank M2/M2A1	
Typ	Mittlerer Panzerkampfwagen
Hersteller	Rock Island Arsenal
Gefertigte Stückzahl	18 M2 + 94 M2A1
Gefechtsgewicht	17.245/18.740 kg
Länge	5385 mm
Breite	2616 mm
Höhe	2840 mm/2740 mm
Motor	Wright R-975 bzw. R-975EC-2 9-Zylinder-Sternmotor (Benzin)
Leistung kW/PS	250/340 bzw. 294/400
Leistungsgewicht	19,72 PS/t bzw. 21,34 PS/t
Höchstgeschwindigkeit	42 km/h (Straße), 27 km/h (Gelände)
Kraftstoffvorrat	473 l
Fahrbereich	210 km (Straße)
Besatzung	6
Bewaffnung	1 x 37-mm-Kanone M3 bzw. M5, 9 x 7,62-mm-M1919A4-MG
Kampfsatz	200 x 37 mm, 12.250 x 7,62 mm
Furttiefe	1,06 m
Panzerung M2	6,35 mm – 28,6 mm
Panzerung M2A1	6,35 mm – 31,8 mm (Turmblende 50,8 mm)

Die Erprobung des T5E2 lieferte wertvolle Erkenntnisse, die später zur Entwicklung des mittleren Panzers M3 führen sollten.

vorn in der Wanne, sondern rückte ein Stück nach links, damit die Antriebswelle des im Heck liegen Motors zum vorn befindlichen Getriebe nicht mehr zwischen seinen Beinen hindurchlief. Das Gewicht stieg nun auf gut 19 t an. Dieser zweite, als

Der zweite Serienpanzer des Modells M2 (Nr. 30445). Das Fla-MG ist bereits in einer Luke im Dach des Panzeraufbaus lafettiert. Rock Island Arsenal, 19. Juli 1939.

Werksaufnahme des ersten M2-Serienpanzers während seines Baus. Rock Island Arsenal, 17. Februar 1939.

M-2 MEDIUM TANK -- 1939

Der 30445 im August 1939 auf dem Aberdeen Proving Ground. Die Vorgelege sind wieder mit Kühlrippen versehen.

Medium Tanks M2 des 67th Infantry Regiment während eines Manövers im Juli 1940. Diese Panzer liefen im Juli 1940 der 2nd Armored Division zu.

»T5 Phase III« bezeichnete Prototyp (»Phase II« war nur eine Entwurfsstudie gewesen) nahm seine Erprobung ab November 1938 auf. Der ursprüngliche erste Prototyp des T5 erhielt nun das Suffix »Phase I«. Der T5 Phase III überzeugte auf ganzer Linie und wurde schließlich unter der Bezeichnung »Medium Tank M2« übernommen.

Da der neue 350-PS-Motor einen erhöhten Treibstoffverbrauch aufwies und daher der Fahrbereich des T5 Phase III trotz größerer Tanks sank, hat man im Herbst 1938 versuchsweise einen 400 PS starken Guiberson-Sternmotor eingebaut. Der Prototyp mit diesem luftgekühlten Triebwerk hieß dann »T5E1«.

Der nach links versetzte Fahrererker ließ rechts Platz für eine größere Waffe als ein MG. Im Frühjahr 1939 kam daher im rechten Panzeraufbau eine 75-mm-Haubitze M1A1 zum Einbau. Der Drehturm wich einem kleineren Exemplar, der mit einem Entfernungsmesser sowie einem 7,62-mm-MG bestückt war. Die APG-Tests dieses »T5E2« genannten Fahrzeugs liefen zwischen dem 20. April 1939 und dem 8. Februar 1940. In der Folge wurde dieses Bewaffnungskonzept für den mittleren Panzer M3 übernommen.

Als der erste M2 aus der Serienfertigung im Sommer 1939 das Rock Island Arsenal verließ, wies dieser gegenüber dem T5 Phase III jedoch wiederum Modifikationen auf. So befand sich der Fahrererker nun wieder in der Mitte, die Ketten waren nur noch 337 mm breit, das Fahrwerk erneut verstärkt und der Turm nicht mehr gegossen, sondern geschweißt. Die Hauptbewaffnung bestand aus der 37-mm-BK M3, der Serienversion der T3. Koaxial war ein 7,62-mm-MG M1919A4 lafettiert. Auf dem Turm war ein weiteres 7,62-mm-MG als Fla-Waffe an-

Der zweite Serienpanzer der M2-Reihe wurde versuchsweise mit dem neuen entwickelten Turm des M1A2 ausgerüstet. Dieses Fahrzeug blieb als Ausstellungsstück der Sammlung des APG erhalten, ist heute aber eingelagert.

Ein M2 wurde 1941 versuchsweise mit einem Flammenwerfer im Turm ausgerüstet, die Bezeichnung lautete dann »M2E2«. Der Werfer erreichte eine Schussweite zwischen 45 und 65 m. Der Flammölvorrat betrug 450 Liter. Edgewood Arsenal Maryland, 31. März 1941.

Einer der ersten Serien-M2A1 auf dem APG im September 1940.

Ein M2A1 der 1st Armored Division in Fort Knox, Sommer 1941.

gebracht, was die Gesamtzahl an MGs auf acht erhöhte: zwei MGs starr im Bug, vier bewegliche MGs an den Ecken des Panzeraufbaus, ein koaxiales MG sowie ein Fla-MG. Durch eine veränderte Anordnung der Panzerung sowie die schmaleren Ketten fiel das Gewicht der ersten Serienfahrzeug auf rund 17,3 t.

Um einen übermäßig hohen Treibstoffverbrauch zu vermeiden, wurde die Drehzahl des Motors begrenzt, was die Höchstgeschwindigkeit um gut 10 km/h auf 42 km/h verringerte. Wanne und Panzeraufbau des M2 (und des späteren M2A1) bestanden aus geschweißten und vernieteten Blechen. Der Fahrer saß vorn mittig in der Wanne und besaß links und rechts sowie vorn große Sichtklappen, die bei Marschfahrt aufgestellt werden konnten. Unterhalb beziehungsweise zwischen den Beinen des Fahrers hindurch verlief die Antriebswelle vom Sternmotor im Heck zum Getriebe.

An allen vier Ecken des Panzeraufbaus befanden sich die bereits erwähnten 7,62-mm-MGs M1919. Seitlich im Panzeraufbau befanden sich große Türen mit Sichtklappen. Der Turm beherbergte nur den Kommandanten (zugleich Richtschütze), dem auf der linken Seite des Turmdaches eine Luke, aber keine Kuppel zur Verfügung stand. Die Turmseiten waren jedoch mit Sehklappen versehen. Neben dem Fahrer und Kommandanten bestand die Besatzung aus vier Schützen, die nicht nur die MGs bedienten, sondern auch die Hauptwaffe im Turm mit Munition versorgten. Die im Turm lafettierte 37-mm-Kanone M3 entsprach im Grunde der gezogenen Pak M3, hatte jedoch ein kürzeres Rohr und damit eine geringere Mündungsgeschwindigkeit von 792 m/s statt 840 m/s. Auf 500 m Entfernung und mit einem Auftreffwinkel von 30° durchschlug die Panzergranate 46 mm starken Panzerstahl, auf eine Entfernung von 1000 m wurden noch 40 mm dicke Bleche durchschlagen.

Die ersten Einsatzerfahrungen und die Analyse der Geschehnisse in Europa führten nach nur 18 M2 zum Baustopp. Die nachfolgende, verbesserte Version M2A1 besaß u.a. einen neuen Turm mit senkrechten Seitenwänden, da der ursprüngliche, abgeschrägte Turm des M2 sich als zu beengt erwiesen hatte. Er hatte keine Einstiegsklappe am Heck mehr, sondern eine Luke im Dach. Die Sehklappen am Turm und in der Wanne wurde verbessert und am Turm Nahkampföffnungen hinzugefügt. Auch die Blenden der Hauptwaffe und der MGs im Aufbau wurde modifiziert. Zudem wurde die Panzerung der Wanne auf bis zu 31,8 mm und die des Turms auf bis zu 50,8 mm verstärkt, was eine Gewichtszunahme auf 18,74 t zur Folge hatte. Außerdem kamen um 2,54 cm breitere Ketten sowie ein 400 PS leistender Sternmotor des Modells Wright R975 EC2 zum Einbau. Die Steuerung erfolgte nun mit hydraulischer Unterstützung, was dem Fahrer die Arbeit erleichterte.

Obwohl der Bau der ersten drei M2A1 im Rock Island Arsenal bereits begonnen hatte, orderte das US-Verteidigungsministerium am 15. August 1940 bei Chrysler 1000 M2A1, die bis August 1942 im neu errichteten Detroit Tank Arsenal gebaut werden sollten. Erneut aber kamen die Analysten zu der Erkenntnis, dass der M2A1 für die europäischen Kriegsschauplätze bereits hoffnungslos veraltet war. Daher hat man den Vertrag bereits am 28. August 1940 storniert und Chrysler stattdessen den Bau von über 1000 Exemplaren des neuen mittleren Panzers M3 zugewiesen. Das Rock Island Arsenal sollte seine Produktion fortsetzen und insgesamt 126 M2A1 bauen. Tatsächlich wurden daher von Dezember 1940 bis August 1941 nur 91 weitere M2A1 produziert, was die Gesamtzahl auf 94 erhöhte. Diese blieben in den USA und dienten dort Ausbildungszwecken.

Fertigung von M2A1 im Rock Island Arsenal.

Medium Tank M3

Der endgültige M3-Entwurf wurde erst Anfang 1941 vom Ordnance Department abgenommen. Dieses Holzmodell diente dabei als Veranschaulichung.

Die rasche Niederlage der französischen Streitkräfte im Juni 1940 verursachte erhebliche Unruhe innerhalb der US-Armee. Eine Analyse der Ereignisse machte deutlich, dass ein mittlerer Kampfpanzer zumindest über eine 75-mm-BK in einem Drehturm sowie eine 50,8 mm (2 inch) starke Frontalpanzerung verfügen musste. Bereits am 11. Juli 1940 erhielt der noch zu konstruierende Panzer die Bezeichnung »M3«. Da in den USA noch nie ein Drehturm für eine leistungsfähige 75-mm-Kanone entworfen worden war, fürchtete das Ordnance Committee, bei der Entwicklung wertvolle Zeit zu verlieren. Sowohl die Panzertruppe der Army als auch eine britische Einkaufskommission drängten jedoch auf einen raschen Anlauf der Fertigung eines neuen Panzertyps. Die Briten hatten nämlich bereits 1785 mittlere Kampfpanzer M3 bei US-Firmen geordert, ohne fertige Konstruktionspläne oder gar einen Prototypen gesehen zu haben. Die Armeeführung entschied daher im August 1940, den Vorschlag des Rock Island Arsenals zu akzeptieren und als rasch zu verwirklichende Übergangslösung einen Panzer entwerfen zu lassen, der sich am Konzept des T5E2 orientierte und wie dieser mit einer 75-mm-Waffe in einer Kasematte ausgestattet sein sollte.

Das neue Fahrzeug übernahm das VVSS-Laufwerk, das Getriebe sowie den leicht modifizierten Motor des Vorgängers, besaß jedoch eine veränderte Wanne und einen neuen Panzeraufbau mit seitlichen Türen, in dem vorn rechts eine 75-mm-Kanone M2 L/28 mit begrenztem Seitenrichtbereich (15° links und rechts) positioniert war. Mit der Panzergranate M2 war eine Mündungsgeschwindigkeit von 567 m/s zu erreichen. Bei einer Distanz von 500 m und einem Auftreffwinkel von 30° wurde eine 60 mm starke Panzerung durchschlagen. Dazu kam ein nach links versetzter Drehturm mit 37-mm-Kanone M6 und koaxialem 7,62-mm-MG. Auf dem Turm befand sich ein zweiter kleiner MG-Turm für den Kommandanten.

Der erste Prototyp des M3 am 28. März 1941 auf dem Aberdeen Proving Ground. Man beachte, dass die MG-Kuppel nur auf der rechten Seite eine Sehklappe hat.

Medium Tank M3 / Grant I	
Typ	Mittlerer Panzerkampfwagen
Hersteller	Detroit Arsenal (Chrysler), Alco, Baldwin, Pressed Steel Car (PSC), Pullman
Gefertigte Stückzahl	4924 (inklusive Grant I)
Gefechtsgewicht	27.896 kg/28.123 kg
Länge	5639/6121 mm (ohne/mit Rohr und Kettenblenden)
Breite	2718 mm
Höhe	3124 mm/3023 mm
Motor:	Wright R-975-EC2 9-Zylinder-Sternmotor (Benzin)
Leistung kW/PS	281/400
Leistungsgewicht	14,34 PS/t bzw. 14,22 PS/t
Höchstgeschwindigkeit	42 km/h (Straße), 26 km/h (Gelände)
Kraftstoffvorrat	662,5 l
Fahrbereich	190 km (Straße)
Besatzung	6 - 7
Bewaffnung	1 x 37-mm-Kanone M5 oder M6 L/56, 1 x 75mm-Kanone M2 oder M3 L/28 bzw. L/37, 3 – 4 x 7,62-mm-M1919A4-MG
Kampfsatz M3	50 x 75 mm, 178 x 37 mm, 9200 x 7,62 mm
Kampfsatz Grant I	65 x 75 mm, 128 x 37 mm, 4084 x 7,62 mm
Besatzung	6 - 7
Panzerung (mm/Neigung)	
Wannenfront	50,8 mm/60°
Wannenbug	50,8 mm/45° -90°
Wannenseite (vorn/hinten)	38,1 mm/90°
Wannenheck (oben/unten)	38,1 mm/ 80° - 90°
Wannenoberseite	12,7 mm/0° - 7°
Wannenunterseite	12,7 mm/0° (vorn); 6,35 mm/0° (hinten)
Turmfront	50,8 mm/43° bzw. 76,2 mm/43°
Turmseiten	50,8 mm/85° bzw. 60° - 90°
Turmheck	50,8 mm/85° bzw. 90°
Turmdach	22,22 mm/0° bzw. 31,75 mm/0° - 10°
Turmdach	12,7 mm/0° - 22°

Der Prototyp des Medium Tank M3 während der Geländeerprobung auf dem APG.

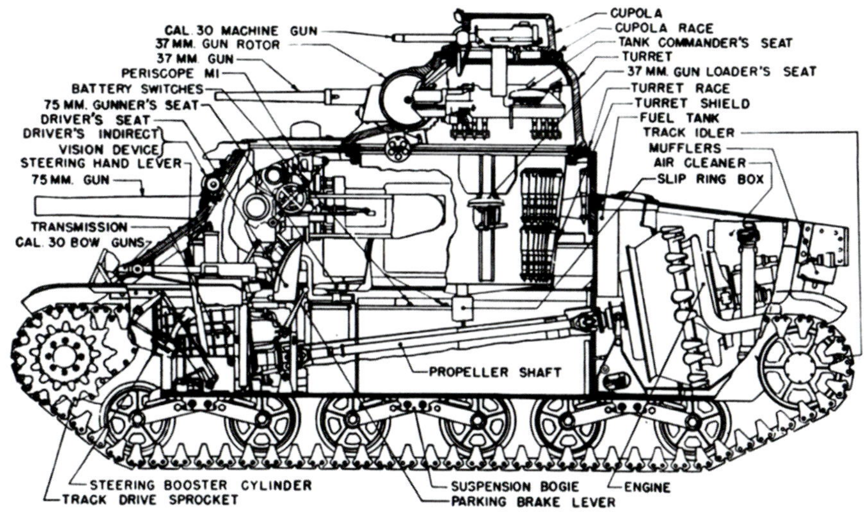

Diese Schnittzeichnung eines M3 zeigt den im Heck verbauten Sternmotor sowie die durch den Kampfraum laufende Antriebswelle.

Der M3 als Übergangslösung bis zum Erscheinen des noch zu konstruierenden M4 mit 75-mm-BK im Drehturm wurde als Prototyp im März 1941 vorgestellt; die Serienfertigung begann Ende August 1941. Bis Dezember 1942 verließen 6258 Panzer dieses Typs die Fertigungsbänder. Die meist gebaute Version

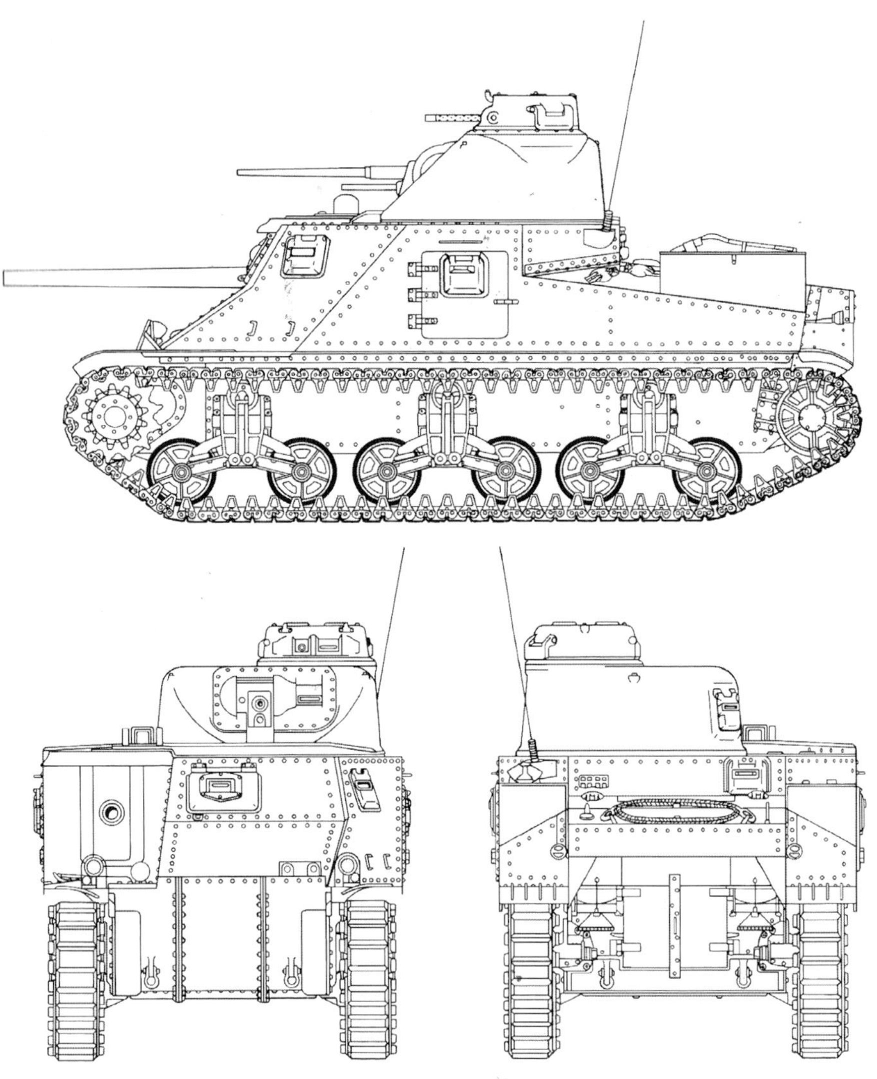

Die für die Briten bestimmten M3 »General Grant I« unterschieden sich von der US-Version vor allem durch einen geräumigeren Turm mit Heckauslage für die Funkanlage. Die MG-Kuppel des Kommandanten wich einer zweiteiligen Luke mit drehbarem Winkelspiegel.

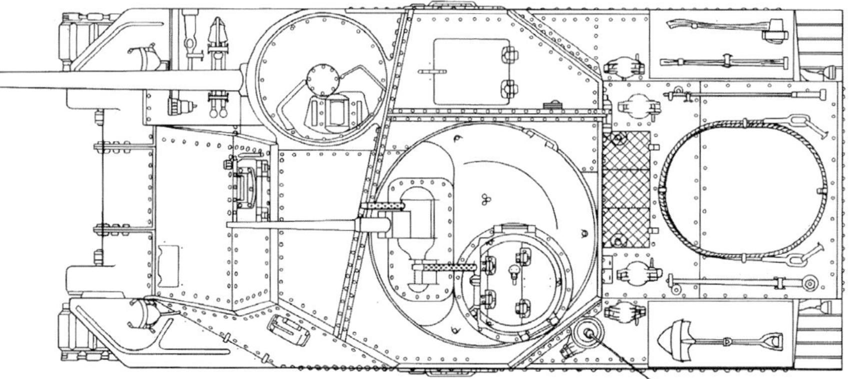

Diese Schnittzeichnung eines M3 zeigt den im Heck verbauten Sternmotor sowie die durch den Kampfraum laufende Antriebswelle.

war das Grundmodell M3, von dem 4924 Exemplare entstanden. Die Varianten M3A1, A2, A3, A4 und A5 waren jedoch keine fortlaufen Verbesserungen des ursprünglichen Entwurfs, sondern unterschieden sich vor allem in der Ausführung der Wanne (genietet, geschweißt oder gegossen) und der Motorausstattung.

Bei späten Exemplaren sämtlicher Versionen wurden u.a. die Seitentüren zugeschweißt oder entfielen vollständig. An deren Stelle wurde im Wannenboden eine Notausstiegsluke verbaut. Die ursprünglich direkt über den Rollenwagen angebrachten Stützrollen wurden im Laufe der Fertigung seitlich versetzt angebracht, außerdem kam eine längere 75-mm-Kanone M3 L/37 zum Einbau. Ab Anfang 1942 wurden sowohl die 75-mm-Bk als auch die 37-mm-Waffe mit einachsiger Kreiselstabilisierung ausgestattet. Frühe M3 verfügten noch über zwei starre, vom Fahrer bediente MGs in der Wannenfront. Ab Anfang 1942 kam nur noch ein solches MG zum Einbau.

Um eine gefährliche Ansammlung von Pulvergasen und Kohlenmonoxid im Kampfraum zu vermeiden, wurden im Laufe der Fertigung drei neue Lüfter auf dem Dach des Kampfraums installiert. Die Besatzung des M3 bestand ursprünglich aus sieben Mann. Vorn links befand sich der Fahrer, neben ihm der saß der Funker. Rechts in der Wanne waren der Ladeschütze und der Richtschütze der 75-mm-Kanone untergebracht, während im Turm der Kommandant sowie der Richt- und Ladeschütze der 37-mm-BK ihren Platz fanden. Später wurde die Besatzung auf sechs Mann reduziert, da der Fahrer die Aufgaben des Funkers übernahm.

Der erste im von Chrysler betrieben Detroit Tank Arsenal gebaute M3 während einer Vorführung. Detroit, Michigan, 24. April 1941.

Der letzte M3 der Serienfertigung bei Chrysler, bereits ohne Seitentüren. General Motors Proving Ground, 30. September 1943.

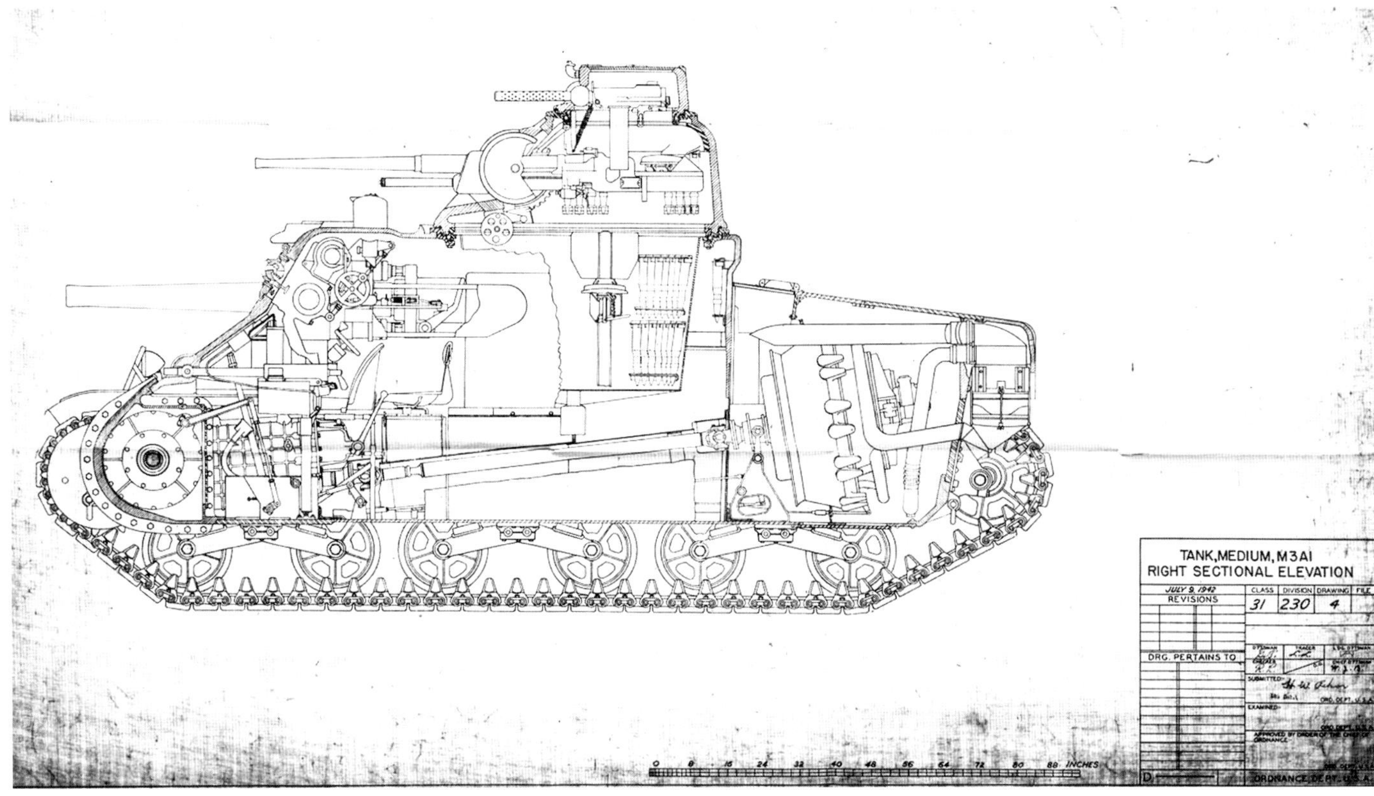

Schnittzeichnung eines M3A1 mit Wright-Sternmotor.

M3

Der M3 besaß eine genietete Wanne, der Hauptturm sowie der kleine MG-Turm des Kommandanten waren gegossen. Wie bereits erwähnt, hatte nicht nur die US-Armee, sondern auch die britischen Streitkräfte den M3 geordert. Die Briten hatten allerdings eine Reihe von Änderungswünschen. So bevorzugten sie einen neuen, größeren Turm ohne MG-Turm für den Kommandanten. Dafür besaß dieser Turm aber einen Überhang am Heck, in dem die Funkausrüstung untergebracht war. Dadurch konnte der Kommandant das Funkgerät bedienen, was die Besatzung von sechs auf fünf Mann verringerte. Mit diesen Türmen ausgerüstete M3 wurden als »General Grant I« (General der Nordstaaten im US-Bürgerkrieg) bezeichnet, M3 mit den amerikanischen Originaltürmen erhielten hingegen den Namen »General Lee I« (General der Südstaaten).

Als Antrieb diente dem M3 ein Neunzylinder-Flugzeugsternmotor aus dem Hause Wright mit 400 PS, der über eine durch den Kampfraum führende Welle auf das vorn verbaute Getriebe wirkte. Der im Rock Island Arsenal gebaute M3-Prototyp wurde am 13. März 1941 fertiggestellt und nahm am 21. März seine Erprobung auf dem Testgelände in Aberdeen auf. Der MG-Turm dieses Panzers wich von den späteren Türmen ab, da er anstelle von zwei nur eine Sehklappe rechts besaß. Die Serienfertigung lief im Sommer 1941 an, bis Ende August fertigten ihn vier Hersteller: Neben Chrysler (Detroit Tank Arsenal) waren dies die American Locomotive Company (Alco), die Pressed Steel Car Company (PSC) sowie die Pullman Standard Car Company. Bis auf Chrysler handelte es sich dabei um Lokomotiv- oder Waggonbauunternehmen, die nicht an die Produktionskapazitäten des Autoherstellers heranreichten. Bis August 1942 entstanden insgesamt 4924 M3, »General Grant I« und »General Lee I«.

M3A1

Mit den gegossenen Türmen hatte man beim M3 gute Erfahrungen gemacht, daher lag es nahe, den gesamten Panzeraufbau zu gießen. Zwar erforderte Gussstahl eine etwas größere Dicke, um den gleichen Schutz wie Walzstahl zu bieten, bot aber zugleich den Vorteil, dass nun unter Feuer keine Nieten mehr abplatzen und im Kampfraum umherfliegen konnten. Unter der Bezeichnung »M3A1« lief die Fertigung bei der American Locomotive Company in Februar 1942 an, bis August wurden dort 300 Panzer fertig. Das neue Panzerkastenoberteil führte zu Detailänderungen an Lüftergehäusen und Luken. 272 M3A1 erhielten den M3-Sternmotor, 28 den Guiberson-Diesel. Obwohl sich die Reichweite mit dem Dieselmotor fast verdoppelte und das hohe Drehmoment dieses Motortyps lobend erwähnt wurde, führte die Unzuverlässigkeit des Guiberson-Triebwerks dazu, dass es bei diesen 28 Panzern blieb.

Ein früher M3A1 mit seitlichen Türen sowie fehlenden Lüftergehäusen auf dem Kampfraumdach. Die große Luke am hinteren Dach des Kampfraumes ist hier noch vorn angeschlagen. Später öffneten sie nach hinten.

Dieser späte M3A1 ohne Seitentüren erlitt am 1. Oktober 1942 während eines Manövers in Louisiana eine Panne.

Ein später M3A1 der U.S. Army bei einer Parade in Vancouver im Jahre 1942. Man beachte die kurze 75-mm-BK M2 sowie die 37-mm-BK M6 im Turm, die seitlichen Luken fehlen. Da die Kanonen dieses Panzers mit einer einachsigen Kreiselstabilisierung ausgerüstet sind, haben beide Gegenwichte zur Ausbalancierung erhalten, bei der M2 nahe der Mündung, bei der M6 in Form eines Stahlzylinders unterhalb des Rohrs. (© Vancouver Archives)

M3A2

Nachdem auf dem APG ein geschweißter Turm erfolgreich Beschussversuche absolviert hatte, wurde das Rock Island Arsenal beauftragt, ein geschweißtes Panzerkastenoberteil für den M3 zu entwickeln. Die als »M3A2« bezeichnete Ausführung war bis auf das geschweißte Panzerkastenoberteil mit dem M3 identisch. Die Fertigung lief im Januar 1942 bei Baldwin Locomotive Works an, wurde jedoch bereits im März jenes Jahres nach nur zwölf Panzern wieder beendet, denn das Werk wurde auf M3 mit Dieselmotor umgestellt. Das Schweißverfahren sparte gegenüber einem genieteten Panzerkastenoberteil Gewicht ein und verhinderte, das abplatzende Nieten als Geschosse durch den Kampfraum flogen.

M3A3 und M3A5

Bereits zu Beginn der Serienfertigung des M3 war abzusehen, dass die Sternmotoren einen Engpass darstellen könnten, da diese auch von der Flugzeugindustrie benötigt wurden. Auf der Suche nach Alternativen wurde im August 1941 beschlossen, ein aus zwei LKW-Dieseln des Typs GM 6-71 bestehendes Zwillingstriebwerk einzupassen. Die beiden Motoren wirkten dabei gemeinsam auf eine Antriebswelle, die ihre Kraft zum nach vorn liegenden Getriebe übertrug. Fiel ein Motor aus, vermochte der andere weiterzulaufen und den Panzer anzutreiben. Da Zwillingsdiesel vom Typ GM 6046 erheblich größer waren als der kompakte Sternmotor, musste das Wannenheck umgestaltet und verlängert werden. Der höhere Raumbedarf des neuen Motors wurde zum Teil durch dessen bessere Treibstoffökonomie ausgeglichen und die in der Folge verkleinerten Kraftstofftanks bei unverändertem Fahrbereich.

Das Ordnance Committee hatte für alle M3 mit dem GM-6046-Zwillingsdiesel ursprünglich die Bezeichnung »M3A3« vorgesehen, vergab diese jedoch später für Panzer mit geschweißtem Panzerkastenoberteil. M3-Ausführungen mit

Der M3A2 mit der Nummer 1040 während seiner Erprobung auf dem Aberdeen Proving Ground. Abgesehen vom geschweißten Panzerkastenoberteil war dieser Panzer nahezu identisch mit einem frühen M3.

Der M3A3 mit geschweißtem Panzerkastenoberteil und GM-6046-Zwillingsdiesel erhielt ein modifiziertes und verlängertes Heck. Hier ein frühes Modell mit kurzer 75-mm-BK M2 ohne Kreiselstabilisierung und mit Seitentüren.

diesem Antrieb und einer vollständige genieteten Wanne hießen schließlich »M3A5«. Die Produktion von M3 mit GM-6046-Dieseln lief bei Baldwin Locomotive Works vom Januar bis Dezember 1942. In dieser Zeit verließen 322 M3A3 und 591 M3A5 die Werkshallen in Eddystone nahe Philadelphia, Pennsylvania.

Später M3A5 mit genietetem Panzerkastenoberteil, modifiziertem Heck sowie zugeschweißten Seitentüren. Das Fahrzeug ist zwar noch mit der 75-mm-BK M2 ausgerüstet, diese ist jedoch bereits kreiselstabilisiert, was am Gegengewicht an der Rohrmündung zu erkennen ist.

Da der M3A4 erst im Juni 1942 in Serie ging, zeigt der Typ viele Merkmale später M3 auf wie die lange 75-mm-BK M3, zugeschweißte oder nicht vorhandene Seitentüren sowie drei Lüfter auf dem Dach des Kampfraums.

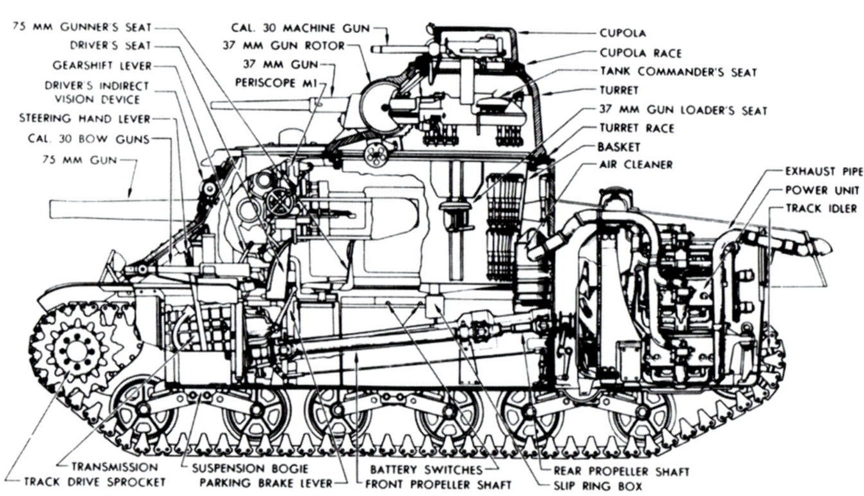

Schnittzeichnung eines M3A4. Man beachte die Ausbuchtungen an Wannenboden und -dach des Motorraums, die durch die Installation des voluminösen A57 Multibank notwendig wurden. Das Fahrwerk ist in dieser Zeichnung jedoch falsch wiedergegeben und entspricht dem eines Standard-M3 ohne die größeren Abstände der Rollenwagen beim M3A4.

Medium Tank M3A3/M3A5	
Typ	Mittlerer Panzerkampfwagen
Hersteller	Baldwin Locomotive Works
Gefertigte Stückzahl	322 M3A3, 591 M3A5
Gefechtsgewicht	28.576 kg/29.030 kg
Länge	5639/6121 mm (ohne/mit Rohr und Kettenblenden)
Breite	2718 mm
Höhe	3124 mm
Motor:	GM 6046 2 x 6-Zyl.-Zwilingsmotor, 2-Takt-Diesel
Leistung kW/PS	302/410
Leistungsgewicht	14,35 PS/t bzw. 14,12 PS/t
Höchstgeschwindigkeit	42 km/h (Straße), 26 km/h (Gelände)
Kraftstoffvorrat	560 l
Fahrbereich	240 km (Straße)
Besatzung	6 - 7
Bewaffnung	1 x 37-mm-Kanone M5 oder M6 L/56, 1 x 75mm-Kanone M2 oder M3 L/28 bzw. L/37, 3 x 7,62-mm-M1919A4-MG
Kampfsatz M3	50 x 75 mm, 178 x 37 mm, 9200 x 7,62 mm
Furttiefe	1,02 m
Panzerung (mm/Neigung)	
Wannenfront	50,8 mm/60°
Wannenbug	50,8 mm/45° -90°
Wannenseite (vorn/hinten)	38,1 mm/90°
Wannenheck (oben/unten)	38,1 mm/ 80° - 90°
Wannenoberseite	12,7 mm/0° - 7°
Wannenunterseite	12,7 mm/0° (vorn); 6,35 mm/0° (hinten)
Turmfront	50,8 mm/43° bzw. 76,2 mm/43°
Turmseiten	50,8 mm/85° bzw. 60° - 90°
Turmheck	50,8 mm/85° bzw. 90°
Turmdach	22,22 mm/0° bzw. 31,75 mm/0° - 10°

M3A4

Diese M3-Ausführung geht ebenfalls auf die Bemühungen zurück, eine Alternative zum Wright-Sternmotor zu finden. Das von William S. Knudsen, einem ehemaligen Manager der US-Autoindustrie und Vorsitzenden von Chrysler, geleitete War Production Board suchte im Sommer 1941 nach bereits in Produktion befindlichen oder rasch in Serie zu bauenden Panzermotoren. Chryslers Antwort darauf war die Kombination von fünf Sechszylinder-Automotoren, die sternförmig zusammengefügt wurden.

Dieses als »A57 Multibank« bezeichnete Triebwerk leistete 425 PS, war jedoch größer als alle anderen M3-Motoren. Der Motorraum musste daher um gut 28 cm verlängert und die Wannenheckplatte um etwa 38 cm zurückversetzt werden. Auf der Motor-

Medium Tank M3A4	
Typ	Mittlerer Panzerkampfwagen
Hersteller	Detroit Tank Arsenal
Gefertigte Stückzahl	109
Gefechtsgewicht	29.030 kg
Länge	6147/6629 mm (ohne/mit Rohr der BK M3))
Breite	2642 mm (ohne Seitentüren)
Höhe	3124 mm
Motor:	Chrysler A57 Multibank 30-Zylinder-Benzinmotor
Leistung kW/PS	312,5/425
Leistungsgewicht	14,64 PS/t
Höchstgeschwindigkeit	32 km/h (Straße)
Kraftstoffvorrat	605 l
Fahrbereich	160 km (Straße)
Besatzung	6 - 7
Bewaffnung	1 x 37-mm-Kanone M5 oder M6 L/56, 1 x 75mm-Kanone M2 oder M3 L/28 bzw. L/37, 3 x 7,62-mm-M1919A4-MG
Kampfsatz M3	50 x 75 mm, 178 x 37 mm, 9200 x 7,62 mm
Furttiefe	1,02 m
Panzerung (mm/Neigung)	
Wannenfront	50,8 mm/60°
Wannenbug	50,8 mm/45° - 90°
Wannenseite (vorn/hinten)	38,1 mm/90°
Wannenheck (oben/unten)	38,1 mm/ 80° - 90°
Wannenoberseite	12,7 mm/0° - 7°
Wannenunterseite	12,7 mm/0° (vorn); 6,35 mm/0° (hinten)
Turmfront	50,8 mm/43° bzw. 76,2 mm/43°
Turmseiten	50,8 mm/85° bzw. 60° - 90°
Turmheck	50,8 mm/85° bzw. 90°
Turmdach	22,22 mm/0° bzw. 31,75 mm/0° - 10°

raumabdeckung und am Wannenboden wurden Ausbuchtungen nötig, um Kühler und Kühlgebläse unterbringen zu können. Da die beiden Treibstofftanks im Motorraum wegfallen mussten, wurden die Tanks in der seitlichen Wanne vergrößert. Zum Ausgleich der verlängerten Wanne wurde der Abstand zwischen den beiden hinteren Rollenwagen um etwa 15 cm vergrößert.

Ein M3 Grant Mk I der britischen Streitkräfte in der Wüste Nordafrikas. Man beachte die beiden starren MGs im Bug. (© IWM)

Dieser M3 erhielt 1942 versuchsweise anstelle der 37-mm-BK im Turm einen E3-Flammenwerfer. Die 75-mm-BK wurde ebenfalls entfernt und durch einen Tank mit 1609 l Flammöl ersetzt. Die Reichweite des Flammenwerfers lag bei rund 40 m. Eine Serienproduktion erfolgte nicht. Edgewood Arsenal, Maryland, 4. August 1942.

M3 des 13th Armored Regiment, 1st Armored Division, Tunesien, November 1942. M3 kamen bei den Amerikanern nur in Nordafrika sowie auf einigen Pazifikinseln als Kampfpanzer zum Einsatz und wurden rasch vom M4 abgelöst. (© Oliver Missing)

Der erste versuchsweise Einbau des 30-Zylinders erfolgte am 15. November 1941. Im Dezember legte das Ordnance Committee die Bezeichnung der neuen Ausführung als »M3A4« fest. Ab Februar 1942 wurde der Prototyp auf dem APG erprobt, im Juni 1942 lief die Produktion im Detroit Tank Arsenal an. Sie endete jedoch bereits im August nach nur 109 Fahrzeugen, da zu diesem Zeitpunkt die Fertigungsbänder auf den M4 umgestellt wurden.

Die Briten erhielten insgesamt 2855 M3. Dort trugen unverändert übernommene M3 je nach Ausführung die Namen »Lee I« bis »Lee IX«. Panzer, die den größeren, in Großbritannien entworfenen Turm besaßen, hießen »Grant«, je nach Ausführung wieder mit dem Zusatz I bis IX versehen. M3A1 und M3A4 passten sich offenbar ebenfalls in dieses Bezeichnungsschema ein, hatten aber keine britischen Türme.

Die ersten M3 erreichten die Briten bereits im November 1941, seine Feuertaufe erlebte der Typ aber erst im Mai 1942 in Nordafrika. Dort machten sich die Lee und Grant einen guten Namen und waren bei der Truppe beliebt. Ihre Zuverlässigkeit, ihre angemessene Panzerung und die für damalige Verhältnisse schlagkräftige 75-mm-BK wurden von der Truppe sehr geschätzt. Nachteilig war allerdings der begrenzte Schwenkbereich der Hauptwaffe, der hohe Aufzug und die insgesamt ungeschickte Formgebung des Aufbaus mit vielen Geschossfangstellen. Und die Geländeeigenschaften des M3 ließen zu wünschen übrig.

Ab November 1942 kam der M3 auch auf US-Seite in Nordafrika zum Einsatz und erwies sich als zunächst konkurrenzfähiger Entwurf. Nur wenige Monate später hatte die rasante Panzerentwicklung in Europa den M3 jedoch bereits überholt. Die USA ersetzten den M3 daher rasch durch den M4. In Asien und dem Pazifik hingegen blieben M3 bis Kriegsende in Dienst. Aus diesem Grund gaben die Briten auch rund 1700 Lee und Grant an Australien und 900 an Indien ab, kleinere Kontingente gingen auch an Neuseeland und Kanada. Direkt aus den USA wurden 1386 M3 (vor allem Dieselmodelle) in die UdSSR verschifft. Wegen der deutschen Luft- und Seeangriffe auf die Geleitzüge kamen allerdings nur 976 Panzer auch dort an. Die Rote Armee war von ihm sowieso nicht begeistert, in der Truppe nannte man den M3 nur »Grab für

M3 der US-Armee während eines Manövers in den USA im Jahre 1942.

sechs (Brüder)«. Ein weiterer Nutzer war Brasilien, das 96 M3 empfing.

Das robuste Fahrgestell des M3 diente zudem als Basis verschiedener Spezialfahrzeuge, darunter Flammversionen, Bergepanzer (M31), Artillerieschlepper (M33), Minenräumfahrzeuge und Selbstfahrlafetten (z.B. M7, M12) sowie als Basis des kanadischen Kampfpanzers »Ram«.

Fertigungszahlen der M3-Serie											
Ausführung	**M3**	**M3**	**M3**	**M3**	**M3**	**M3A1**	**M3A2**	**M3A3**	**M3A4**	**M3A5**	**Insgesamt**
Werk	ALCO	Baldwin	Detroit Tank Arsenal	PSC	Pullman	ALCO	Baldwin	Baldwin	Detroit	Baldwin	
1941											
Juni	8	2									10
Juli	17	2	7								26
Aug.	8	12	50	1	9						80
Sept.	45	8	95	18	27						193
Okt.	37	24	148	21	19						249
Nov.	26	38	194	22	29						309
Dez.	83	78	235	42	37						475
1942											
Jan.	47	65	300	60	61		4			1	538
Febr.	4	56	300	76	74	7	5			5	527
März	30	10	366	71	63	66	3	1		12	622
April	20		381	49	71	66		4		97	688
Mai	28		400	40	48	62		18		106	702
Juni	7		424	67	47	51		46	33	97	772
Juli	4		317	34	15	17		35	73	115	610
Aug.	21		26			31		91	3	62	234
Sept.	21							30		28	58
Okt.								46		28	74
Nov.								41		39	80
Dez.								10		1	11
Insgesamt	406	295	3243	501	500	300	12	322	109	591	**6279**

Die Rote Armee erhielt 976 M3 verschiedener Ausführungen. Obwohl die UdSSR zahlreiche Kritikpunkte hatte (u.a. die ungeschickte Formgebung, den begrenzten Schwenkbereich der 75-mm-BK sowie die mangelnden Geländeeigenschaften), wurden die Zuverlässigkeit sowie die Verarbeitung des Typs gelobt. Auf große Zustimmung stießen auch die seitlichen Türen, die ein rasches Ausbooten erleichterten. Zudem konnten problemlos bis zu zehn Infanteristen mit MPi-Bewaffnung einsteigen und mitfahren – zumindest nach Angaben der Sowjets. Wjasma (Oblast Smolensk), März 1943.

Medium Tank M4

Das hölzerne Mock-Up des Prototyps T6, aufgenommen im August 1941.

Der T6 am 16. September 1941 auf dem APG. Die MG-Kuppel ist mittlerweile entfernt worden. Da die Geschützwiege eigentlich für die längere 75-mm-BK M3 ausgelegt war, erhielt das kurze Rohr der M2 zur Ausbalancierung Gegengewichte nahe der Mündung.

Der T6 am 3. September 1941 auf dem APG. Man beachte die MG-Kuppel für den Kommandanten, die wenige Tage später entfernt wurde.

Der M4 war der wichtigste und vielseitigste Panzer der westlichen Alliierten im Zweiten Weltkrieg. Schon im August 1940 begannen die Entwurfsarbeiten an diesem Nachfolger des M3, dessen Entwurf eben erst genehmigt worden war. Grundforderung an das Fahrzeug war eine 75-mm-Kanone mit Kreiselstabilisierung in einem um 360° schwenkbaren Turm. Es wurden jedoch auch andere Optionen erwogen, so der Einbau einer 75-mm-BK mit einer koaxialen 37-mm-BK, die Ausrüstung mit 105-mm-Haubitze, die Verwendung einer 37-mm-Zwillings-BK oder die Bewaffnung mit der britische 6-Pfünder-Kanone (57 mm).

Um rasch zu einem Ergebnis zu gelangen, wählte die US Army am 18. April 1941 den simpelsten von fünf Vorschlägen des Rock Island Arsenal aus. Der Entwurf »T6« nutzte zahlreiche erprobte Komponenten von M2 und M3, etwa das VVSS-Laufwerk und die Ketten, die untere Wanne und zunächst auch den Antrieb. Neu waren hingegen das Wannenoberteil und der Drehturm, die beide gegossen waren. Die Panzerung der Wanne entsprach jener des Medium Tank M3: 50,8 mm an der Front und 38,1 mm an den Seiten. Der Turm war nun hingegen bis zu 76,2 mm stark gepanzert. Die Bewaffnung bestand aus der 75-mm-BK M2 L/28 und einem koaxialen 7,62-mm-MG im Drei-Mann-Turm. In der Kuppel des Kommandanten war, ähnlich wie beim M3, ein weiteres 7,62-mm-MG lafettiert. Hinzu kamen ein bewegliches und zwei starre 7,62-mm-MGs am Bug. Der MG-Schütze/Beifahrer musste noch ohne Luke im Wannendach auskommen, er sollte über eine der beiden seitlichen Luken ein- und aussteigen.

Der T6 wurde am 3. September 1941 auf dem Aberdeen Proving Ground vorgestellt und von Vertretern der Panzertruppe sowie des Ordnance Departments inspiziert. Diese befürwor-

Da die Oberwanne entfernt wurde, erhält man hier einen guten Blick in die Wanne des T6. Man beachte die Welle des Sternmotors, die nach vorn zum Getriebe läuft und den Kampfraum in zwei Teile teilt.

Blick von hinten auf den Fahrerplatz und den vorderen Teil der Wanne. Ganz links der Fahrersitz, davor die beiden Steuerhebel. Mittig das Gehäuse des Getriebes, darüber die beiden starren 7,62-mm-MGs, welche vom Fahrer ausgelöst wurden. Rechts das bewegliche MG des Beifahrers/MG-Schützen.

teten bereits am 5. September die Aufnahme der Serienfertigung, verlangten jedoch eine Reihe von Modifikationen. So sollten neben einigen Detailänderungen die MG-Kuppel des Kommandanten sowie die Seitentüren wegfallen, aber eine Kugelblende für das Bug-MG sowie ein 12,7-mm-Fla-MG hinzugefügt werden. Im November 1941 lief der Bau von Vorserienfahrzeugen an, und am 11. Dezember legte das Ordnance Committee fest, dass die Bezeichnung für Panzer mit einer geschweißten oberen Wanne »M4« und für solche mit einer gegossenen oberen Wanne »M4A1« lauten sollte. Wie bereits beim Medium Tank M3 gab es auch beim M4 schon vor Aufnahme der Serienproduktion umfangreiche Aufträge aus Großbritannien. Dort hieß der M4 »General Sherman I« und der M4A1 »Sherman II«.

Die MG-Kuppel sowie die Seitentüren entfielen also bei den ab Februar 1942 gefertigten Serienmodellen, stattdessen erhielt der MG-Schütze eine eigene Dachluke. Bereits kurz nach Beginn der Serienproduktion entfielen auch die starren Bug-MGs, während die kurze 75-mm-BK M2 L/28 durch die längere und leistungsfähigere M3 L/37 gleichen Kalibers ersetzt wurde. Insgesamt entstanden die sechs Grundvarianten M4 sowie M4A1, -A2, -A3, -A4 und -A6; unter der Bezeichnung »M4A5« listeten die US-Behörden die kanadische Ausführung (die bei den Kanadiern »Ram« hieß). Außerdem entstanden zahlreiche Mischformen.

Im Laufe der Serienfertigung ergab sich an allen Ausführungen eine verwirrende Vielzahl von Detailänderungen, die anhand der Bezeichnungen aber nicht nachzuvollziehen sind: Wie beiden vielen US-Modellen beruhten die unterschiedlichen Bezeichnungen nicht auf einer linearen Verbesserung des Grundtyps, sondern bezogen sich auf Differenzen in der Herstellung und Motorisierung, was auch an der Vielzahl der beteiligten Produktionsfirmen lag und deren technischen Möglichkeiten. Daher gibt es wesentliche Unterschiede, der größte

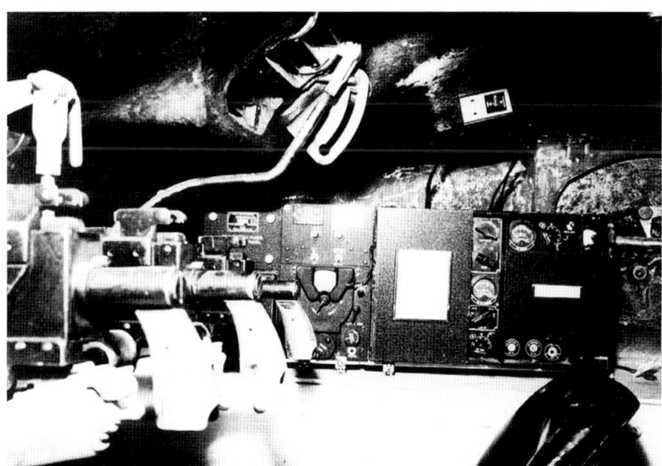

Blick auf die rechts Seite der vorderen Wanne. Links die drei Bug-MGs. In Kopfhöhe das Funkgerät SCR 508. Darunter zum Teil der Sitz des Beifahrers/MG-Schützen. Man beachte, dass die Funkanlage zum Teil die Seitentür blockiert.

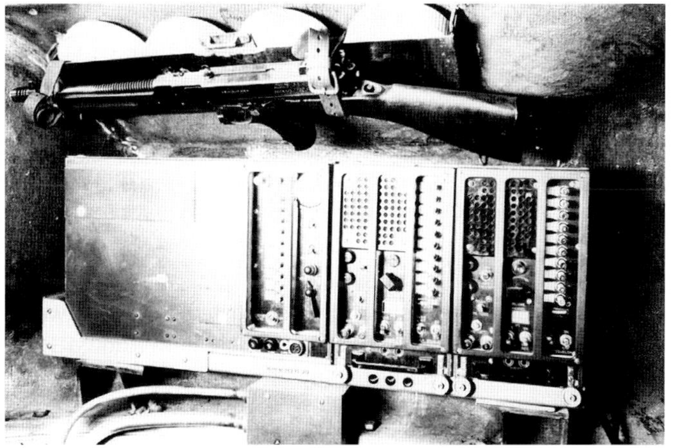

Im Turmheck war ein weiteres Funkgerät SCR 508 installiert. Darüber eine Thompson-MP M1928A1.

Blick von oben in den Motorraum eines britischen Sherman. Der R-975 Sternmotor ist gut zu erkennen. Im Bild ganz unten links und rechts sind die Einfüllstutzen der Kraftstofftanks zu sehen. M4 und M4A1 hatten wie der mittlere Panzer M3 den Wright-Sternmotor R-975. Dieses Aggregat war eigentlich für Flugzeuge entworfen worden, doch die USA hatten bis dahin keine entsprechenden Panzermotoren entwickelt. Obgleich nur eine Notlösung, meisterte das auch von Continental in Lizenz gefertigte Triebwerk auch diese Aufgabe.

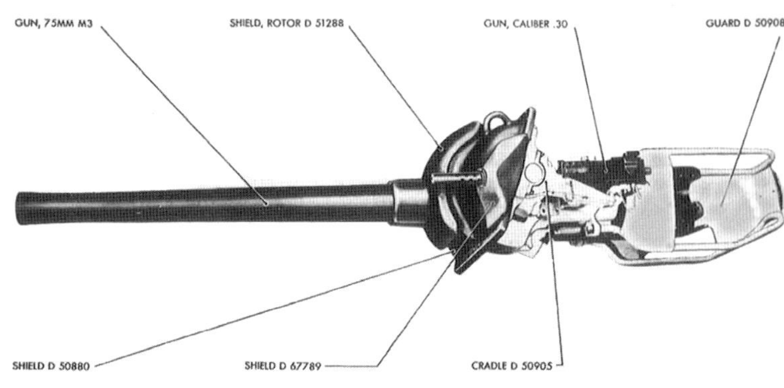

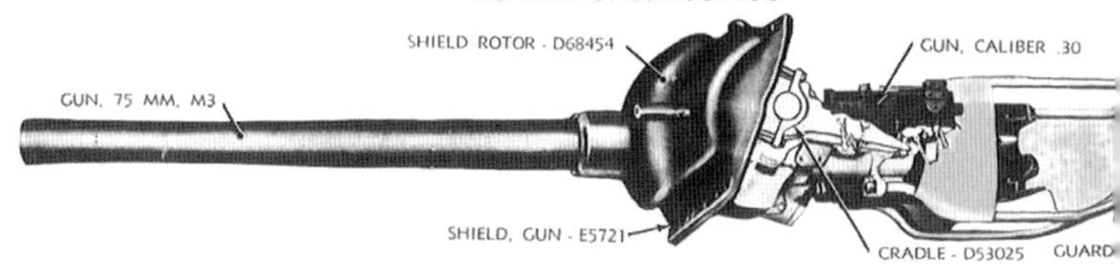

Die 75-mm-BK war bei ihrer Einführung 1942 absolut zeitgemäß. Mit der Panzergranate M61 lag die Mündungsgeschwindigkeit bei 618 m/s. Damit durchschlug sie bei einem Auftreffwinkel von 30° auf eine Entfernung von 450 m 69 mm dicken Panzerstahl, auf eine Distanz von 900 m waren dies immer noch 60 mm. Die obere Kanone in der Grafik (Mount M34) verfügt über die schmale Blende früher M4, die untere (Mount M34A1) besitzt die spätere breitere Blende.

betrifft die Wannen. Entweder war diese gegossen und rundlich, oder aber geschweißt und eckig. Das zweite wichtige Unterscheidungskriterium betrifft die Motorausstattung: Weil der ursprünglich geplante Sternmotor nicht in ausreichender Zahl zur Verfügung stand, wurden vier weitere Motoren zum Einbau freigegeben.

Dazu gab es neben einer verwirrenden Vielfalt von Test- und Experimentalfahrzeugen auch eine große Anzahl an Spezialversionen wie Flamm-, Berge- und Brückenlegepanzer, Minensuchfahrzeuge, Raketenwerfer und Artilleriezugmaschinen sowie Panzer mit Planierschild und sogar Schwimmversionen (DD-Sherman), die während der Invasion der Normandie zum Einsatz kamen. Das Fahrgestell des M4 diente als Basis zahlreicher Selbstfahrlafetten, wie zum Beispiel M7B1, M10, M36 und M40. Die Darstellung aller dieser Varianten würde ein eigenes Buch füllen, sie an dieser Stelle darzustellen ist leider nicht möglich.

War die Bewaffnung des M4 mit der 75-mm-Kanone M3 L/37 zur Zeit seiner Einführung 1942 noch mehr als angemessen, ließ die rasante Entwicklung im Panzerbau diese ab 1943 immer mehr veralten. Obwohl laut US-Doktrin der Kampf gegen gegnerische Tanks nicht die primäre Aufgabe des M4 sein sollte (dazu waren spezielle Jagdpanzer wie etwa der M10 vorgesehen), musste in der Realität der M4 öfter als gedacht dazu in der Lage sein. Ab Januar 1944 kam daher zum Teil die 76-mm-Kanone M1 L/52,8 (tatsächliches Kaliber 76,2 mm) in einem neuem Turm zum Einbau, der ursprünglich für den T23 entwickelt worden war. Obgleich damit die Feuerkraft des M4 stieg, erreichte diese Waffe bei Weitem nicht die Wirkung der deutschen 75-mm-Kwk 42 L/70 oder der britischen 17-Pfund-Kanone (Kaliber 76,2 mm). Zudem war die US-Panzertruppe nicht bereit, vollständig auf die 75-mm-Kanone zu verzichten, da diese über ein Sprenggeschoss verfügte, das im Kampf gegen Infanterie und Befestigungen der 76-mm-Munition überlegen war.

Auch die später oft kritisierte Panzerung des M4 war zur Zeit seiner Einführung erstklassig. Dass dies bereits wenige Monate später nicht mehr galt, lag an den vermehrt auftretenden deutschen Panzern wie Panther und Tiger oder Panzerabwehrgeschützen wie der 75-mm-PaK 40. Als Gegenmaßnahme wurde die Panzerung des M4 im Laufe der Produktion immer weiter verbessert und verstärkt, teils wurden auch Zusatzpanzerungen aufgeschweißt, etwa über den Munitionsbunkern oder vor den Erkern von Fahrer und Beifahrer. Im Einsatz bemühten sich die Besatzungen um weiteren Schutz, versahen den Aufbau mit Kettengliedern, Sandsäcken, Betonplatten oder Holzstämmen. Teilweise wurden sogar Panzerplatten von ausgefallenen oder abgeschossenen Fahrzeugen als Zusatzpanzerung aufgeschweißt. Da der M4 zudem dafür berüchtigt war, bei einem Treffer rasch in Flammen aufzugehen, wurde bei spä-

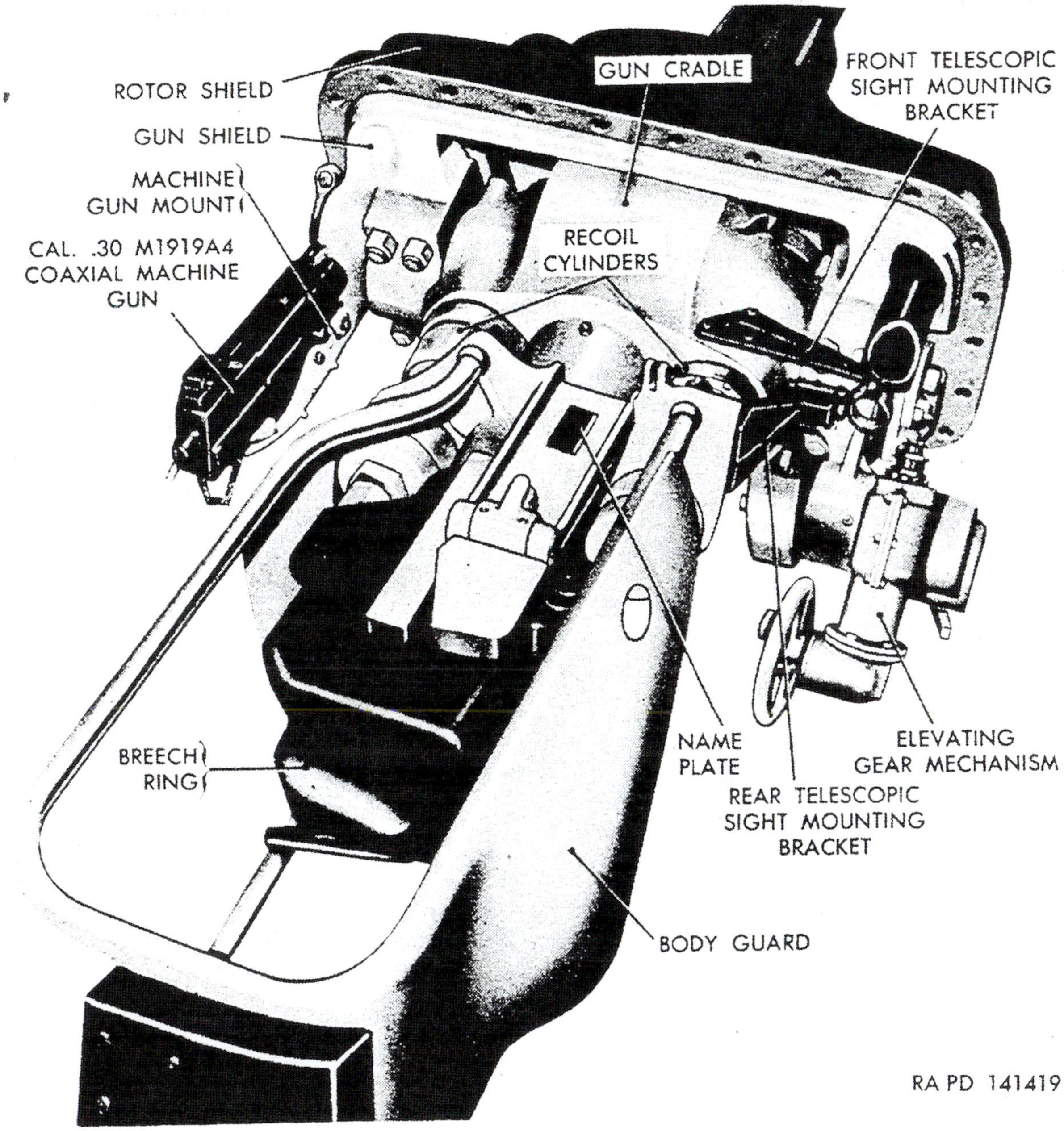
ROTOR SHIELD
GUN SHIELD
MACHINE GUN MOUNT
CAL. .30 M1919A4 COAXIAL MACHINE GUN
GUN CRADLE
FRONT TELESCOPIC SIGHT MOUNTING BRACKET
RECOIL CYLINDERS
BREECH RING
NAME PLATE
ELEVATING GEAR MECHANISM
REAR TELESCOPIC SIGHT MOUNTING BRACKET
BODY GUARD
RA PD 141419

Blick von oben hinten auf die 75-mm-BK M3 mit der Lafette/Blende M34A1.

AMM LOT
PROJ.A.P.C.M61A1

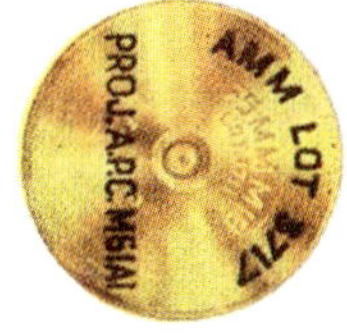

DATA

Weight of complete round .... 19.92 lb
Length of complete round.... 26.29 in.
Length of projectile .... 13.22 in.
Length of cartridge case........ 13.82 in.
Width of rotating band .... 0.49 in.
Type of base .... Square
Radius of ogive (false ogive) .... 7.17 cal.
Muzzle velocity .... 2,030 ft per sec*
Maximum range .... 13,870 yd*
Penetration (in. at 0-deg obliquity of face-hardened plate at 1,000 yd) .... 3.4†
Penetration (in. at 0-deg obliquity of homogeneous plate at 1,000 yd)....2.8‡

*—In M3 Guns; muzzle velocity in M1916, M1917 and M2 Guns, 1,930 feet per second, in M1897A4 Guns, 2,000 feet per second.
†—In M3 Guns; in M2, M1916, and M1917 Guns, 3.1 inches; in M1897A4 Guns, 3.3 inches.
‡—In M3 Guns; in M2, M1916, and M1917 Guns, 2.6 inches; in M1897A4 Guns, 2.7 inches.

75G
PROJ.A.P.C.M61A1
WITH
TRACER

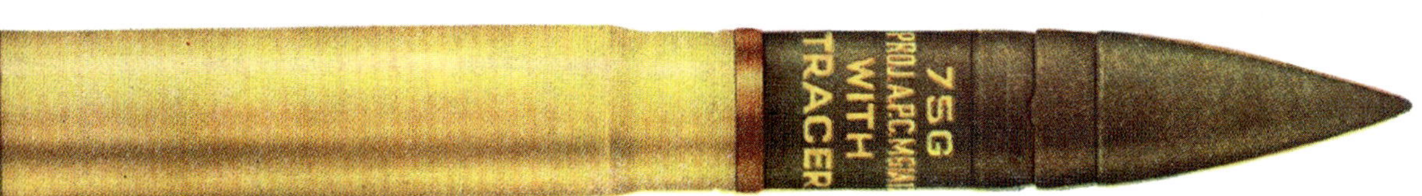

Die 75-mm-Panzergranate M61A1 mit Leuchtspur.

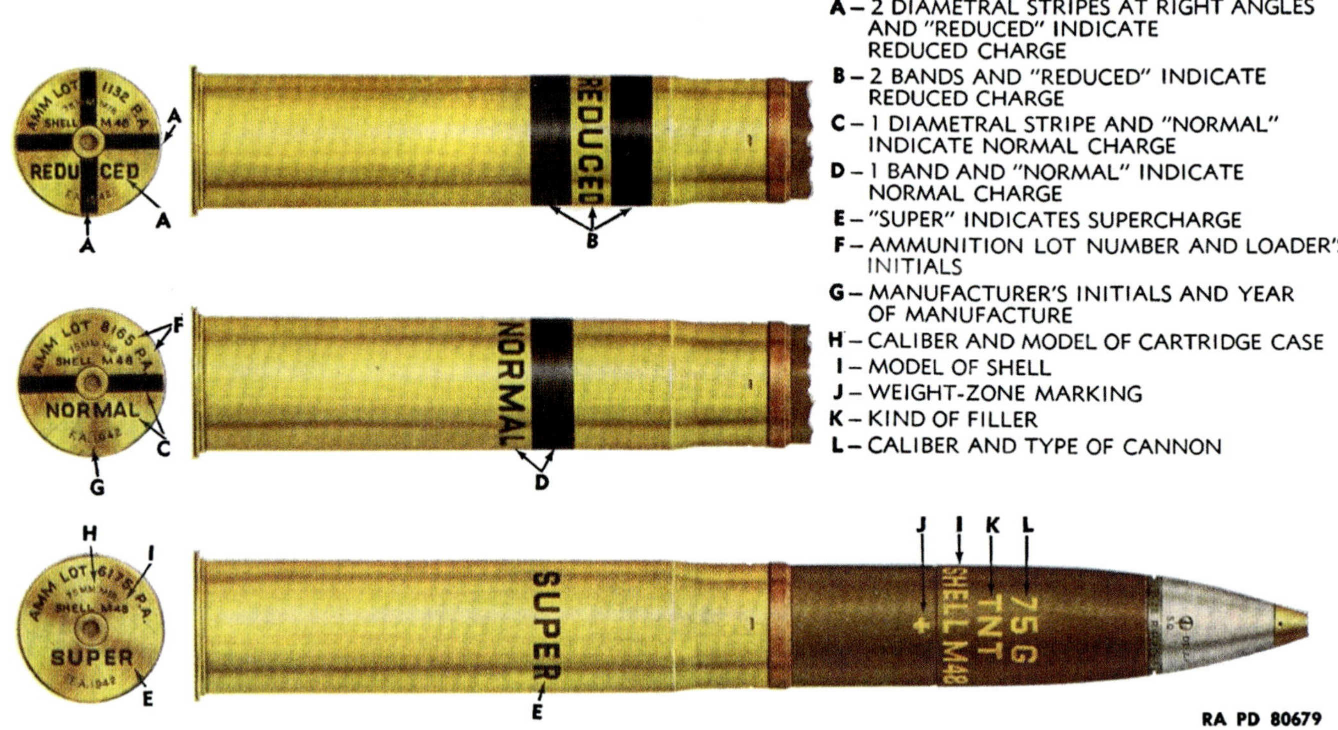

Die 75-mm-Sprenggranate M48.

teren Exemplaren die Munition in speziellen Wasserbehältern gelagert. So ausgerüstete Panzer erhielten den Zusatz »W« für »wet stowage«.

Die Hauptversion der US-Armee gegen Ende des Krieges war der »M4A3 (76) W HVSS«; weil der Prototyp ursprünglich die Bezeichnung »M4A3E8« trug, hieß diese Variante mitunter auch »Easy Eight«. Diese Ausführung verfügte über die 76-mm-Kanone M1 und das neue Laufwerk mit horizontalen Kegelfedern (HVSS) anstatt des vorher verwendeten Laufwerks mit vertikalen Kegelfedern (VVSS). Zur Feuerunterstützung wurden 3380 M4 mit einer 105-mm-Haubitze im Drehturm ausgerüstet und 254 M4 mit einer bis auf 177,8 mm verstärkten Panzerung unter der Bezeichnung »M4A3E2« (inoffizieller Name »Jumbo«) als Sturmpanzer eingesetzt. Bei den US-Streitkräften blieb der M4 bis weit in die 1950er Jahre in Verwendung und nahm auch noch am Koreakrieg teil. Zahlreiche M4 wurden zudem während und nach dem Zweiten Weltkrieg an Verbündete abgegeben.

M4A1 (75)

Obgleich die Bezeichnung etwas anderes suggeriert, war der M4A1 die erste M4-Ausführung, die in Serie ging. Die Produktion lief im Februar 1942 bei den Lima Locomotive Works an, wobei dort zunächst Panzer für einen britischen Auftrag gebaut wurden. Einen Monat später liefen diese Panzer auch bei der Pressed Steel Car Company (PSC) vom Band, im Mai folgte die Pacific Car and Foundry Company.

Im Gegensatz zum M4 besaß der M4A1 eine gegossene Oberwanne, die untere Wanne war (anders als beim Prototypen T6) bei beiden Modellen geschweißt. Kampfraum und Technik waren bei M4 und M4A1 jedoch praktisch identisch. Der Fahrer saß vorn links, neben ihm fand der Beifahrer/MG-Schütze seinen Platz. Beide verfügten über eine eigene Luke mit drehbarem Winkelspiegel sowie Sehklappen zur direkten Sicht nach außen. Der mittig aufgesetzte Turm mit Turmkorb bot Platz für drei Mann. Je nach Verfügbarkeit der Komponenten wurde der Turm hydraulisch oder elektrisch angetrieben. Der Kommandant saß rechts hinten, davor befand sich der Richtschütze. Der Ladeschütze fand seinen Platz links im Turm. Jeder Mann im Turm verfügte über einen eigenen Winkelspiegel; lediglich der des Richtschützen war nicht um 360° drehbar.

Eine Kommandantenkuppel gab es nicht. Die zweiteilige Kommandantenluke umschloss ein Drehkranz für ein 12,7-mm-MG Browning M2HB; die zwischen September 1942 und April 1943 gebauten Panzer erhielten jedoch eine Lafette für ein Fla-MG des Kalibers 7,62 mm. Frontberichte führten danach wieder zur Verwendung des 12,7-mm-MG. Den Antrieb übernahm ein im Heck installierter Wright-Sternmotor, der über eine durch den Kampfraum laufende Welle auf das vorn liegende Getriebe wirkte.

Man beachte bei diesem frühen M4A1 die zugeschweißten Öffnungen der starren Bug-MGs sowie die schmale Kanonenblende des Typs M34. Aberdeen Proving Ground, 9. Juni 1942.

Die ersten M4A1 waren noch wie der T6 mit zwei starren 7,62-mm-MGs im Bug ausgestattet. Man beachte auch die für frühe M4 typischen Fahrer- und Beifahrersehklappen. Diese wurden später durch Winkelspiegel ersetzt.

Dieser M4A1 war der erste bei Pacific Car and Foundry hergestellte Panzer dieses Typs. Frühe M4A1 wiesen noch die VVSS-Aufhängung und die Rollenwagen des Medium Tank M3 auf.

Ein M4A1 der britischen Armee, dort Sherman II genannt, 1942 in Nordafrika. Man beachte die von den Briten nachgerüsteten Kettenblenden und den Staukasten am Turmheck. (© TM)

Dieser M4A1 der US-Armee wurde 1943 in Nordafrika aufgenommen. Man beachte die veränderte Position der Stützrollen.

Dieser M4A1 wurde 1943 in Tunesien von der I./Pz.Rgt. 5 erbeutet und für die Verschiffung zur Erprobungsstelle Kummersdorf vorgesehen. (© Oliver Missing)

Dieser M4A1 und die im Hintergrund zu sehenden Panzer gehörten zum 760th Tank Battalion und rückten am 12. Mai 1944 von Tufo (Kampanien, Süditalien) aus im Rahmen der alliierten Frühjahrsoffensive vor. Der Panzer weist zwar noch die alte schmale Kanonenblende M34 auf, besitzt jedoch bereits die aufgeschweißte Zusatzpanzerung vorn rechts am Turm. Diese war notwendig, da die Innenseite des gegossen Turms an dieser Stelle dünner war, um genügend Raum für den Richtmechanismus zu lassen. Zudem besitzt das Fahrzeug (im Gegensatz zum M4 dahinter) die einteilige gegossene Getriebeabdeckung.

Dieser M4A1 ist mit zahlreichen Elementen eines späten Fahrzeugs dieser Ausführung ausgestattet. Dazu gehören die einteilige Getriebeabdeckung, die aufgeschweißte 25,4-mm-Zusatzpanzerung an der linken Wannenseite über dem dort befindlichen Munitionsbunker sowie die breitere Kanonenblende M34A1. Die improvisierte Zusatzpanzerung vor der Wannenfront wurde in Feldwerkstätten angebracht und nutzte Panzerplatten von ausgefallenen eigenen oder gegnerischen Fahrzeugen.

Ein früher M4 aus der Fertigung der Pullman-Standard Car Company in Hammond, Indiana. (© Calumet Regional Archives, Indiana)

»Hurricane«, ein M4 des 66th Armored Regiment, 2nd Armored Division, geht zwischen dem 7. und 9. Juni 1944 am Omaha Beach in der Normandie an Land. Die Schächte am Heck des Panzers sind Teil einer Tiefwatvorrichtung.

Motorwechsel bei »Hurricane«, dem bereits gezeigten M4. »Hurricane« besitzt die seitlich über den Munitionsbunkern angebrachte Zusatzpanzerung sowie die zusätzlichen Panzerplatten vor den Erkern von Fahrer und Beifahrer. Frankreich, Le Teilleul, Normandie, 16. August 1944.

US-Soldaten des 60th Regiment, 9th Infantry Division gehen mit einem M4 des 746th Tank Battalion vor, Belgien, 9. September 1944. Man beachte die Zusatzpanzerung am Turm, der Wannenseite sowie vor den Fahrer- und Beifahrererkern. Am Bug des M4 ist ein sogenannter »hedgerow cutter«. Diese diente zur Beseitigung der zahlreichen Hecken in der Normandie und wurde ab Juli 1944 in Feldwerkstätten angebracht.

Die letzten M4A1 mit 75-mm-Bewaffnung wurden im Dezember 1943 bei der Pressed Steel Car Company fertiggestellt. Insgesamt wurden 6281 Panzer dieser Ausführung gebaut. Hinzu kamen 188 zwischen August und Dezember 1943 in Kanada bei den Montreal Locomotive Works gebaute M4A1 mit britischen Funkanlagen, Ketten und Staukisten. Diese Panzer erhielten die Bezeichnung »Grizzly I« und wurden zumeist in Kanada zur Ausbildung verwendet, nur wenige gingen nach Großbritannien.

M4 (75)

Der M4 besaß eine vollständig geschweißte Wanne, die gegenüber dem gegossenen Modell etwas mehr Platz im Kampfraum bot, sodass anstelle von 90 Schuss 75-mm-Munition 97 Schuss untergebracht werden konnten. Das war aber auch der einzige Unterschied zum M4A1.

Die Fertigung lief im Juli 1942 bei der Pressed Steel Car Company an, im Januar 1943 kam Baldwin hinzu und im Februar die American Locomotive Company. Die Pullman Standard Car Company folgte im Mai 1943 und im August schließlich das von Chrysler betriebene Detroit Tank Arsenal. Die letzten von insgesamt 6748 M4 mit 75-mm-Bewaffnung verließen im Januar 1944 die Werkshallen in Detroit.

Sehr späte im Detroit Tank Arsenal gefertigte M4 besaßen eine sogenannte »composite hull«, d.h eine Oberwanne, deren vorderer Teil gegossen, der hintere Teil jedoch geschweißt war.

M4A2 (75)

Ende 1941 begannen die Arbeiten an einer Version des M4 mit dem aus dem Medium M3 bekannten GM-6046-Zwillingsdiesel. Ein erster Prototyp wurde im Anfang April 1942 vorgestellt und auf dem APG erprobt. Bereits zum Monatsende lief die Serienfertigung des als »M4A2« bezeichneten Diesel-Modells bei Pullman-Standard und dem Fisher Tank Arsenal an. Der M4A2 war damit noch vor dem M4 in der Serienproduktion und damit der erste M4 mit geschweißter Oberwanne. In Leistung, Drehmoment und Kraftstoffverbrauch war der GM 6046 dem Wright R975 über-, in Sachen Zuverlässigkeit dagegen unterlegen: Der GM 6046 reagierte sehr empfindlich auf verstopfte Luftfilter, was immer wieder zu Motorschäden führte.

Im Laufe der Produktion des M4A2 wurden zahlreiche Detailänderungen durchgeführt, die auch bei den anderen M4-Versionen zum Tragen kam. Zu den wichtigsten zählte sicher die Einführung einer neuen Wannenfront mit 89 mm Stärke, die nicht mehr 34°, sondern nur noch 43° geneigt war. Im Zuge dieser Umkonstruktion entfielen die Erker für Fahrer und Beifahrer, die sich aber über größere Luken freuen konnten. Der ursprüngliche M4-Turm besaß nur eine einzige Luke. Ab Dezember 1943 hatte dann auch der Ladeschütze eine eigene Luke, damit dieser bei Gefahr schneller den Panzer verlassen konnte. Diese sinnvolle Änderung wurde später auch bei anderen M4-Varian-

Zahlreiche M4A2 mit Dieselantrieb gingen in die UdSSR. So auch dieses Fahrzeug, das während seiner Erprobung auf dem Versuchsgelände von Kubinka aufgenommen wurde.

In dieser Schnittzeichnung eines M2A4 ist gut zu erkennen, dass die Antriebswelle des GM-Zwillingsdieselmotors wesentlich tiefer in der Wanne lag als jene des Wright-Sternmotors.

Einer jener M4A2, welche die 1st Armored Division Anfang 1943 in Nordafrika von den Briten übernahm und später – hier im Herbst 1943 – noch in Italien einsetzte. (© Jean Michel Girad / Shutterstock)

Erprobung des ersten bei American Locomotive gebauten M4A2. Aberdeen Proving Ground, 16. Januar 1943.

ten eingeführt. Insgesamt entstanden bis Mai 1944 im Fisher Tank Arsenal (GM), der Pullman-Standard Car Company, American Locomotive Company, Baldwin Locomotive Works sowie Federal Machine and Welder Company 8053 M4A2.

Da das Pentagon aus logistischen Gründen keine Diesel-Fahrzeuge bei den Fronttruppen der Army wollte, ging die große Mehrzahl der M4A2 an Verbündete wie die UdSSR, die Freien Französischen Streitkräfte sowie Großbritannien und die Commonwealth Staaten. Auch das USMC erhielt 493 Stück, da dort Selbstzünder (Schiffsdiesel) gängiger waren und die Kraftstoffversorgung gesichert. Einige wenige für die Briten vorgesehene M4A2 wurden in Tunesien von der 1. US-Panzerdivision (1st Armored Division) übernommen und zum Teil noch in Italien verwendet.

M4A3 (75)

Die Suche nach Alternativen zum Wright-R975-Sternmotor führte dazu, dass ab Ende 1941 auch ein von Ford entworfener Motor in Betracht gezogen wurde. Dieser Ford-V8-Motor war aus einem experimentellen V12-Flugzeugmotor entstanden und ab Februar 1942 zunächst in einem M3 (M3E1) erprobt worden. Der Ford GAA war der bis dahin beste Panzermotor, der auf dem APG untersucht worden war. Die für seine Leistung (500 PS) kompakte Bauweise sowie das geringe Gewicht ließen ihn als ideales Triebwerk für den M4 erscheinen. Mit dem GAA-Motor ausgerüstete M4 erhielten die Bezeichnung »M4A3«. Ab Ende Mai 1942 wurden drei Versuchsfahrzeuge auf dem General Motors Proving Ground erprobt, sie enttäuschten nicht und gingen rasch in Serie. Der M4A3 ent-

Der Prototyp des späteren M4A3 (basierend auf einem frühen M4A2), aufgenommen am 13. Mai 1942 im Ford-Werk.

Der 500 PS starke Ford GAA erwies sich als bester aller Antriebe der M4-Reihe während des Zweiten Weltkriegs und führte dazu, dass die U.S. Army den M4A3 allen anderen M4-Ausführungen vorzog.

wickelte sich zur bevorzugten M4-Ausführung der US-Armee, der Ford GAA war in der Tat allen anderen M4-Motoren weit überlegen. Ford baute von Juni 1942 bis September 1943 übrigens 1690 M4A3; das Fisher Tank Arsenal lieferte von Februar bis Dezember 1944 weitere 2420 M4A3(75) W, also M4 mit 75-mm-BK M3, aber verbesserten Munitionsbehältern. Von

Späte M4A3 wie dieses Exemplar besaßen eine weniger stark geneigte Frontplatte (nur noch 43° anstelle von zuvor 34°), die jedoch 89 mm stark war (zuvor 76,2 mm). Dadurch konnten die Erker für Fahrer und Beifahrer wegfallen und beide Besatzungsmitglieder größere Luken erhalten. Im Englischen werden M4A3 mit diesen größeren Luken und steilerer Wannenfront auch »large hatch«, die ältere Version als »small hatch« bezeichnet. (© Jean Michel Girad / Shutterstock)

Januar bis März 1945 folgten 651 M4A3(75) W HVSS mit modifiziertem Laufwerk.

M4A4 (75)

Um die vorgesehen Produktionszahlen zur erreichen, genehmigte das Ordnance Committee im Februar 1942 den Einbau des bereits aus dem M3A4 bekannten Chrysler A57 Multibank mit 425 PS. Ein Prototyp des M4A4 wurde ab Mai 1942 auf dem APG erprobt und bereits im Juni lief die Fertigung im Detroit Tank Arsenal an. Der Bau von M3A4 wurde dort daher im August 1942 eingestellt, es wurden nur noch M4A4 produziert. Bis September 1943 verließen 7499 M4A4 die Werkshallen in Detroit.

Um den A57 unterbringen zu können, hatte die Wanne des M4 wie bereits beim M3 um gut 28 cm verlängert werden müssen. Das erforderte auch weitere Abstände zwischen den Rollenwagen. Zur Unterbringung des Kühlers und des Kühlergebläses erhielt der M4A4 Ausbuchtungen am Wannenboden sowie auf der Motorabdeckung.

Der A57 Multibank war zunächst nicht problemlos und bereitete der Truppe einiges Kopfzerbrechen. Das aus fünf gekoppelten Sechszylinder-Automotoren bestehende Aggregat war kompliziert und nahm im Motorraum des M4A4 so viel Platz ein, dass viele Komponenten nicht zugänglich waren, ohne das gesamte Triebwerk auszubauen. Nach ersten Tests erklärte die Panzertruppe diese Ausführung sogar für ungeeignet für den Einsatz und empfahl, den M4A4 sowie den A57 aus der Produktion zu nehmen, sobald eine ausreichende Zahl ande-

Der M4A4 war vor allem für Verbündete vorgesehen, weshalb auch die Sowjetunion eine Anzahl erhielt. Dieser frühe M4A4 (schmale Kanonenblende M34, dreiteilige verschraubte Getriebeabdeckung, Sehklappen für Fahrer und Beifahrer) wurde während seiner Erprobung auf dem Testgelände von Kubinka nahe Moskau aufgenommen.

Einbau eines Chrysler A57 Multibank in einen M4A4. Dieses komplexe und große Triebwerk litt unter zahlreichen Kinderkrankheiten.

rer Motoren zur Verfügung stünde. Die Army setzte M4A4 daher nur in den USA zur Ausbildung ein. Die große Mehrheit der Panzer ging im Zuge des Leih-und-Pacht-Gesetzes als »Sherman V« an Großbritannien.

Im Laufe der Produktion und des Einsatzes wurden jedoch viele Probleme des A57 gelöst. Besaßen zum Beispiel die ersten Motoren noch fünf mittels Riemen angetriebene Wasserpumpen, kam später nur noch eine einzelne Wasserpumpe zum Einbau, welche das gesamte Triebwerk versorgte. Verbesserte Qualitätsstandards in der Fertigung sowie eine bessere Schulung der Mechaniker der Truppe und exakte Wartungsvorschriften machten den A57 in britischen Diensten dann trotz seiner Komplexität doch noch zu einem erfolgreichen Triebwerk.

M4A6

Ein weiteres Triebwerk, das im M4 zum Einsatz kam, stammte aus dem Hause Caterpillar. Der Caterpillar D200A basierte auf dem Wright G200 und war ein luftgekühlter Diesel-Sternmotor, der eigentlich für Flugzeuge entworfen worden war. Er leistete 450 PS und war von Caterpillar für den Einsatz in Panzern modifiziert und auf den Betrieb mit unterschiedlichen Kraftstoffen ausgelegt worden. Dieser Vielstoffmotor wies ähnliche Dimensionen auf wie der A57 Multibank, Caterpillar erhielt 20 M4A4-Wannen für den versuchsweisen Einbau. Das erste dieser als »M4E1« bezeichneten Versuchsfahrzeuge wurde im Dezember 1942 fertiggestellt. Trotz einiger Schwierigkeiten war die Erprobung auf dem APG und in Fort Knox so überzeugend, dass am 28. Januar 1943 die Beschaffung von 1000 Motoren des Typs D200A genehmigt wurde. Auch wenn diese

M4A4 der 1st Provisional Tank Group, Burma, 1945. Diese Einheit bestand zum großen Teil aus nationalchinesischen Truppen, die von US-Spezialisten und Offizieren unterstützt wurden. (© Oleg Halin)

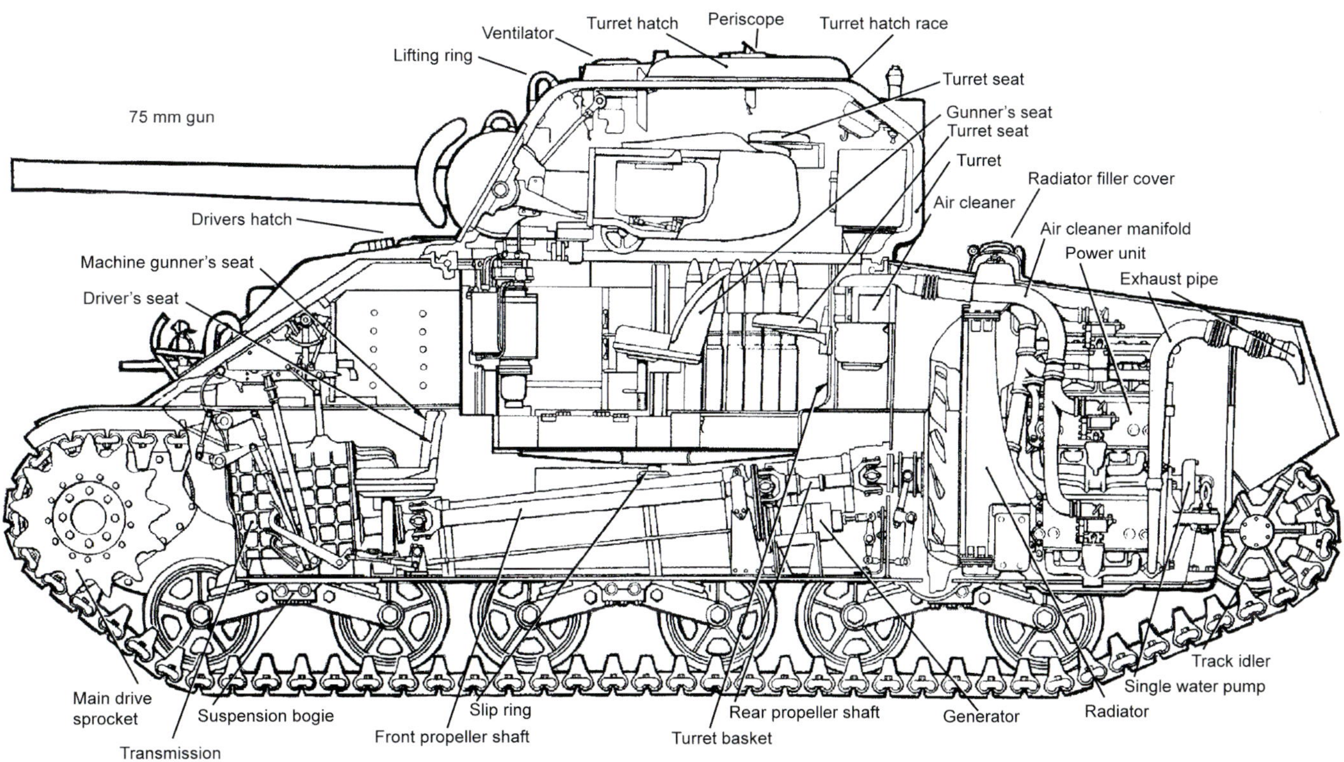

Schnittzeichnung eines M4A4. Die typischen »Ausbuchtungen« auf der Motorraumabdeckung sowie dem Wannenboden unter dem Motorraum waren notwendig, um den großen A57 unterbringen zu können.

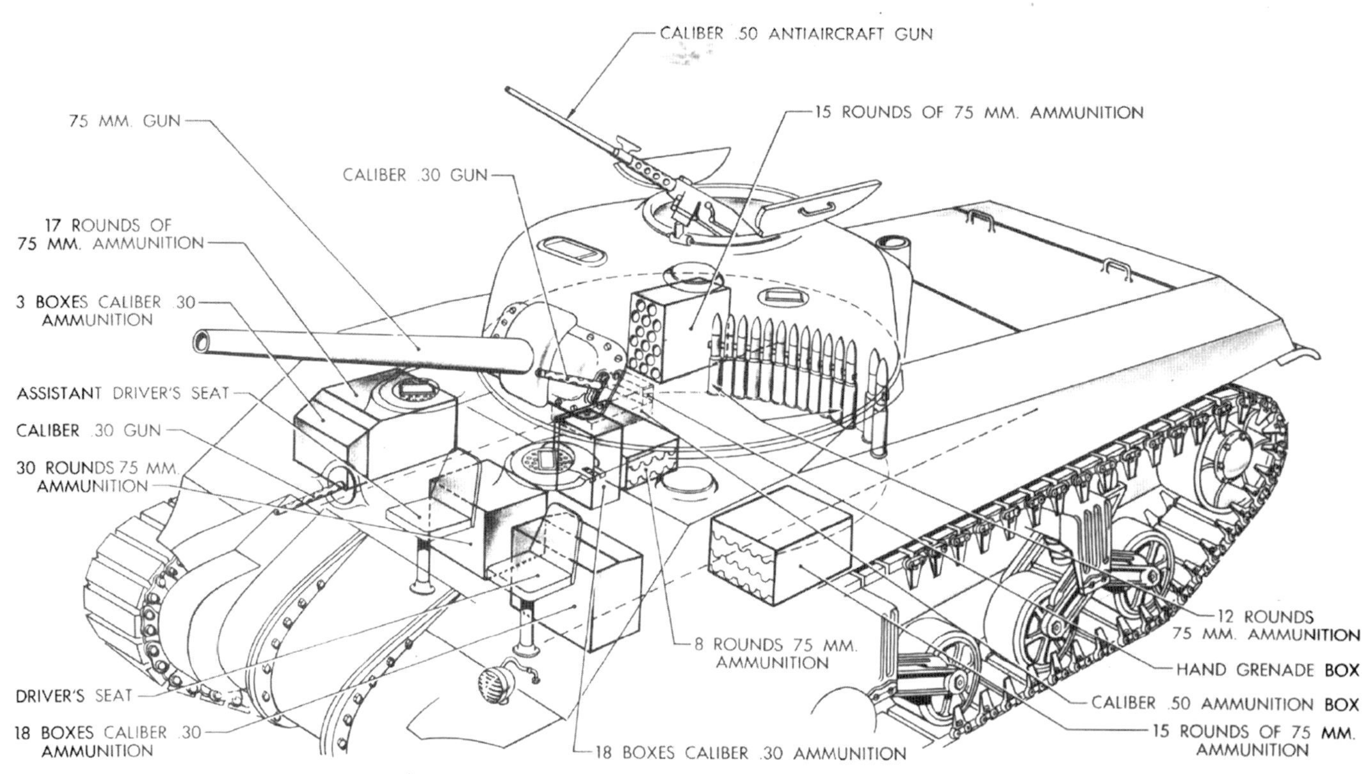

Übersicht über die Unterbringung der 7,62-mm- (Caliber .30), 12,7-mm- (Caliber .50) und 75-mm-Munition in einem frühen M4A4.

Die 75 M4A6 der Serienfertigung erhielten »composite hulls« mit gegossenem Vorder- und geschweißtem Hinterteil.

dann kurz darauf als »RD1820« bezeichnet wurden, änderte sich an der Fahrzeug-Bezeichnung nichts: Diese M4-Ausführung erhielt den Namen »M4A6«. Deren Produktion lief im Dezember 1943 im Detroit Tank Arsenal an, endete jedoch bereits im Februar 1944 nach nur 75 Exemplaren: Die Army hatte entschieden, sich auf den M4A3 mit dem Ford-Motor zu konzentrieren.
Die Serienpanzer unterschieden sich äußerlich erheblich von den Versuchsfahrzeugen, da sie sogenannte »composite hulls« nutzten, die hinten aus späten M4A4-Wannen und vorn aus gegossenen Teilen des M4A1 bestanden. Zehn M4A6 gingen zur Erprobung nach Fort Knox und konnten dort vor allem aufgrund ihres niedrigen Treibstoffverbrauchs und des dadurch höheren Fahrbereichs sowie der Durchzugsstärke ihres Motors überzeugen. Die übrigen M4A6 kamen bei der Ausbildung in den USA zum Einsatz.

M4A1 (76)

Mitte 1943 war klar, dass der M4 in vielen Bereichen nicht mehr zeitgemäß war. Bereits einige Monate zuvor aber hatte die Panzertruppe sich auf den M4 als Standardpanzer festgelegt, und für die Entwicklung eines neuen mittleren Panzers glaubte man keine Zeit zu haben. Daher musste der M4 ständigen Kampfwertsteigerungen unterzogen werden. Zu diesen Modifikationen gehörten die Ausrüstung mit 76-mm-Kanonen

oder 105-mm-Haubitzen, besser geschützte, weil wasserführende Munitionsbehälter sowie größere Luken. Die neuen Luken für Fahrer und Beifahrer erforderten wiederum eine neue, etwas flachere Wannenfront. Der Kommandant erhielt zudem eine neue Kuppel mit Winkelspiegeln.
Die ersten 100 M4A1 (76) W mit 76-mm-BK M1A1 ohne Mündungsbremse verließen im Januar 1944 die Werkshallen der Pressed Steel Car Company, dem einzigen Produktionsstandort dieser Variante. Spätere Versionen trugen Kanonen der Modelle M1A1 C oder M1A2, die für eine Mündungsbremse ausgelegt waren. Ab Januar 1945 gebaute M4A1 (76) erhielten das neue Fahrwerk mit HVSS-Federung; bis Kriegsende entstanden bei Pressed Steel 2171 M4A1 (76) W und 1255 M4A1 (76) W HVSS.

»Gila Monster« war ein M4A1 (76) W. Man beachte den neuen T23-Turm mit Luken für Ladeschütze und Kommandant.

Der erste mit dem T23-Turm und einer 76,2-mm-BK ausgerüstete M4A1. Die 76,2-mm-Kanonen M1A1, M1A1C und M1A2 waren ballistisch identisch und verschossen eine 7 kg schwere Panzergranate. Diese erreichte eine Mündungsgeschwindigkeit von 792 m/s und durchschlug auf 1000 m Entfernung bei einem Auftreffwinkel von 90° eine 109 mm starke Panzerung. Detroit, Michigan, 1. Mai 1944.

Sehr späte M4A1 (76) W waren mit dem verbesserten HVSS-Laufwerk ausgestattet. Von Januar bis Juni 1945 baute die Pressed Steel Car Company noch 1255 Panzer dieser Ausführung. (© Oliver Missing)

Dieser M4 mit 105-mm-Haubitze wurde am 11. August 1944 fotografiert und nutzte die Wanne eines M4 der zweiten Generation mit steilerer Wannenfront und größeren Luken (»large hatch«).

M4 (105)

Das erste Exemplare des mit einer 105-mm-Haubitze zur Nahunterstützung ausgerüsteten M4 entstand im Februar 1944 im Detroit Tank Arsenal. Bis März 1945 folgten 1640 weitere Panzer dieser Ausführung, die letzten 841 davon mit dem HVSS-Laufwerk. Die 105-mm-Version besaß keine Wasserbehälter für die Munition. Allerdings waren die Munitionsbunker gepanzert.

Die 105-mm-Haubitze M4 basierte auf dem Standardartilleriegeschütz der U.S. Army, der 105-mm-Haubitze M2A1, war jedoch erheblich modifiziert worden, um in den Turm des M4 zu passen. Die Haubitze verschoss eine 14,97 kg schwere Sprenggranate des Typs M1 bis zu einer Entfernung von 11.160 m. Für den Einsatz gegen Panzer stand ein 13,2 kg schweres Hohlladungsgeschoss (HEAT) zur Verfügung, welches mit einer Mündungsgeschwindigkeit von 381 m/s unabhängig von der Entfernung 102 mm starke Panzerplatten durchschlug.

M4A2 (76) W

Ab Mai 1944 stellte das Fisher Tank Arsenal die Produktion auf das neue Modell M4A2 (76) W um. Bis Kriegsende wurden bei Fisher 2894 Panzer dieses Typs gebaut, weitere 21 entstanden bei Pressed Steel, was die Gesamtzahl aller gebauten M4A2 (76) W auf insgesamt 2915 Stück erhöhte. Wie bei den anderen M4-Versionen auch erhielten die späten Exemplare ein HVSS-Laufwerk. Der M4A2 (76) W wurde vor allem für Verbündete gebaut, zwei Drittel aller Panzer gingen an die UdSSR.

M4 (105) des 750th Tank Battalion in Manhay, Belgien, Dezember 1944.

Ein im Fisher Tank Arsenal gebauter M4A2 (76) W. Man beachte die Rohrstütze. General Motors Proving Ground, 26. Oktober 1944.

M4A2 (76) W des 64. Garde-Panzerregiments der Roten Armee. Die Aufschrift an der Wannenseite lautet übersetzt »Vorwärts zum Sieg«. Grabow (Landkreis Ludwigslust-Parchim), 3. Mai 1945.

M4A3 (75) W, M4A3 (76) W und M4A3 (105)

Der M4A3 war die bevorzugte Ausführung des M4 für die US-Streitkräfte und wurde daher mit allen drei Bewaffnungsoptionen gebaut. Die 75-mm-Version besaß den alten gegossenen Turm der ersten M4-Generation, wies aber eine neue ovale Luke für den Ladeschützen auf. Frühe Fahrzeuge erhielten noch die alte zweiteilige Luke für den Kommandanten. Die neue Kuppel kam erst im Laufe der Fertigung zum Einbau und wurde dann mitunter auch nachgerüstet. Der M4A3 (75) wurde ab Februar 1944 im Fisher Tank Arsenal gebaut und bis März 1945 entstanden dort 3071 Panzer dieses Typs. Die letzten Pasnzer dieses Typs wurden ebenfalls mit einem HVSS-Laufwerk ausgestattet.

Die 76-mm-Version des M4A3 lief im Detroit Tank Arsenal ab März 1944 vom Band. Bis August jenes Jahres waren bereits 1400 Panzer dieses Typs übergeben worden. Dann stellte man die Produktion auf Panzer mit dem neuen HVSS-Laufwerk um. Von diesen entstanden bis April 1945 noch einmal 2617 Exemplare. Fisher fertigte weitere 525 M4A3 mit 76-mm-Bewaffung, was die Gesamtzahl auf 4542 Fahrzeuge erhöhte. Wie bei den anderen 76-mm-Versionen kam zunächst die Kanone M1A1 ohne Mündungsbremse zum Einbau, erst im Laufe der Fertigung wurde auf die Modelle M1A1C oder M1A2 mit der Möglichkeit zur Anbringung einer Mündungsbremse umgestellt. Späte Modelle erhielten zudem eine neue Notausstiegsluke im Wannenboden und eine Rohrstütze.

M4A3 (75) W der 8th Armored Division, Deutschland, März 1945. Man beachte, dass der Panzer mit einem Räumschild versehen ist.

Dieser M4A3 (76) W HVSS war im Oktober 1944 gebaut worden und wurde am 17. Januar 1944 nahe Charmes, Frankreich, fotografiert.

Zwei Panzersoldaten des 66th Armored Regiment, 2nd Armored Division zeigen den Unterschied zwischen der 75-mm-(links) und der 76-mm-Munition (rechts).

Um den Schutz dieses M4A3 (76) W (vor allem auch gegen Waffen wie Panzerfaust und Panzerschreck) der 14th Armored Division zu erhöhen, wurde nicht an Sandsäcken gespart. Rittershoffen, Frankreich, Januar 1945.

Bei Kriegsende war der M4A3 (76) W HVSS (oder auch M4A3E8) das bevorzugte Modell der U.S.Army. Dieses Fahrzeug mit dem Namen »Paper Doll« war im Frühjahr 1945 beim 68th Tank Battalion, 6th Armored Division in Deutschland im Einsatz. (© Oliver Missing)

M4A3 (105) wurden nicht nur zur direkten Feuerunterstützung eingesetzt, um Bunker, befestigte Stellungen und ähnliches zu bekämpfen, sondern auch in der Rolle als Panzerhaubitze. (© Jean-Michel Girard / Shutterstock)

Alle M4A3 mit 105-mm-Haubitze entstanden im Detroit Tank Arsenal. Zunächst wurden von Mai bis September 1944 500 Exemplare mit dem alten VVSS-Fahrwerk gefertigt. Danach stellte das Tank Arsenal auf das HVSS-Laufwerk um. Von diesem Typ wurden bis Juni 1945 2539 Stück gebaut, was die Gesamtzahl aller M4A3 mit 105-mm-Haubitze auf 3039 Stück erhöhte.

M4A3E2 während der Erprobung auf dem Aberdeen Proving Ground am 26. Juni 1944. Man beachte die breiteren Ketten sowie die Gewichte an den Wannenseiten, die ein vollbeladenes Fahrzeug simulieren sollten. Auf dem APG wurden damit über 640 Kilomter zurückgelegt. Dabei brach zwar nur eine Kegelstumpffeder, doch letztlich führte das Gewicht zu einer erheblichen Belastung des VVSS-Fahrwerks.

Ab Februar 1945 erhielten rund 100 M4A3E2 anstelle der 75-mm-BK die 76,2-mm-BK M1, wie die Sturmpanzer des 2nd Battalion, 32nd Armored Regiment, 3rd Armored Division, sie zeigen. Das Foto entstand am 6. März 1945 in Köln.

M4A3E2

Erst Anfang 1944 wurde der US-Armee bewusst, dass für die bevorstehende Invasion und die nachfolgenden Kämpfe in Frankreich ein schwer gepanzerter Sturmpanzer (Assault Tank) benötigt werden würde. Da man alle vorherigen Entwürfe wie den M6 und den T14 aber abgelehnt hatte und der neue T26 nicht vor 1945 einsatzreif sein würde, beschloss das Pentagon aus Zeitgründen, dafür M4A3 zu modifizieren. Am 23. März 1944 erhielt das Fisher Tank Arsenal den Auftrag, vier »M4A3E2« – so hießen die Prototypen – und 250 Serienexemplare zu fertigen, die ohne die sonst üblichen Abnahmetests direkt an die Truppe geliefert werden sollten. Diese Eile ist der Grund dafür, dass auch die Serienpanzer die Bezeichnung der Versuchsfahrzeuge (»E« = Experimental) erhielten.

Besonders auffällig beim M4A3E2 waren eine neue, bis zu 140 mm starke Getriebeabdeckung und die an der Wannenfront sowie an den oberen Seiten aufgeschweißten 38,1 mm starken Panzerplatten, was die Stärke der Frontpanzerung auf 101,6 mm bei 43° Neigung und die der Flanken auf 76,2 mm bei 90° Neigung anwachsen ließ. Der Turm war ein neuer Entwurf, der sich an jenem des T23 orientierte. Er wies frontal und seitlich eine 152,4 mm starke Panzerung auf, am Heck betrug diese noch 63,5 mm. Die Kanonenblende hatte eine Stärke von 177,8 mm.

Die Wiege der Hauptwaffe stammte von der 76-mm-BK M1, eingelegt wurde aber die 75-mm-BK M3. Die nämlich verschoss spezielle Sprenggranaten, die besonders gut zur Rolle als Sturmpanzerr passte. Die Munition wurde zwar nicht in Flüssigkeitsbehältern, wohl aber in gepanzerten Kästen unter dem Turmboden gelagert. Um das auf über 38 t angestiegene Gewicht zu kompensieren, wurde die Getriebeübersetzung angepasst und eine verbreiterte Kette verbaut, ähnlich der Ostketten deutscher Kampffahrzeuge.

Die ersten M4A3E2 wurden im Mai 1944 fertiggestellt und erwiesen sich bei ihrer Erprobung als mechanisch nicht sonderlich auffällig. Allerdings brachten die Prototypen-Tests das VVSS-Laufwerk an seine Belastungsgrenzen, was sich an den Fahrwerksschäden in schwerem Gelände zeigte. Bis Juli 1944 waren alle 254 georderten Panzer fertiggestellt; die ersten M4A3E2 erreichten Frankreich am 22. September jenes Jahres.

Die Soldaten schätzen die stark gepanzerten M4A3E2 sehr, denn es handelte sich um die einzigen US-Panzer jener Zeit, die einen Treffer der gefürchteten deutschen 88-mm-Geschütze überstehen konnten. So wurde ein M4A3E2 des 743rd Tank Battalion am 22.November 1944 nahe Eschweiler von drei Schüssen einer 88-mm-Pak getroffen, die von Wanne und Turmfront abprallten, bevor schließlich ein vierter Schuss durch die Öffnung des Richtschützenzielfernrohrs an der Turmfront eindrang und das Fahrzeug zerstörte. Noch im Februar 1945 wurden rund 100 M4A3E2 mit 76,2-mm-BK M1 versehen. Die-

Medium Tank M4A3E2	
Typ	Sturmpanzer
Hersteller	Fisher Tank Arsenal (GM)
Gefechtsgewicht	38.136 kg
Länge	6274 mm (Wanne, mit Kettenblenden)
Breite	2997 mm (mit Kettenblenden)
Höhe	2954 mm (Oberseite Kommandantenkuppel)
Motor:	Ford GAA 8-Zylinder-Ottomotor
Leistung kW/PS	368/500
Leistungsgewicht	13,11 PS/t
Höchstgeschwindigkeit	35 km/h (Straße)
Kraftstoffvorrat	636 l
Fahrbereich	160 km (Straße)
Besatzung	5
Bewaffnung	1 x 75-mm-BK M3 L/37; 2 x 7,62-mm-M1919A4-MG, 1 x 12,7-mm-M2HB-Fla-MG
Kampfsatz M3	104 x 75 mm, 600 x 12,7 mm, 6250 x 7,62 mm
Furttiefe	0,91 m
Panzerung (mm/Neigung)	
Wannenfront	101,6 mm/43°
Wannenbug	114,3 mm - 139,7 mm/34° -90°
Wannenseite (oben/unten)	76,2 mm/90° bzw. 38,1 mm/90°
Wannenheck (oben/unten)	38,1 mm/ 78° - 90°
Wannenoberseite	19,05 mm/0° - 7°
Wannenunterseite	25,4 mm/0° (vorn); 12,7 mm/0° (hinten)
Turmfront	152,4 mm/78°
Blende	177,8 mm/90°
Turmseiten	152,4 mm/84°
Turmheck	152,4 mm/88°
Turmdach	25,4 mm/0°

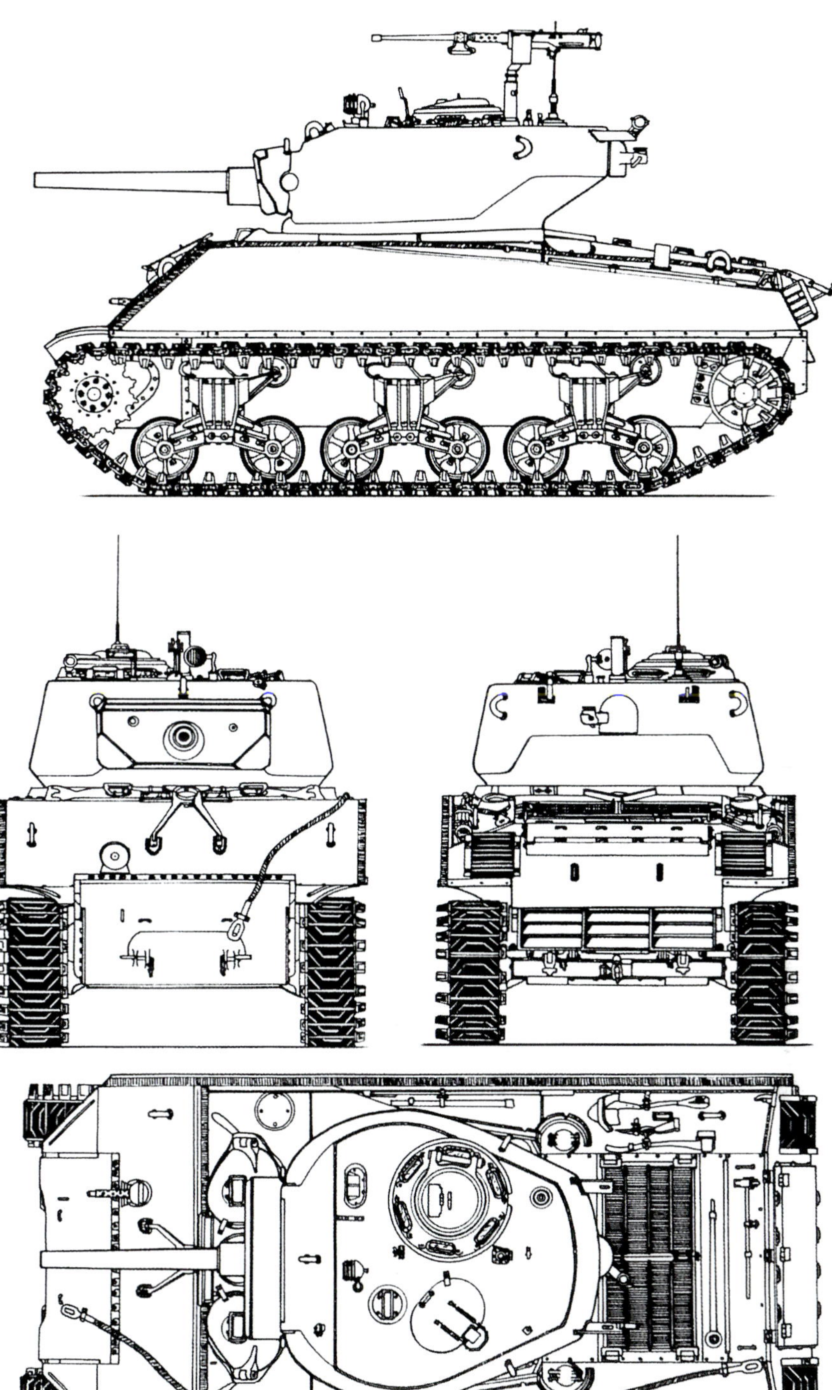

Vier-Seiten-Ansicht eines M4A3E2.

se Umrüstung bereitete keine großen Probleme, da die Geschützwiege ja auf dieses Kaliber ausgelegt war. Durch Umrüstungen entstanden im Felde zudem Fahrzeuge nach dem Vorbild des M4A3E2. Dabei wurden Panzerplatten abgeschossener Sherman oder deutscher Panther auf Front und Seiten einiger Dutzend M4 aufgeschweißt, so dass diese beinahe das Schutzniveau ihres Vorbildes erreichten. Der M4A3E2 blieb jedoch mehr oder minder eine Notlösung. Die überlebenden Exemplare wurden nach Kriegsende rasch verschrottet.

Ein britscher Sherman Mk IC »Firefly« mit 17-Pfünder-Kanone. Dieser Sherman Mk IC ist ein später M4 mit einer »composite hull« (vordere Wanne gegossen, hintere Wanne geschweißt) und »large hatch« (großen Luken). Namur, Frankreich, 1944.

Eine der effektivsten und populärsten Spezialversionen des M4 war der Sherman Dozer mit einem Räumschild. Dieser M4A1 gehörte zur 16th Engineers, 1st Armored Division. Gothenlinie, Italien, 1944.

M4 in Großbritannien und den Commonwealth-Staaten

Großbritannien und die Commonwealth-Staaten erhielten 17.184 M4. Dort erhielt der M4 den Namen »General Sherman«, benannt nach William T. Sherman, dem berühmten General der Unionstruppen im US-Bürgerkrieg. Der M4 wurde als »Sherman Mk I«, der M4A1 als »Mk II«, der M4A2 als »MK III«, der M4A3 als »Mk IV« und der M4A4 als »Mk V« bezeichnet. Der Mk-Bezeichnung nachgestellte Buchstaben wiesen zudem auf Modifikationen gegenüber dem Basismodell hin. So erhielten Modelle mit der 76-mm-BK den Zusatz »A« und solche mit einer 105-mm-Haubitze ein »B«. M4 mit HVSS-Laufwerk trugen das Suffix »Y«, was aus einem amerikanischen M4A1 mit 76-mm-Kanone und HVSS-Laufwerk (»M4A1 (76) W HVSS«) in britischen Diensten einen »Sherman Mk II AY« werden ließ. Die Briten schufen zudem ab Anfang 1944 durch den Einbau der 17-Pfünder-Kanone (Kaliber 76,2 mm) in etwa 2000 Shermans ihre eigene, besser bewaffnete Version. Dieser inoffiziell »Firefly« genannte M4 lag in Sachen Feuerkraft endlich auf Augenhöhe mit den schwereren deutschen Panzern. Die

Dieser britische Sherman Mk VC »Firefly« mit 17-Pfünder-Kanone der »4th County of London Yeomanry« wurde Mitte Juni 1944 in Nordfrankreich nahe Villers-Bocage von der Wehrmacht erbeutet. Der Panzer wurde anschließend auf die unterschiedlichen Arten von Panzerstahl untersucht. »G« steht dabei für Gussstahl, »W« für Walzstahl. (© Oliver Missing)

mit dem 17-Pfünder ausgerüsteten Sherman erhielten (analog zum A für die 76-mm-BK und dem B für die 105-mm-Haubitze) ein C-Suffix. In Kanada entstanden Ende 1943 außerdem 188 M4A1 »Grizzly«, die über britische beziehungsweise kanadische Ketten, Funkgeräte und andere Detailkomponenten verfügten. Grizzlys scheinen aber nur in Kanada zur Ausbildung eingesetzt worden zu sein.

Seine Feuertaufe erhielt der M4 im Oktober 1942 bei El Alamein in Nordafrika. Zu jener Zeit galt der M4 als erstklassiger Panzer, der eine ausgewogene Mischung aus Schutz, Beweglichkeit und Feuerkraft aufwies. Ab Ende 1942 waren M4 überall dort zu finden, wo alliierte Truppen auftauchten. Neben den bereits erwähnten Lieferungen an Großbritannien und die Commonwealth-Staaten wurden etwa 800 M4 an chinesische Verbände sowie 53 an Brasilien übergeben, die Freien Französischen Streitkräfte waren ein weiterer Empfänger des Typs. Die Rote Armee erhielt im Zuge der Leih-und-Pacht-Lieferungen 4102 M4. Die Sowjets waren allerdings alles andere als zufrieden mit dem Fahrzeug und erachteten den T-34 als überlegen. Insgesamt wird der M4 jedoch häufig unterschätzt und im Vergleich zum PzKpfw V Panther negativ beurteilt. Dabei sollte man jedoch nicht vergessen, dass der über elf Tonnen leichtere Sherman bei aller Kritik drei Eigenschaften besaß, die seinem Rivalen fehlten: Er war zuverlässig, robust und in riesigen Mengen verfügbar. Bis Juli 1945 wurden in den USA ins-

Für die Landung in der Normandie am 6. Juni 1944 rüsteten sowohl die Briten als auch die Amerikaner eine Anzahl von M4 unter der Bezeichnung »M4 DD« (Duplex Drive) so um, dass sie schwimmfähig wurden. Dazu wurde rund um die Wanne eine aufrichtbare wasserdichte Segeltuchhülle angebracht. Den Antrieb übernahmen zwei am Heck befindliche Schiffsschrauben. Da das Getriebe des M4 vorn lag, konnten die Schrauben nicht ohne weiteres von dort angetrieben werden.

Versuchsfahrt eines M4 DD vor der Isle of Wight 1944.

Es gab eine ganze Reihe von M4 mit Flammenwerfer, jedoch nie ab Werk. Es handelte sich stets um Umbauten von Depots oder Feldwerkstätten, die zumeist im pazifischen Raum zum Einsatz kamen. Hier bekämpft ein M4-Flammpanzer japanische Stellungen auf der Insel Okinawa im April 1945.

gesamt 49.243 M4 aller Ausführungen hergestellt. Nach Ende des Krieges wurden überzählige M4 an zahlreiche Staaten weltweit geliefert und blieben zum Teil noch für Jahrzehnte in Dienst.

Neben dem T34 kam in beschränkten Stückzahlen auch der Raketenwerfer T40 bzw. M17 zum Einsatz (Spitzname »Whizbang«), hier auf einem M4A1 (75). Dieser Werfer verfügte über Abschussrohre für 20 Raketen des Kalibers 182,9 mm (7,2 inch), die durch gepanzerte Klappen vor feindlichem Feuer von vorn geschützt waren. Vor dem Abschuss mussten diese Klappen hydraulisch geöffnet werden. Der M17 war für den Einsatz im unmittelbaren Nahbereich gedacht war, die maximale Reichweite der 37 kg schweren HE-Raketen lag bei nur gut 210 m.

Raketenwerfer T34 (»Calliope«) auf M4A3 (75). Der T34-Werfer bestand aus 60 Rohren des Kalibers 114,3 mm (4,5 inch). Die Höhenrichtung erfolgte mittels eines Gestänges über das Kanonenrohr. Die maximale Reichweite der Raketen lag bei rund 3700 m.

Sicher eines der exotischsten Fahrzeuge auf Basis des M4 war dieser Minensucher-Prototyp T10 »Mine Exploder«. Aberdeen Proving Ground, 7. Juni 1944.

T1E3 (Spitzname »Aunt Jemima«) Minensucher des 25th Armored Engineer Battalion, 6th Armored Division, nahe Nancy (Frankreich), Oktober 1944. Von diesem Typ wurden 75 Exemplare gebaut. 2 x 5 Stahlscheiben (Durchmesser je 305 cm) liefen vor der Kettenspur und sollten mögliche Minen zur Explosion bringen.

Als T2 »Flail« wurde das britische »Crab«-Minenräumsystem bezeichnet, bei dem an einer rotierenden Trommel befestigte Ketten vor dem Panzer auf den Boden schlugen und Minen zur Explosion bringen sollten. Dieses Exemplar gehörte Anfang 1945 zum 739th Tank Battalion und war in Deutschland im Einsatz.

Medium Tank M4A1 (früh), M4 und M4A4 (früh)			
Typ	**M4A1 (früh)**	**M4**	**M4A4 (früh)**
Besatzung	5	5	5
Gefechtsgewicht	30.327 kg	30.373 kg	31.644 kg
Länge (Wanne o. Kettenblenden)	5842 mm	5893 mm	6058 mm
Breite	2616 mm	2616 mm	2616 mm
Höhe (Oberseite Kuppel)	2743 mm	2743 mm	2743 mm
Motor	Wright R-975-C1 9-Zylinder-Sternmotor (Benzin)	Wright R-975-C1 9-Zylinder-Sternmotor (Benzin)	Chrysler A57 Multibank 30-Zylinder-Ottomotor (fünf gekoppelte 6-Zylinder-Triebwerke aus dem Automobilbau)
Leistung kW/PS	294/400	294/400	272/370
Leistungsgewicht	13,19 PS/t	13,17 PS/t	11,7 PS/t
Höchstgeschwindigkeit	40 km/h	40 km/h	42 km/h
Kraftstoffvorrat	662 l	662 l	606 l
Fahrbereich	190 km	190 km	160 km
Bewaffnung	1 x 75-mm-BK M2 L/28 oder M3 L/37, 2 x 7,62-mm-M1919A4-MG, 1 x 12,7-mm-M2HB-Fla-MG (sehr frühe M4A1 zwei starre 7,62-mm-MG im Bug)	1 x 75-mm-BK M3 L/37, 2 x 7,62-mm-M1919A4-MG, 1 x 12,7-mm-M2HB-Fla-MG	1 x 75-mm-BK M3 L/37, 2 x 7,62-mm-M1919A4-MG, 1 x 12,7-mm-M2HB-Fla-MG
Kampfsatz	90 x 75 mm, 300 x 12,7 mm, 4750 x 7,62 mm	97 x 75 mm, 300 x 12,7 mm, 4750 x 7,62 mm	97 x 75 mm, 300 x 12,7 mm, 4750 x 7,62 mm
Furttiefe	1,02 m	1,02 m	1,07 m
Furttiefe	0,91 m	0,91 m	0,91 m
Panzerung (mm/Neigung)			
Wanne			
Front	50,8 mm/35° -53°	50,8 mm/34°	50,8 mm/34°
Bug	50,8 mm/45° - 90°	50,8 mm/34° - 90°	50,8 mm/45° - 90°
Seiten	38,1 mm/90°	38,1 mm/90°	38,1 mm/90°
Heck	38,1 mm/80° - 90°	38,1 mm/80° - 90°	38,1 mm/70° - 90°
Oberseite	19,05 mm/0° - 7°	19,05 mm/0° - 7°	19,05 mm/0° - 7°
Unterseite (vorn/hinten)	25,4 mm/0° / 12,7 mm/0°	25,4 mm/0° / 12,7 mm/0°	25,4 mm/0° / 12,7 mm/0°
Turm			
Front	76,2 mm/60°	76,2 mm/60°	76,2 mm/60°
Blende	76,2 mm/90°	88,9 mm/90°	88,9 mm/90°
Seiten	50,8 mm/85°	50,8 mm/85°	50,8 mm/85°
Heck	50,8 mm/90°	50,8 mm/90°	50,8 mm/90°
Dach	25,4 mm/0°	25,4 mm/0°	25,4 mm/0°

Medium Tank M4A1 (76) W, M4A2 (76) W und M4A3 (76) W HVSS			
Typ	**M4A1 (76) W**	**M4A2 (76) W**	**M4A3 (76) W HVSS**
Besatzung	5	5	5
Gefechtsgewicht	32.052 kg	33.324 kg	33.686 kg
Länge (Wanne mit Kettenblenden)	6198 mm	6299 mm	6274 mm
Breite (mit Kettenblenden)	2667 mm	2667 mm	2997 mm
Höhe (Oberseite Kuppel)	2972 mm	2972 mm	2972 mm
Motor	Wright R-975-C1 9-Zylinder-Sternmotor (Benzin)	GM 6046 Zwillingsdieselmotor 2 x 6-Zylinder	Ford GAA 8-Zylinder Ottomotor
Leistung kW/PS	294/400	294/400	368/500
Leistungsgewicht	12,48 PS/t	12 PS/t	14,84 PS/t
Höchstgeschwindigkeit	39 km/h	39 km/h	42 km/h
Kraftstoffvorrat	662 l	560 l	636 l
Fahrbereich	160 km	160 km	160 km
Bewaffnung	1 x 76,2-mm-BK M1 L/52,8; 2 x 7,62-mm-M1919A4-MG, 1 x 12,7-mm-M2HB-Fla-MG	1 x 76,2-mm-BK M1 L/52,8; 2 x 7,62-mm-M1919A4-MG, 1 x 12,7-mm-M2HB-Fla-MG	1 x 76,2-mm-BK M1 L/52,8; 2 x 7,62-mm-M1919A4-MG, 1 x 12,7-mm-M2HB-Fla-MG
Kampfsatz	71 x 76,2 mm, 600 x 12,7 mm, 6250 x 7,62 mm	71 x 76,2 mm, 600 x 12,7 mm, 6250 x 7,62 mm	71 x 76,2 mm, 600 x 12,7 mm, 6250 x 7,62 mm
Furttiefe	1,02 m	1,02 m	1,07 m
Furttiefe	0,91 m	0,91 m	0,91 m
Panzerung (mm/Neigung)			
Wanne			
Front	88,9 mm/35° - 53°	63,5 mm/43°	63,5 mm/43°
Bug	108 mm – 50,8 mm / 34° - 90°	108 mm – 50,8 mm / 34° - 90°	108 mm – 50,8 mm / 34° - 90°
Seiten	38,1 mm/90°	38,1 mm/90°	38,1 mm/90°
Heck	38,1 mm/70° - 80°	38,1 mm/78° - 80°	38,1 mm/68° - 80°
Oberseite	19,05 mm/0° - 7°	19,05 mm/0° - 7°	19,05 mm/0° - 7°
Unterseite (vorn/hinten)	25,4 mm/0°		
12,7 mm/0°	25,4 mm/0°		
12,7 mm/0°	25,4 mm/0°		
12,7 mm/0°			
Turm			
Front	63,5 mm/45° - 50°	63,5 mm/45° - 50°	63,5 mm/45° - 50°
Blende	88,9 mm/90°	88,9 mm/90°	88,9 mm/90°
Seiten	63,5 mm/77° - 90°	63,5 mm/77° - 90°	63,5 mm/77° - 90°
Heck	63,5 mm/90°	63,5 mm/90°	63,5 mm/90°
Dach	25,4 mm/0°	25,4 mm/0°	25,4 mm/0°

Hauptvarianten des M4			
Variante	**Hauptwaffe**	**Wanne**	**Motor**
M4	75 mm BK M3 L/37	geschweißt	Wright R 975 Sternmotor (Benzin)
M4 (105)	105 mm Haubitze M4 L/22,5	geschweißt	Wright R 975 Sternmotor (Benzin)
M4 Composite	75 mm BK M3 L/37	gegossene Front, Heck und Seiten geschweißt	Wright R 975 Sternmotor (Benzin)
M4A1	75 mm BK M3 L/37	gegossen	Wright R 975 Sternmotor (Benzin)
M4A1 (76) W	76,2 mm BK M1 L/52,8	gegossen	Wright R 975 Sternmotor (Benzin)
M4A2	75 mm BK M3 L/37	geschweißt	GM 6046 Zwillingsmotor (Diesel)
M4A3 (75) W	75 mm BK M3 L/37	geschweißt	Ford GAA V8 (Benzin)
M4A3E2 »Jumbo«	75 mm BK M3 L/37 (teils im Feld umgerüstet auf 76,2 mm BK M1 L/52,8)	geschweißt	Ford GAA V8 (Benzin)
M4A3 (76) W	76,2 mm BK M1 L/52,8	geschweißt	Ford GAA V8 (Benzin)
M4A3 (105)	105 mm Haubitze M4 L/22,5	geschweißt	Ford GAA V8 (Benzin)
M4A4	75 mm BK M3 L/37	geschweißt	Chrysler A57 Mulitbank (Benzin)
M4A5	Vorgesehene Bezeichnung für den in Kanada gebauten Ram-Kampfpanzer		
M4A6	75 mm BK M3 L/37	gegossene Front, Heck und Seiten geschweißt	Caterpillar D200A Sternmotor (Diesel)

Ein »W« in der Modellbezeichnung bedeutet, dass die Munition in speziellen Wasserbehältern gelagert wurde (»wet stowage«). Besaßen Fahrzeuge der Baureihen M4 bis M4A3 ein Laufwerk mit horizontalen Kegelfedern, so wurde der Bezeichnung noch ein »HVSS« (Horizontal Volute Spring Suspension) hinzugefügt; aus einem M4A1 (76) W wurde dann ein M4A1 (76) W HVSS.

Beim ersten Test einer Atombombe, dem sogenannten »Trinity Test«, durchgeführt am 16. Juli 1945 in New Mexico, wurden mit Blei ausgekleidete M4 eingesetzt, um nach der Explosion wissenschaftliche Messungen durchzuführen.

Ein M4 des 68th Tank Battalion, 6th Armored Division, aufgenommen im September 1944 in Nancy, Frankreich. Der Panzer mit Namen »China Clipper« besitzt eine sogenannte »composite hull« mit gegossenem vorderen Wannenteil und geschweißtem hinteren Teil. Diese Bauweise hatte man gewählt, weil man glaubte, die gegossene Wanne sei beschussfester als eine geschweißte. Zudem ließ sich eine Wanne schneller und günstiger gießen als schweißen.

M4 Produktionsstätten			
Bezeichnung	**Hersteller**	**Anzahl**	**Produktionszeitraum**
M4	Pressed Steel, Baldwin Locomotive Works, American Locomotive Co., Pullman-Standard Car Company, Detroit Tank Arsenal (Chrysler)	6748	Juli 1942 – Januar 1944
M4 (105)	Detroit Tank Arsenal (Chrysler)	800	Februar 1944 – September 1944
M4 (105) HVSS	Detroit Tank Arsenal (Chrysler)	841	September 1944 – März 1945
M4A1	Lima Locomotive Works, Pressed Steel Car Company, Pacific Car and Foundry Company	6281	Februar 1942 – Dezember 1943
M4A1 (76) W	Pressed Steel Car Company	2171	Januar 1944 – Dezember 1944
M4A1 (76) W HVSS	Pressed Steel Car Company	1255	Januar 1945 – Juli 1945
M4A2	Fisher Tank Arsenal (GM), Pullman-Standard Car Company, American Locomotive Co., Baldwin Locomotive Works, Federal Machine and Welder Co.	8053	April 1942 – Mai 1944
M4A2 (76) W	Fisher Tank Arsenal (Chrysler)	1594	May 1944 – Dezember 1944
M4A2 (76) W HVSS	Fisher Tank Arsenal (Chrysler), Pressed Steel Car Company	1321	Januar 1945 – May 1945
M4A3	Ford Motor Company	1690	Juni 1942 – September 1943
M4A3 (75) W	Fisher Tank Arsenal (GM)	2420	Februar 1944 – Dezember 1944
M4A3 (75) W HVSS	Fisher Tank Arsenal (GM)	651	Januar 1945 – März 1945
M4A3E2	Fisher Tank Arsenal (GM)	254	Mai 1944 – Juli 1944
M4A3 (76) W	Fisher Tank Arsenal (GM), Detroit Tank Arsenal (Chrysler)	1925	März 1944 – Dezember 1944
M4A3 (76) W HVSS	Detroit Tank Arsenal (Chrysler)	2617	September 1944 – April 1945
M4A3 (105)	Detroit Tank Arsenal (Chrysler)	500	Mai 1944 – September 1944
M4A3 (105) HVSS	Detroit Tank Arsenal (Chrysler)	2539	September 1944 – Juni 1945
M4A4	Detroit Tank Arsenal (Chrysler)	7499	Juli 1942 – November 1943
M4A6	Detroit Tank Arsenal (Chrysler)	75	Oktober 1943 – Februar 1944
Gesamtzahl		49.234	

Medium Tank M7

Mock-Up des T7. Man beachte den Turm, der sehr jenem des Medium Tank M3 ähnelt.

Beim T7 sollten Motor und Getriebe zu Wartungszwecken rasch aus der Wanne entfernt werden können. Ein ähnliches System wurde später beim Jagdpanzer M18 umgesetzt.

Nachdem das Pentagon im Januar 1941 einen detaillierten Anforderungskatalog für einen neuen leichten Kampfpanzer erstellt hatte, begann im Rock Island Arsenal unter der Bezeichnung »T7« die Entwicklung eines solchen Fahrzeugs. Dieser sollte rund 12,7 t wiegen, bis 38,1 mm stark gepanzert und mit einer 37-mm-BK M6 bewaffnet sein. Zunächst war der Bau von zwei Prototypen geplant. Der T7 sollte eine geschweißte Wanne, einen gegossenen Turm und ein modifiziertes VVSS-Laufwerk erhalten. Die Planungen für den T7E1 hingegen sahen eine genietete Wanne mit einem geschweißten/gegossenen Turm sowie ein Laufwerk mit horizontalen statt vertikalen Kegelstumpffedern (HVSS statt VVSS) vor. Allerdings galt eine genietete Wanne inzwischen als veraltet, daher wurde der T7E1 nie fertiggestellt. Stattdessen forderte das Ordnance Department im August 1941 die Entwicklung dreier weiterer Prototypen. Beim T7E2 sollten Wanne und Turm aus Gussstahl bestehen, als Antrieb war ein Wright R-975 vorgesehen. Für den T7E3 waren eine geschweißte Wanne und ein geschweißter Turm, die Zwillingsdiesel und ein automatisches Getriebe vorgesehen, während der T7E4 – ebenfalls geschweißt – wie der spätere M5 Cadillac Zwillingstriebwerke und ein automatisches Cadillac-Getriebe erhalten sollte. Eine Gewichtszunahme auf 14,5 t wurde dabei hingenommen.

Das Rock Island Arsenal stellte im Januar 1942 den aus Weichstahl gefertigten Prototypen T7 vor, der einen Continental-W-670-Sternmotor sowie ein Fünfgang-Hydramatic-Getriebe aufwies. Bereits zwei Monate zuvor, im November 1941, hatten Veranwortliche der Panzertruppe im Rock Island Arsenal ein Mock-Up des T7E2 begutachtet und diesen dem T7 sowie dem T7E3 und T7E4 vorgezogen, weshalb diese beiden Ausführungen noch auf dem Reißbrett verworfen wurden. Stattdessen lief im Rock Island Arsenal im Dezember 1941 der Bau des T7E2 an, für den Anfang 1942 dann die Ausrüstung mit einer 57-mm-BK (einer Version der britischen 6-Pfünder-Kanone) gefordert wurde. Für diese Waffe musste jedoch der Turmdrehkranz vergrößert werden. In dieser Form wurde der T7E2 im Mai 1942 fertiggestellt und nahm am 26. Mai seine Erprobung auf dem APG auf. Zahlreiche Modifikationen und eine auf 63,5 mm angewachsene Panzerung hatten dazu geführt, dass der T7E2 rund 22,7 t wog – nicht wenig, aber nichts, was den 450 PS leistenden Wright RC975-EC2 und das Fahrwerk überfordert hätte. Die Panzertruppe lehnte nun aber die 57-mm-BK L/43 des T7E2 ab, da ihre ballistischen Werte nicht besser waren als jene der bereits eingeführten 75-mm-Kanone M3 L/37, sie drängte daher auf Verwendung dieser Waffe. Die 75-mm-BK M3 erforderte aber einen veränderten Turm, was zum T7E5 führte, der mit kompletter Besatzung ein Gefechtsgewicht von fast 25 t aufwies – fast doppelt

Medium Tank M7 (T7E5)	
Typ	Mittlerer Panzerkampfwagen
Hersteller	International Harvester Corp.
Gefechtsgewicht	24.771 kg
Länge	5232 mm
Breite	2845 mm
Höhe	2362 mm
Motor	Continental R975 C1, 9-Zyl.-Sternmotor
Leistung kW/PS	290/400
Leistungsgewicht	16,15 PS/t
Höchstgeschwindigkeit	48 km/h (Straße)
Kraftstoffvorrat	522 l
Fahrbereich	160 km (Straße)
Besatzung	5
Bewaffnung	1 x 75-mm-BK M3 L/37, 1 x 7,62-mm-M1919A4-MG koaxial, 1 x 7,62-mm-M1919A4-MG im Wannenbug, 1 x 7,62-mm-M1919A4-Fla-MG
Kampfsatz	71 x 75 mm, 4500 x 7,62 mm
Furttiefe	0, 91 m
Panzerung (mm/Neigung)	
Fahrerfront	38,1 mm/40°
Wannenbug	38,1 mm/90°
Wannenseite (oben/unten)	31,75 mm/40°90° bzw. 31,75 mm/90°
Wannenheck (oben/unten)	25,4 mm/90°; 25,4 mm/71°°
Wannenoberseite	19,05 mm/0°
Wannenunterseite	25,4 mm /0° (vorn); 12,7 mm/0° (hinten)
Turmfront	50,8 mm/67°
Blende	63,5 mm/90°
Turmseiten	38,1 mm/69° (links) bzw. 66° (rechts)
Turmheck	38,1 mm/79°
Turmdach	19,05 mm/0°

Der aus Weichstahl gefertigte Prototyp T7 am 16. Januar 1942 im Rock Island Arsenal. Hinter den runden Klappen an der Fahrerfront verbargen sich die Scheinwerfer.

so viel wie zu Beginn der Planungen. Der T7E5 wurde daher am 6. August 1942 als mittlerer Panzer »M7« klassifiziert und sollte in Serie gehen. Für die Fertigung wurde International Harvester IH ausgewählt. Bis zum 5. Oktober 1942 hatte der Landmaschinen- und Lkw-Hersteller drei Vorserienpanzer fertiggestellt, von denen einer nach Fort Knox, einer zum General Motors Proving Ground und einer zum Rock Island Arsenal ging. Panzer Nr. 4 wurde in Kanada Wintertests unterzogen, während Nr. 5, 6, 7, 9, 10 und 11 in Fort Knox getestet wurden. Dabei stellte sich heraus, dass einige der Fahrzeuge über

Das Mock-Up des T7E2 (rechts) neben dem Prototyp T7 (links). Die flachere und breitere Form des T7E2 ist hier gut erkennbar. Man beachte zudem die Öffnungen für die starren MGs am Bug beider Panzer.

Der T7E2 nahm Ende Mai 1942 auf dem APG die Erprobung auf. Der größere Turm mit 57-mm-BK bot nun Platz für drei Mann.

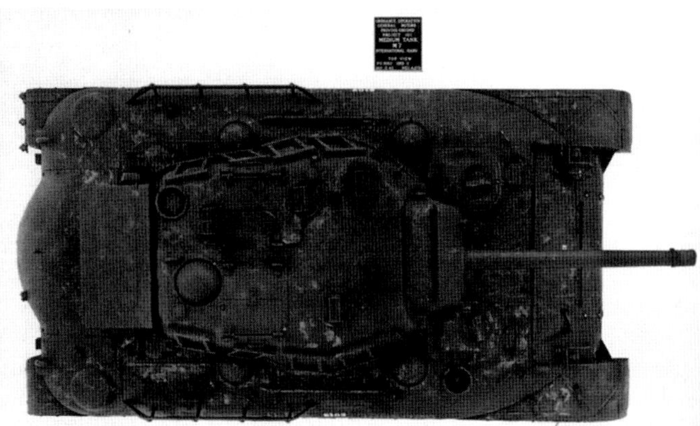

M7-Vorserienpanzer Nr. 3, aufgenommen auf dem General Motors Proving Ground am 11. Januar 1943.

Diese beiden Bilder zeigen, wie die Serienausführung des M7 mit 75-mm-BK aussehen sollte. Nach nur 13 Panzern wurde dann aber die Fertigung eingestellt.

28 t auf die Waage brachten, was an den Gussteilen lag, die wesentlich dicker ausfielen als zuvor festgelegt. Das wiederum gestiegene Gewicht erforderte eine geänderte Übersetzung und die Verwendung eines anderen Treibrads, was die Höchstgeschwindigkeit auf jene des M4A3 mit dem Ford GAA drückte. Der allerdings wurde bereits in Serie gebaut, ein Panzer mit ähnlichen Spezifikationen war überflüssig. Daher endet die Geschichte des M7 nach 13 Exemplaren. Zwar wurde noch die Ausrüstung mit einem 500-PS-Ford-Motor des Typs GAN angedacht (die Bezeichnung sollte dann »M7E1« lauten), doch dazu kam es nicht mehr.

Medium Tank T20

Das hölzerne Mock-Up des T20 von Mai 1942.

Noch vor Anlauf der M4-Serienfertigung im Februar 1942 begannen erste Arbeiten an einem Nachfolger, der bereits im Mai jenes Jahres als Mock-Up vorgestellt wurde. Zwar hatte man die Grundauslegung des M4 mit Drei-Mann-Turm und Fahrer sowie Beifahrer (zugleich Bug-MG-Schütze) beibehalten, der neue Entwurf war jedoch wesentlich flacher. Möglich wurde dies durch einen neuen 500-PS-Ottomotor von Ford, der weniger hoch baute als der zuvor verwendete Sternmotor. Durch das ins Heck verlegte Getriebe lief nun auch keine Antriebswelle mehr unter dem Turm hindurch. Das verringerte den Aufzug insgesamt, das Wannenoberteil ragte nun nicht mehr über das Laufwerk. Den dadurch fehlenden Stauraum kompensierten Staukästen auf den Kettenabdeckungen, denn nicht lebenswichtige Ausrüstung musste nicht gepanzert werden. Durch diese und andere konstruktive Maßnahmen konnte die Wanne, obwohl kleiner, bei gleichem Gewicht besser geschützt werden. Ein großes Gebläse sollte im Kampfraum einen leichten Überdruck erzeugen, um Pulvergase herauszudrücken. Dieses »Rotoclone«-Gebläse war zwischen Fahrer und Beifahrer/MG-Schütze installiert und von außen anhand einer großen Ausbuchtung zu erkennen.

Um die bestmögliche Kombination aus Bewaffnung, Laufwerk und Getriebe zu ermitteln, wurde im September 1942 beschlossen, drei Reihen von Prototypen zu bauen. Die T20-Serie sollte dabei ein automatisches Torqmatic-Getriebe mit Drehmomentwandler, die T22-Serie das manuelle Getriebe des M4 und die T23-Reihe einen benzin-elektrischen Antrieb erhalten. Von jeder Serie sollten drei Prototypen gebaut werden, wobei die Bewaffnung der Prototypen T20, T22 und T23 aus der noch in der Entwicklung befindlichen 76-mm-BK T1 bzw. M1 und jene der T20E1, T22E1 und T23E1 aus der 75-mm-BK M3 bestehen sollte, die mittels eines neu konstruierten Lade-

Medium Tank T20 / T20E3	
Typ	Mittlerer Kampfpanzer, Prototyp
Hersteller	Fisher Tank Arsenal (GM)
Gefertigte Stückzahl	2 Prototypen
Gefechtsgewicht	29.827 kg/30.617 kg
Länge	5766 mm (Wanne, mit Kettenblenden), 7468 mm (mit Rohr)
Breite	3124 mm (mit Kettenblenden)
Höhe	2438 mm (Oberseite Kommandantenkuppel)
Motor:	Ford GAN 8-Zylinder-Ottomotor
Leistung kW/PS	368/500
Leistungsgewicht	16,73 PS/t bzw. 16,33 PS/t
Höchstgeschwindigkeit	48 km/h bzw. 56 km/h (Straße)
Kraftstoffvorrat	742 l
Fahrbereich	240 km (Straße)
Besatzung	5
Bewaffnung T20	1 x 76,2-mm-BK M1A1 L/52,8, 2 x 7,62-mm-M1919A4-MG, 1 x 7,62-mm-M1919A4-Fla-MG
Bewaffnung T20E3	wie T20, jedoch 1 x 12,7-mm-M2HB-Fla-MG
Kampfsatz T20	70 x 76,2 mm, 7000 x 7,62 mm
Kampfsatz T20E3	68 x 76,2 mm, 300 x 12,7 mm, 5000 x 7,62 mm
Furttiefe	1,22 m
Panzerung mm/Neigung	
Fahrerfront	89 mm/43°
Wannenbug	89 mm/37°
Wannenseiten	76,2 mm/90°
Wannenheck	63,5 mm/80°
Wannenoberseite	19,05 mm/0°
Wannenunterseite	25,4 mm /0° (vorn); 12,7 mm/0° (hinten)
Turmfront	89 mm/90°
Turmseiten	63,5 mm/77° - 90°
Turmheck	63,5 mm/90°
Turmdach	19,05 mm/0°

automaten mit Munition bestückt wurden. T20E2, T22E2 und T23E2 sollten mit der 76,2-mm-BK M7 (BK des Jagdpanzers M10 und des schweren Panzers M6) versehen werden. Hinzu kam die Ausrüstung mit unterschiedlichen Laufwerken.

Der T20 mit 76-mm-BK und HVSS-Laufwerk wurde im Mai 1943 fertiggestellt, während der T20E1 nie komplettiert wurde. Der T20E2 verließ einen Monat später die Werkshallen des Fisher Tank Arsenals. Er besaß ein Torsionsstab-Laufwerk und wurde, da sich die 76-mm-BK M1 mittlerweile bewährt hatte, mit dieser Kanone und nicht der ursprünglichen geplanten BK M7 versehen, was zur neuen Bezeichnung »T20E3« führte. T20 und T20E3 wurden bis Ende 1944 intensiv erprobt, wobei sich zeigte, dass die Torsionsstabaufhängung bei identischer Motorleistung höhere Geschwindigkeiten ermöglichte (56 km/h beim T20E3 gegenüber 48 km/h beim T20). Allerdings verursachte das Torqmatic-Getriebe erhebliche Probleme, weshalb von einer Serienfertigung des T20 abgesehen wurde.

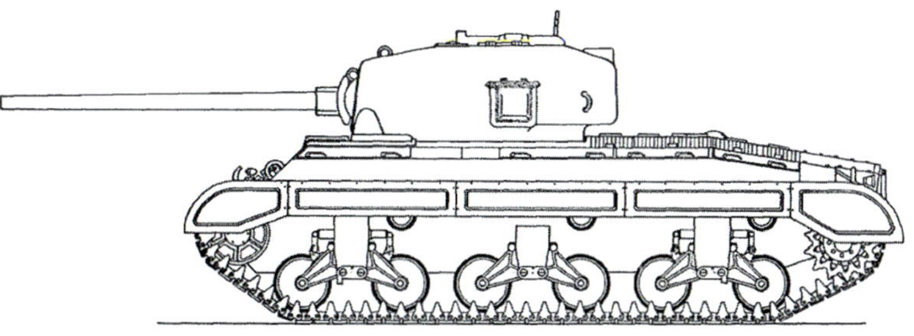

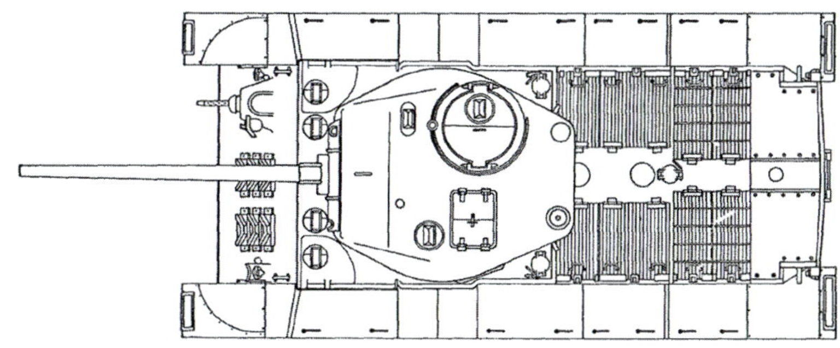

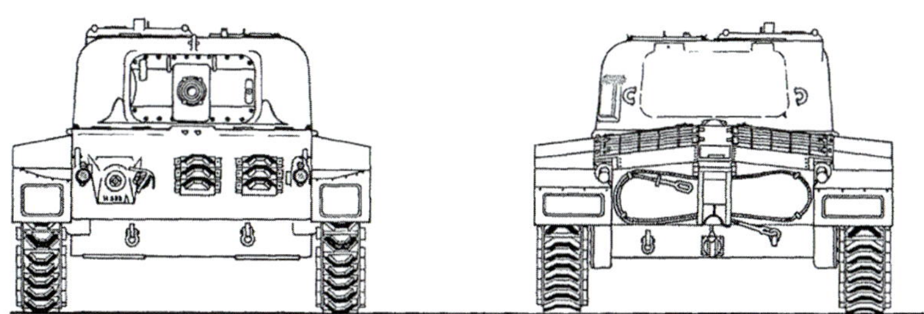

Vier-Seiten-Ansicht des Prototypen T20.

Der Prototyp T20E3 während seiner Erprobung auf dem Aberdeen Proving Ground. Hier weist das Laufwerk fünf Stützrollen auf.

Medium Tank T22

Der erste T22-Prototyp wurde im Juni 1943 fertiggestellt. Man beachte die großen Staukästen auf den Kettenabdeckungen sowie das Rotoclone-Gebläse zwischen Fahrer- und Beifahrerluke.

Medium Tank T22 / T22E1	
Typ	mittlerer Kampfpanzer, Prototyp
Hersteller	Chrysler
Gefertigte Stückzahl	2 Prototypen
Gefechtsgewicht	31.434 kg/30.844 kg
Länge	6069 mm (Wanne, mit Kettenblenden), 7442 mm (mit Rohr), 6452 mm (T22E1 mit Rohr)
Breite	3124 mm (mit Kettenblenden)
Höhe	2438 mm/2413 mm (Oberseite Kommandantenkuppel)
Motor:	Ford GAN 8-Zylinder-Ottomotor
Leistung kW/PS	368/500
Leistungsgewicht	15,91 PS/t bzw. 16,21 PS/t
Höchstgeschwindigkeit	46 km/h (Straße)
Kraftstoffvorrat	757 l
Fahrbereich	240 km (Straße)
Besatzung	5 bzw. 4
Bewaffnung T22	1 x 76,2-mm-BK M1 L/52,8 oder 1 x 75-mm-BK M3 L/37, 2 x 7,62-mm-M1919A4-MG, 1 x 12,7-mm-M2HB-Fla-MG
Bewaffnung T22E1	wie T23, jedoch 1 x 75-mm-BK M3 L/37
Kampfsatz T22	68 x 76,2 mm, 300 x 12,7 mm, 5000 x 7,62 mm
Kampfsatz T22E1	64 x 75 mm, 300 x 12,7 mm, 5000 x 7,62 mm
Furttiefe	1,22 m
Panzerung mm/Neigung	
Fahrerfront	89 mm/43°
Wannenbug	89 mm/37°
Wannenseiten	76,2 mm/90°
Wannenheck	63,5 mm/80°
Wannenoberseite	19,05 mm/0°
Wannenunterseite	25,4 mm /0° (vorn); 12,7 mm/0° (hinten)
Turmfront	89 mm/90°
Turmseiten	63,5 mm/77° - 90°
Turmheck	63,5 mm/90°
Turmdach	19,05 mm/0°
Turmdach	19,05 mm/0°

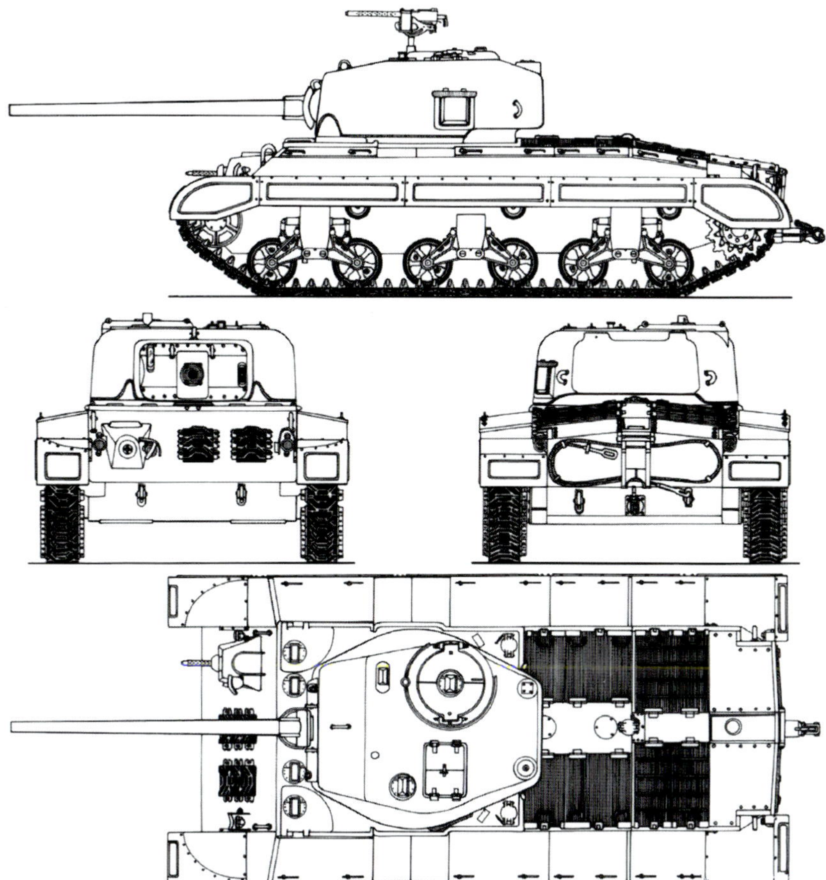

Vier-Seiten-Ansicht des Prototypen T22.

Der T22 entsprach in weiten Teilen dem T20, hatte aber das modifizierte Getriebe des M4A3. Dieses war nun allerdings nicht mehr wie beim M4 im Wannenbug, sondern hinter dem Motor im Heck installiert. Im Juni 1943 stellte Chrysler zwei T22-Prototypen mit der 76,2-mm-BK M1 und HVSS-Laufwerk vor. Im August erhielt dann der erste Prototyp den neuen Turm auf Basis des mittleren Panzers M4, der zur Aufnahme des Ladeautomaten verlängert worden war. Diesem Fahrzeug wurde dann die Bezeichnung »T22E1« zugeordnet, der geplante T22E2 mit 76,2-mm-BK M7 wurde nie gebaut. Die Turmbesatzung reduzierte sich durch den Ladeautomaten auf zwei Mann, den links sitzenden Kommandanten und den rechts platzierten Richtschützen. Der Ladeautomat verfügte über zwei Magazine, eines für Panzer- und eines für Sprenggranaten. Obwohl während der Erprobung eine Schussfolge von 20 Schuss pro Minute erreicht wurde, sah man von einer Einführung ab, weil das System nicht zuverlässig arbeitete. Außerdem sorgte das modifizierte Getriebe aus dem M4A3 ständig für Ärger. Die Erprobung des T22 wurde im Februar 1944 abgebrochen, eine Serienfertigung ausgeschlossen.

Medium Tank T23

Obgleich, die beiden Prototypen eingeschlossen, insgesamt 252 T23 gebaut wurden, nutzte die US-Panzertruppe das Modell nur für Tests und Versuche – so wie dieses Fahrzeug, das in Fort Knox aufgenommen wurde.

Obwohl die Entwicklung des T23 zeitgleich mit den Mustern T20 und T22 anlief, war der T23 das erste Fahrzeug, das in die Erprobung ging. Das Detroit Tank Arsenal stellte den ersten T23 im Januar 1943 fertig, ein zweiter Prototyp folgte im März des Jahres. Beide glichen den Prototypen T20 und T22 in weiten Teilen, allerdings wies der erste T23 einen geschweißten Turm auf; Prototyp Nr. 2 hatte einen gegossenen Turm; beide hatten das VVSS-Laufwerk und die M4-Ketten. Wie bereits beim T20 erwähnt, hatte der T23 einen benzin-elektrischen Antrieb. Der 500-PS-Ford-Motor erzeugte mit Hilfe eines Generators elektrischen Strom für die beiden auf die hinteren Antriebsräder wirkenden Elektromotoren. Diese Art des Antriebs bot theoretisch viele Vorteile. So konnte der Benzinmotor stets im optimalen Drehzahlbereich laufen und daher nicht nur Treibstoff sparen, sondern auch eine höhere Lebensdauer erreichen. Die Elektromotoren hingegen lieferten prinzipbedingt bei jedem Tempo maximale Leistung und entwickelten ein gewaltiges Drehmoment, was die Beweglichkeit im Gelände erhöhte. Bei ersten Tests in Fort Knox bestätigten sich diese Annahmen, was im Mai 1943 zu einer Bestellung über 250 Vorserien-Exemplaren führte, die das Detroit Tank Arsenal zwischen Oktober 1943 und Dezember 1944 auslieferte. Sie basierten auf dem zweiten Prototyp, wiesen aber eine modifizierte BK M1A1, eine andere Kuppel für Kommandant und Ladeschütze sowie weitere Detailänderungen auf. Die fortgesetzte Erprobung des T23 offenbarte dann jedoch eine Reihe von Unzulänglichkeiten, weshalb ein überarbeiteter Prototyp (T23E3) geordert wurde; die geplan-

Nachdem bereits der M4E8 ein HVSS-Laufwerk und 584-mm-Ketten erhalten hatte, kam diese Kombination versuchsweise auch bei drei T23 zum Einbau. Die nunmehrigen T23E4 wurden in Fort Knox erprobt und überzeugten, allerdings lag die Gesamtfahrzeugbreite nun bei 3327 mm und überschritt damit das vom Engineer Corps festgelegte Höchstmaß um 178 mm. Diese Tatsache, das mangelnde Interesse am benzin-elektrischen Antrieb sowie das Kriegsende führten zum Abbruch des Projekts.

Dieser T23 war Teil der historischen Sammlung des Aberdeen Proving Ground und wurde am 21. Februar 1949 fotografiert.

Bereits im April 1943 empfahl das Ordnance Committee die Ausrüstung des T23 mit einem Drehstab-Laufwerk, im Dezember 1943 erhielt Chrysler den Auftrag zur Umrüstung zweier Panzer. Tatsächlich wurde dann Ende August 1944 jedoch nur einer – T23E3 – fertig. Der aber überzeugte, und seine Einführung als Medium Tank »M27« stand zur Diskussion, scheiterte letztlich aber am benzin-elektrischen Antrieb.

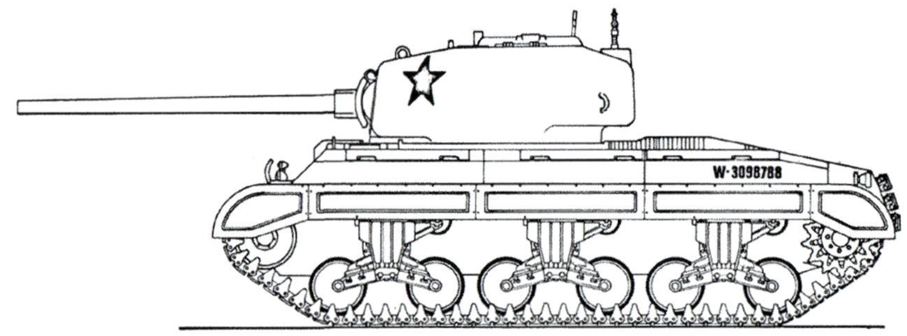

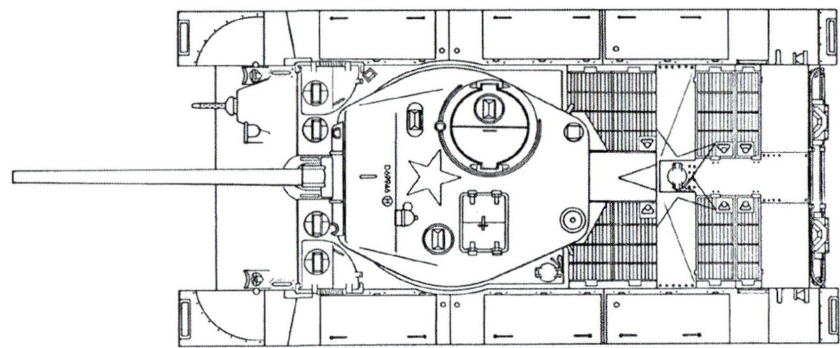

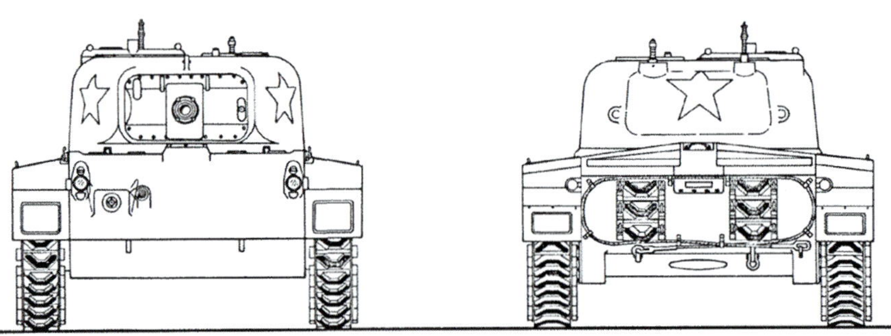

Vier-Seiten-Ansicht eines T23 mit dem standardmäßigen VVSS-Laufwerk.

Medium Tank T23 (Vorserienexemplar) / T23E3	
Typ	Mittlerer Kampfpanzer, Prototyp
Hersteller	Detroit Tank Arsenal (Chrysler)
Gefertigte Exemplare	2 Prototypen + 250 Vorserienfahrzeuge
Gefechtsgewicht	34.160 kg/36.011 kg
Länge	6017 mm/6208 mm (Wanne, mit Kettenblenden), 7557 mm/7772 mm (mit Rohr)
Breite	3112 mm/ 3251 mm (mit Kettenblenden)
Höhe	2510 mm/2555 mm (Oberseite Kommandantenkuppel)
Motor:	Ford GAN 8-Zylinder-Ottomotor
Leistung kW/PS	368/500
Leistungsgewicht	14,64 PS/t bzw. 13,88 PS/t
Höchstgeschwindigkeit	48 km/h bzw. 56 km/h (Straße)
Kraftstoffvorrat	677 l
Fahrbereich	160 km (Straße)
Besatzung	5
Bewaffnung	1 x 76,2-mm-BK M1 bzw. M1A1 L/52,8, 2 x 7,62-mm-M1919A4-MG, 1 x 12,7-mm-M2HB-Fla-MG
Kampfsatz T22E1	64 x 75 mm, 300 x 12,7 mm, 5000 x 7,62 mm
Furttiefe	1,22 m
Panzerung mm/Neigung	
Fahrerfront	89 mm/43°
Wannenbug	89 mm/37°
Wannenseiten	76,2 mm/90°
Wannenheck	63,5 mm/80°
Wannenoberseite	19,05 mm/0°
Wannenunterseite	25,4 mm /0° (vorn); 12,7 mm/0° (hinten)
Turmfront	89 mm/90°
Turmseiten	63,5 mm/77° - 90°
Turmheck	63,5 mm/90°
Turmdach	19,05 mm/0°
Turmdach	19,05 mm/0°

ten Versionen T23E1 und E2 hat es nie gegeben. Der T23E3 verließ Ende August 1944 die Werkshallen und war mit dem Drehstablaufwerk des T25E1, breiteren Ketten sowie einer vollständig wasserdichten Antriebsanlage ausgerüstet, eine Maßnahme, die auch bereits bei späten T23-Vorserienpanzern zu finden war. Unter der Bezeichnung »T23E4« liefen weitere drei Versuchsfahrzeuge mit HVSS-Laufwerk. Zu dem Zeitpunkt war aber bereits klar, dass die US-Panzertruppe den T23 nicht einführen würde, denn der erhebliche Wartungsaufwand des benzin-elektrischen Antriebs überforderte eine normale Instandsetzungseinheit: Man hätte entsprechende Spezialisten ausbilden müssen, was nicht zu leisten war. Als die Vorserien-T23 im Februar 1945 den US-Truppen in Europa angeboten wurden, lehnten diese ihn daher ab. Die T23 blieben in den USA und wurden nur für Versuche und Entwicklungsarbeiten verwendet.

Medium Tank T25 und T26

Der erste Prototyp des T25 während seiner Erprobung auf dem Aberdeen Proving Gound.

Bereits im September 1942 regte das Ordnance Department der US-Armee die Ausrüstung der in Planung befindlichen T20, T22 und T23 mit 90-mm-Kanonen an, um zukünftigen gegnerischen Panzerentwicklungen gewachsen zu sein. Als im März 1943 eine neu entwickelte Panzerkanone im Kaliber 90 mm zur Verfügung stand, wurde diese versuchsweise in einem T23 verbaut. Da diese Umrüstung ohne große Probleme vorgenommen werden konnte, sollten 50 der zu produzierenden 250 Medium Tanks T23 umgerüstet werden. 40 dieser T23-Panzer mit 90-mm-Kanone erhielten die Bezeichnung

Der dritte T25E1 auf dem Testgelände des Fisher Tank Arsenals in Michigan nahe Detoit.

T25E1 Nr. 5 wurde auf den Stand des T26E3 gebracht, war also besser bewaffnet und gepanzert.

Der einzige T26 mit benzin-elektrischem Antrieb im Chrysler-Werk im Oktober 1944.

Der erste T26E-1 während seiner Erprobung auf dem Aberdeen Proving Ground, aufgenommen am 8. März 1944. Dieser Panzer wurde später mit der 90-mm-BK T15E1 versehen und in Europa eingesetzt.

»T25«. Deren maximale Panzerung lag bei 89 mm und das Gewicht bei 32,7 t.
Nachdem aber die Army in Tunesien zum ersten Mal auf deutsche PzKpfw. VI Tiger getroffen war, sollten die anderen zehn Fahrzeuge eine auf bis zu 114 mm verstärkte Panzerung erhalten, deren Bezeichnung lautete nun »T26«. Das Gewicht lag nun bei rund 36,3 t, daher wurde dieser Typ als schwerer mittlerer Panzer (»heavy medium tank«) klassifiziert. Sowohl für die 40 T25 als auch für die zehn T26 war die aus dem T23 bekannte benzin-elektrische Antriebsanlage vorgesehen.
Die als Bewaffnung vorgesehene 90-mm-BK M3 L/53 war eine Weiterentwicklung der 90-mm-Flak M1 L/55. Sie verschoss unterschiedliche Panzergranaten. Mit der Granate M77 war eine v_0 von 823 m/s zu erreichen; sie durchschlug auf 1000

Das zweite Fahrzeug der Serienfertigung (inklusive der zehn T26E1 jedoch das zwölfte der T26-Reihe) des T26E3 bzw. M26 am 22. Dezember 1944 auf dem Aberdeen Proving Ground.

m Entfernung bei einem Auftreffwinkel von 90° bis zu 137 mm dicken Panzerstahl. Wurde das verbesserte Geschoss M82 genutzt (v_0 853 m/s), so stieg dieser Wert auf bis zu 151 mm an. Kam die Granate T33 mit ballistischer Kappe zum Einsatz (v_0 853 m/s), konnten bis zu 178 mm starke Panzerplatten durchschlagen werden. Und mit dem Subkaliber-Hartkerngeschoss T30E16 HVAP stellten auf diese Distanz sogar bis zu 246 mm dicke Panzerplatten kein Problem dar. Solche Munition war allerdings nur selten verfügbar.

Im Laufe der Konstruktionsarbeiten zeigte sich, dass die Gewichtsvorgabe nicht gehalten werden konnte. Mit HVSS-Laufwerk, 584 mm breiten Ketten, Antrieb sowie einem größeren Turm (für den das Wannendach hatte verstärkt werden müssen) ergab sich ein Gefechtsgewicht von rund 37,3 t – 4,6 t mehr als ursprünglich geplant. Um abzuspecken, sollte laut Anweisung das schwere benzin-elektrische System in einem weiteren Versuchsträger – T25E1 – gegen das automatische Torqmatic-Getriebe des T20 sowie ein Drehstablaufwerk ge-

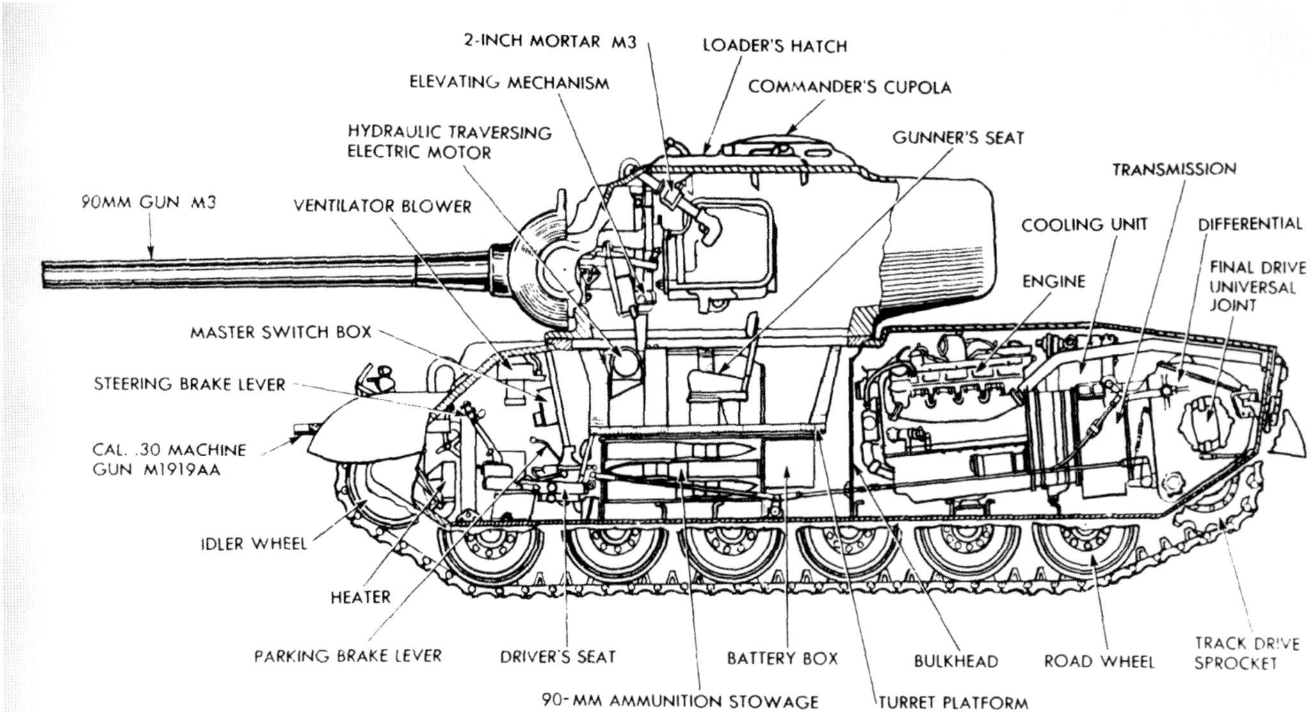

Schnittzeichnung eines T26E1. Die internete Auslegung von T25E1 und T26E1 war identisch.

Medium Tank T25E1/T26E1		
Typ	Mittlere Panzerkampfwagen, Prototyp	
Hersteller	Fisher Tank Arsenal (GM), Detroit Tank Arsenal (Chrysler)	
Gefechtsgewicht	35.194 kg/43.137 kg	
Länge	6294 mm/6208 mm (Wanne, mit Kettenblenden); 8212 mm/8090 mm (mit Rohr)	
Breite	3226 mm/3505 mm (mit Kettenblenden)	
Höhe	2779 mm/2669 mm (Oberseite Kommandantenkuppel)	
Motor	Ford GAF 8-Zylinder-Ottomotor	
Leistung kW/PS	368/500	
Leistungsgewicht	14,2 PS/t bzw. 11,59 PS/t	
Höchstgeschwindigkeit	56 km/h bzw. 45 km/h (Straße)	
Kraftstoffvorrat	765 l/678 l	
Fahrbereich	177 km/120 km (Straße)	
Besatzung	5	
Bewaffnung	1 x 90-mm-BK M3 L/53, 2 x 7,62-mm-M1919A4-MG, 1 x 12,7-mm-M2HB-Fla-MG	
Kampfsatz T25E1	58 x 90 mm, 500 x 12,7 mm, 4500 x 7,62 mm	
Kampfsatz T26E1	42 x 90 mm, 500 x 12,7 mm, 5000 x 7,62 mm	
Furttiefe	1,22 m	
	Panzerung T25E1 (mm/Neigung)	**Panzerung T26E1 (mm/Neigung)**
Fahrerfront	76,2 mm/44°	101,6 mm/44°
Wannenbug	63,5 mm/37°	76,2 mm/37°
Wannenseiten	50,8 mm/90° bzw. 38,1 mm/90°	76,2 mm/90° bzw. 50,8 mm/90°
Wannenheck	38,1 mm/80° bzw. 19,5 mm/28°	50,8 mm/80° bzw. 19,5 mm/28°
Wannenoberseite	22,2 mm/0°	22,2 mm/0°
Wannenunterseite	25,4 mm /0° (vorn); 12,7 mm/0° (hinten)	25,4 mm /0° (vorn); 12,7 mm/0° (hinten)
Turmfront	76,2 mm/90°	101,6 mm/90°
Turmseiten	89 mm/90°	114,3 mm/90°
Turmheck	63,5 mm/82° - 90°	76,2 mm/82° - 90°
Turmdach	63,5 mm/85° - 90°	76,2 mm/85° - 90°
Turmdach	25,4 mm/0°	25,4 mm/0°

tauscht werden. Im Januar und Ende April 1944 wurden dennoch zwei T25 fertiggestellt, von denen einer 37,35 t und der andere sogar 38,2 t auf die Waage brachte. Diese Fahrzeuge kamen nur für Versuchszwecke zum Einsatz.
In etwa zeitgleich, von Januar bis Mai 1944, fertigte das Detroit Tank Arsenal 40 T25E1, die sich nicht nur durch Getriebe und Laufwerk sondern auch durch eine modifizierte Wanne und weitere Details vom T25 unterschieden. Da sich das Interesse der US-Armee mittlerweile jedoch auf den besser geschützten T26 konzentrierte, wurden auch diese 40 T25E1 nur für Versuche genutzt. Das Torsions- oder auch Drehstab-Laufwerk eines T25E1 wurde zudem im T23E3 (siehe dort) verbaut.
Ähnlich wie beim T25 wurde rasch klar, dass die Gewichtsvorgaben auch beim T26 nicht einzuhalten waren, weshalb auch in diesem Falle ein modifiziertes Modell (T26E1) ohne benzin-elektrischen Antrieb, dafür aber mit automatischem Hydramatic-Getriebe und Drehstab-Laufwerk in Auftrag gegeben wurde. Dennoch wurde für die Vergleichserprobung Ende

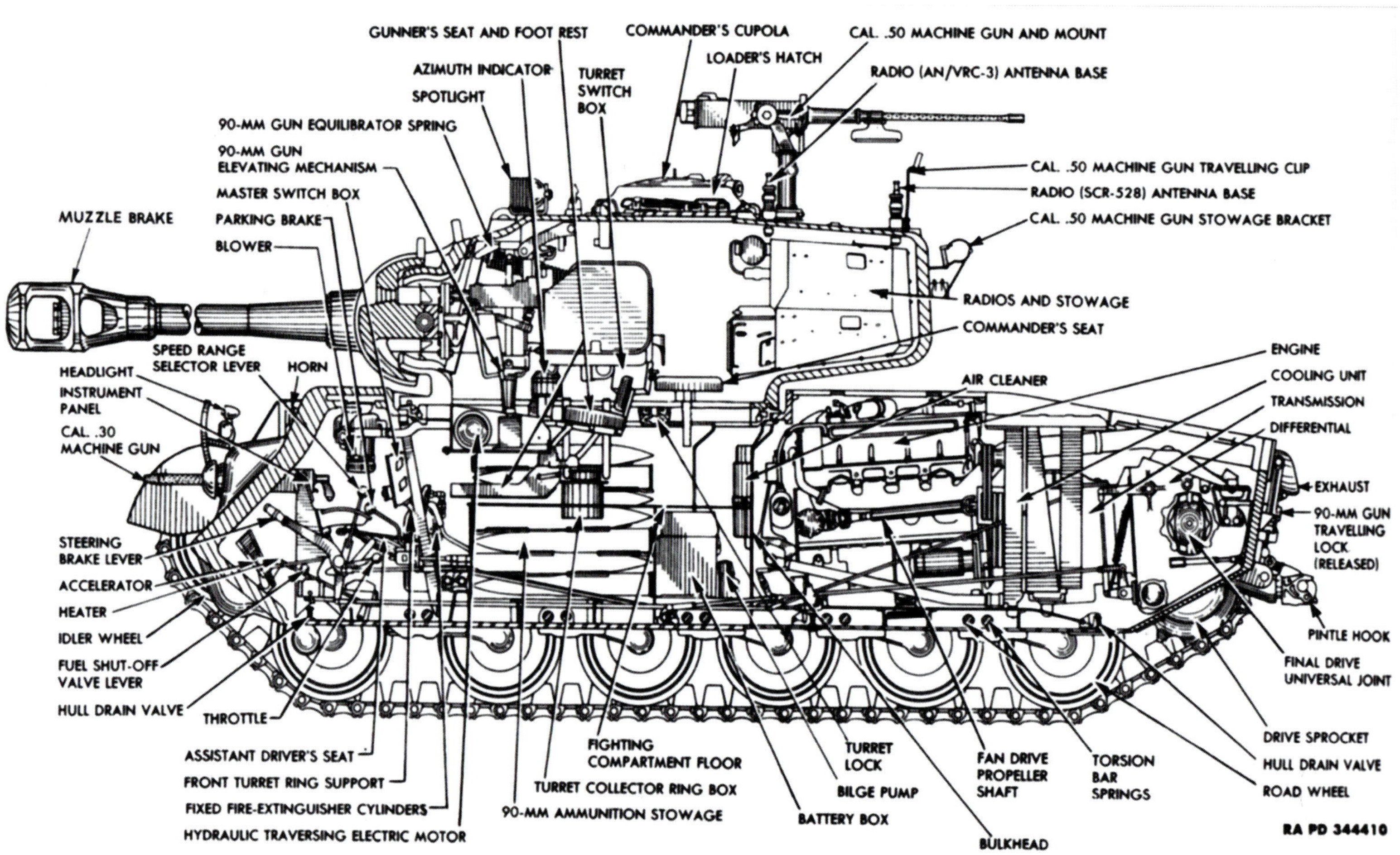

Schnittzeichnung eines M26.

M26 der 3rd Armored Division, Deutschland, Frühjahr 1945. (© Vincent Bouguignon)

Dieser T26E3 gehörte zum 19th Tank Battalion, 9th Tank Division und wurde am 1. März 1945 nahe Ginnick (Gemeinde Vettweiß, Kreis Düren) fotografiert. Im Hintergrund ein M32 Tank Recovery Vehicle, ein Bergepanzer auf Basis des M4.

Oktober 1944 ein den ursprünglichen Spezifikationen entsprechender T26 fertiggestellt.

Die bestellten zehn T26E1 selbst wurden im Zeitraum von Februar bis Juni 1944 im Fisher Tank Arsenal komplettiert und lagen mit gut 40 t sogar noch über dem Gewicht des ursprünglichen T26; sie mussten daher mit breiteren Ketten (61 cm) und einer anderen Getriebeübersetzung versehen werden. Ende Juni 1944 wurde der T26E1 seitens der US-Armee dann als »heavy tank« (schwerer Kampfpanzer) reklassifiziert – nur um im Mai 1946 wieder zum »medium tank« zurückgestuft zu werden.

Bereits im Januar 1944 hatte das Pentagon 250 weitere T26E1 mit einem konventionellen Antrieb geordert, und das Ordnance Department empfahl im August 1944, diesen gut gepanzerten Typ in Großserie zu bauen. Dennoch gab es innerhalb der US Army und der US-Panzertruppe erheblichen Widerstand dagegen. Zum Teil lag dies am vergleichsweise hohen Gewicht des Typs, zum anderen aber auch an der Befürchtung, dass seine leistungsfähige 90-mm-Bewaffnung seine Besatzungen dazu verleiten könnte, Jagd auf gegnerische Panzer zu machen – und dies sollte laut der zu jener Zeit herrschenden Doktrin nur speziellen Jagdpanzern wie dem M10 oder dem M36 vorbehalten bleiben. Dennoch lief im November 1944 die Fertigung der 250 georderten Exemplare an, denen wegen diverser Modifikationen nun die Bezeichnung »T26E3« zugeordnet wurde. Nach intensiven Erprobungen der ersten zehn T26E1 hatten die Konstrukteure nämlich eine Reihe von Veränderungen am ursprünglichen Entwurf vorgenommen. So wurde die Motorkühlung verbessert, das Getriebe modifiziert, die elektrische Anlage und die Luftfilter überarbeitet sowie der Zugang zum Motorraum einfacher gestaltet. Der Turmkorb entfiel, um mehr Munition unterbringen zu können, und die 90-mm-BK M3 erhielt eine Mündungsbremse, um eine allzu große Staubentwicklung nach einem Schuss zu verhindern – die dem Richtschützen andernfalls buchstäblich jede Sicht genommen hätte.

Die Ardennenoffensive Ende 1944 bekräftigte schließlich noch einmal nachdrücklich die Notwendigkeit eines Panzers, der den deutschen Panther- und Tiger-Panzern gewachsen war. Daher wurden im Januar 1945 die ersten 20 T26E3 nach Europa verschifft. Sie bewährten sich bei den Kampfeinheiten bestens, daher wurde der Entwurf im März 1945 offiziell als

Während die ersten T26E3 bzw. M26 bereits in Europa im Kampf standen, gingen die Erprobungen in den USA weiter. Dabei zeigte sich der 500-PS-Ford-Motor war mit dem Gewicht des Panzers überfordert, und auch das Getriebe gelangte an seine Leistungsgrenzen. Man beachte die nicht serienmäßigen Scheinwerfer auf dem Turm. Fort Knox, Winter 1944/45.

»Heavy Tank M26 General Pershing« übernommen und die Serienproduktion im großen Stil aufgenommen. Bis Ende 1945 wurden 2212 T26E3/M26 produziert, von denen jedoch nur noch 310 vor Kriegsende Europa erreichten. Tatsächlich im Gefecht standen sogar nur jene 20 Exemplare, die im Rahmen der »Zebra Mission« bereits im Januar dort angekommen waren. Der Typ erlebte seine Feuertaufe am 26. Februar 1945 in Elsdorf (nahe Bergheim bei Köln), als ein T26E3 der 3rd Armored Division durch einen Tiger abgeschossen wurde. Berühmt wurde der Kampf eines Pershing gegen einen Panther vor dem Kölner Dom am 6.März 1945, der den Panther ausgebrannt zurückließ. Auch im pazifischen Raum fand der M26 Verwendung. Aufgrund der hohen Verluste an M4 Sherman wurden zwölf M26 nach Okinawa verschifft. Als diese dort Anfang August 1945 entladen wurden, waren die Kämpfe bereits beendet. Der M26 wurde von der US-Panzertruppe mit Begeisterung aufgenommen. Doch trotz seines hohen Kampfwerts hatte er wegen seines Gewichts einige Schwächen, allen vor-

Fertigung der T26-Reihe														
(Im März 1945 wurde der T26 offiziell als M26 in die Bewaffnung übernommen)														
Jahr	**Typ**	**Jan**	**Feb**	**Mrz**	**Apr**	**Mai**	**Jun**	**Jul**	**Aug**	**Sep**	**Okt**	**Nov**	**Dez**	**Insgesamt**
1944	T26E1		1	2	3	4	2							10
	T26 E3											10	30	40
	Insgesamt		1	2	3	4	2					10	30	**50**
1945	T26E2							1	36	148				185
	T26E3	70	132	194	269	361	370	277	252	103	134			2162
	T26E5						5	22						27
	Insgesamt	70	132	194	269	361	375	300	288	251	134			**2374**
Insgesamt														**2424**

Medium Tank T26E3	
Typ	Mittlerer Panzerkampfwagen
Hersteller	Fisher Tank Arsenal (GM), Detroit Arsenal (Chrysler)
Gefertigte Stückzahl	2212
Gefechtsgewicht	41.891 kg
Länge	6327 mm (Wanne, mit Kettenblenden), 8649 mm (mit Rohr)
Breite	3513 mm (mit Kettenblenden)
Höhe	2779 mm/2669 mm (Oberseite Kommandantenkuppel)
Motor:	Ford GAF 8-Zylinder-Ottomotor
Leistung kW/PS	368/500
Leistungsgewicht	11,94 PS/t
Höchstgeschwindigkeit	40 km/h (Straße), 18 km/h (Gelände)
Kraftstoffvorrat	693 l
Fahrbereich	160 km (Straße)
Besatzung	5
Bewaffnung	1 x 90-mm-BK M3 L/53, 2 x 7,62-mm-M1919A4-MG, 1 x 12,7-mm-M2HB-Fla-MG
Kampfsatz	70 x 75 mm, 550 x 12,7 mm, 5000 x 7,62 mm
Furttiefe	1,22 m
Panzerung T26E3 (mm/Neigung)	
Fahrerfront	101,6 mm/44°
Wannenbug	76,2 mm/37°
Wannenseiten (vorn/hinten)	76,2 mm/90° bzw. 50,8 mm/90°
Wannenheck (oben/unten)	50,8 mm/80° bzw. 19,5 mm/28°
Wannenoberseite	22,2 mm/0°
Wannenunterseite	25,4 mm /0° (vorn); 12,7 mm/0° (hinten)
Turmfront	101,6 mm/90°
Blende	114,3 mm/90°
Turmseiten	76,2 mm/82° - 90°
Turmheck	76,2 mm/85° - 90°
Turmdach	25,4 mm/0

an den 500-PS-Ford-Motor und das Torqmatic-Getriebe.

Der M26 blieb bis 1953 in US-Diensten und kam erfolgreich im Koreakrieg zum Einsatz. Auch NATO-Staaten wie Belgien, Frankreich und Italien setzten gebrauchte Pershing ein, die Belgier und Italiener verwendeten ihn sogar bis in die 1960er Jahre hinein.

Von der Ausführung T26E4 entstanden insgesamt 27 Panzer. Der erste Prototyp war eine Umrüstung des ersten T26E1, der zweite Prototyp entstand aus einen T26E3-Serienfahrzeug. Alle weiteren 25 T26E4 scheinen ebenfalls Umrüstungen vorhandener T26E3 bzw. M26 gewesen zu sein.

T26E2/M45 Pershing

Analog zum M4 mit 105-mm-Haubitze zur Infanterieunterstützung wurde auch eine entsprechende Version des T26E1 angedacht. Die Konstruktionsarbeiten liefen im Oktober 1944 an. Ein erster Prototyp sollte im April 1945 fertig sein, das absehbare Ende des Krieges in Europa verschob die Präsentation bis in den Juli jenes Jahres. Bis Ende 1945 entstanden im Detroit Tank Arsenal lediglich 185 Exemplare des »T26E2« genannten Panzers. Wegen seines Einsatzprofils, aber auch um das fehlende Gewicht des langen 90-mm-Rohres auszugleichen, waren Turmfront und -seiten des M45 bis zu 127 mm, die Rohrblende sogar 203 mm stark gepanzert. Andererseits war der mittlere »M45« – so hieß der schwere T26E seit 1946 – im Gegensatz zum M26 mit einer einfachen einachsigen Stabilisierungsanlage ausgerüstet. M45 taten sowohl bei der Army als auch beim USMC Dienst und kamen 1950 in Korea zum Einsatz. Bis Mitte 1954 aber waren die letzten M45 bei den US-Streitkräften verschwunden.

Ein M45 des 6th Tank Battalion, 24th Division überquert am 11. September 1950 einen Fluss in Korea.

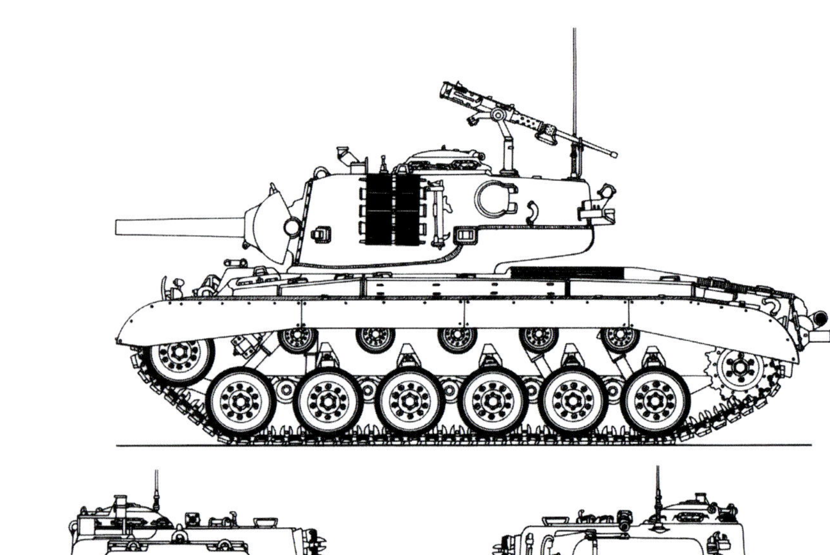

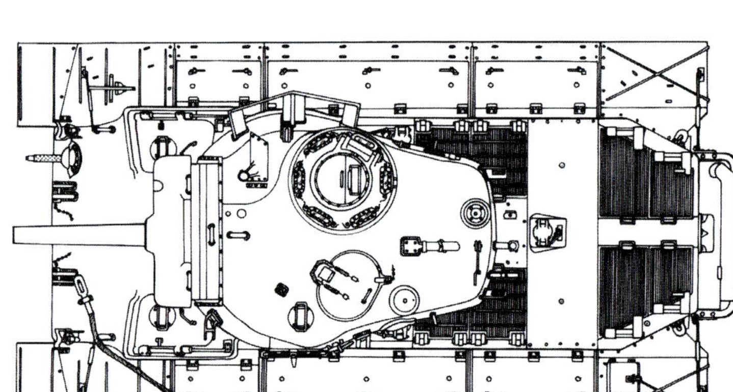

Vier-Seiten-Ansicht T26E2.

Medium Tank T26E2	
Hersteller	Detroit Tank Arsenal (Chrysler)
Gefertigte Stückzahl	185
Gefechtsgewicht	42.184 kg
Länge	6459 mm (Wanne, mit Kettenblenden), 6520 mm (mit Rohr)
Breite	3513 mm
Höhe	2817 mm
Motor:	Ford GAF 8-Zylinder-Ottomotor
Leistung kW/PS	368/500
Leistungsgewicht	11,85 PS/t
Höchstgeschwindigkeit	40 km/h (Straße), 18 km/h (Gelände)
Kraftstoffvorrat	693 l
Fahrbereich	160 km (Straße)
Besatzung	5
Bewaffnung	1 x 105-mm-Haubitze M4 L/22, 1 x 7,62-mm-MG M1919A4 koaxial, 1 x 7,62-mm-MG M1919A4 im Bug, 1 x 12,7-mm-M2HB-Fla-MG
Kampfsatz	74 x 105 mm, 550 x 12,7 mm, 5000 x 7,62 mm
Furttiefe	1,22 m
Panzerung (mm/Neigung)	
Fahrerfront	101,6 mm/44°
Wannenbug	76,2 mm/37°
Wannenseiten (vorn/hinten)	76,2 mm/90° bzw. 50,8 mm/90°
Wannenheck (oben/unten)	50,8 mm/80° bzw. 19,5 mm/28°
Wannenoberseite	22,2 mm/0°
Wannenunterseite	25,4 mm /0° (vorn); 12,7 mm/0° (hinten)
Turmfront	127 mm/90°
Blende	203,2 mm/90°
Turmseiten	76,2 mm – 127 mm/82° - 90°
Turmheck	63,5 mm/85° - 90°
Turmdach	25,4 mm/0

T26E4

Ballistisch entsprach die 90-mm-BK M3 L/53 von T26/M26 weitgehend der 88-mm-KwK 36 L/56 des Tiger I. Mit dem Auftauchen der leistungsfähigeren 88-mm-KwK 43 L/71 des Tiger II und der Pak 43 gleichen Kalibers schien es jedoch sinnvoll, auch den M26 mit einer Waffe dieser Klasse auszurüsten. In den USA wurde daher die 90-mm-Kanone T15 L/73 entwickelt, die in der Lage war, auf 2400 m die Frontpanzerung des Panther zu durchschlagen. Eine als T15E1 bezeichnete Version dieser Waffe wurde auf dem Aberdeen Proving Ground versuchsweise im Prototyp T26E1 installiert, der daraufhin die Bezeichnung »T26E4 temporary pilot number 1« (ungefähr: »vorläufiger/provisorischer Prototyp Nummer 1«) erhielt. Die einteilige Munition der T15 erwies sich jedoch als zu unhandlich für den Ladevorgang im Panzerturm, daher wurde eine zweiteilige Munition (Geschoss und Treibladung wurden getrennt geladen) entwickelt und die entsprechend angepass-

Der T26E2/M45 war mit der 105-mm-Haubitze M4 bewaffnet, die auch bereits im M4 (105) zu finden gewesen war. Der T26E2 kam für den Einsatz im Zweiten Weltkrieg zu spät, wurde jedoch im Koreakrieg verwendet. (© Vincent Bourguignon)

Durch die Installation der 90-mm-BK T15E1 L/73 mutierte der erste Prototyp des T26E1 zum »T26E4 temporary pilot number 1«. Man beachte die Aufschrift am Turm »T26E1-1 als Hinweis auf den ersten Prototypen. Aberdeen Proving Ground, Maryland, 22. Januar 1945.

te Waffe »T15E2« genannt. Die ersten beiden Versuchsfahrzeuge wurden in aller Eile fertiggestellt und wiesen daher eine Reihe von improvisierten Lösungen auf. So machte das lange L/73-Rohr der BK einen neuen Ausgleicher nötig, der bei diesen beiden Panzern der Einfachheit halber jedoch extern auf dem Turmdach angebracht war. Zudem wurde am Turmheck ein großes Gegengewicht angeschweißt und die Rohrwiege angepasst. Der ursprüngliche T26E1 mit der Kanone T15E1 wurde ab dem 12. Januar 1945 auf dem Aberdeen Proving Ground erprobt und anschließend nach Europa gesandt. Der

Der »Super Pershing« bei seinem Einsatz in Deutschland, mit Zusatzpanzerung an Bug und Turmfront. Allerdings fehlt hier noch die Zusatzpanzerung an den vorderen Turmseiten.

zweite – T26E4 – war ein umgebauter T26E3 und verfügte bereits über die Kanone T15E2. Diese fand sich auch in den folgenden 25 Vorserienexemplaren des Panzers, bei denen es sich ebenfalls um umgebaute T26E3 gehandelt haben dürfte. Bei diesen wurde ein neuer hydropneumatischer Ausgleicher im Turm verwendet, sodass die auffälligen, außen angebrachten Federn entfallen konnten. Nach Kriegsende wurde zwar der Auftrag über 1000 Exemplare T26E4 storniert, doch die Suche nach einer leistungsfähigeren M26-Bewaffnung ging weiter. Unter der Bezeichnung »M26E1« wurden von Februar 1947 bis Januar 1949 zwei Panzer mit der 90-mm-BK T54 erprobt. Diese Waffe besaß die ballistischen Eigenschaften der T15, verfügte jedoch über ein neues Rücklaufsystem sowie neue Munition, die im Turm besser zu handhaben war. Obwohl diese Tests sehr erfolgreich verliefen, ließen finanzielle Beschränkungen keine Serienproduktion zu.

Der »T26E4 temporary pilot number 1« kam ab dem 15. März 1945 bei der 3rd Armored Division in Deutschland zur Einsatzerprobung. Damit nicht nur die Bewaffnung, sondern auch

Medium Tank T26E4 (Vorserienfahrzeug)	
Hersteller	Fisher Arsenal (GM)
Gefertigte Stückzahl	27 (2 Prototypen + Vorserienfahrzeuge, offenbar alles Umbauten)
Gefechtsgewicht	43.584 kg
Länge	6327 mm (Wanne, mit Kettenblenden), 10.312 mm (mit Rohr)
Breite	3513 mm (mit Kettenblenden)
Höhe	2779 mm (Oberseite Kommandantenkuppel)
Motor:	Ford GAF 8-Zylinder-Ottomotor
Leistung kW/PS	368/500
Leistungsgewicht	11,47 PS/t
Höchstgeschwindigkeit	40 km/h (Straße), 18 km/h (Gelände)
Kraftstoffvorrat	693 l
Fahrbereich	160 km (Straße)
Besatzung	5
Bewaffnung	1 x 90-mm-BK T15E2 L/73, 1 x 7,62-mm-MG M1919A4 koaxial, 1 x 7,62-mm-MG M1919A4 im Bug, 1 x 12,7-mm-M2HB-Fla-MG
Kampfsatz	54 x 90 mm, 440 x 12,7 mm, 5000 x 7,62 mm
Furttiefe	1,22 m
Panzerung (mm/Neigung)	
Fahrerfront	101,6 mm/44°
Wannenbug	76,2 mm/37°
Wannenseiten (vorn/hinten)	76,2 mm/90° bzw. 50,8 mm/90°
Wannenheck (oben/unten)	50,8 mm/80° bzw. 19,5 mm/28°
Wannenoberseite	22,2 mm/0°
Wannenunterseite	25,4 mm /0° (vorn); 12,7 mm/0° (hinten)
Turmfront	101,6 mm/90°
Blende	114,3 mm/90°
Turmseiten	76,2 mm/82° - 90°
Turmheck	76,2 mm/85° - 90° (+ Gegengewicht)
Turmdach	25,4 mm/0

die Panzerung das Niveau des Tiger II erreichte, hatte man eine 80 mm starke Zusatzpanzerung am Bug – die Frontplatte stammte von einem eroberten Panther – aufgeschweißt, auch die Kanonenblende wurde verstärkt. Später kamen auch noch Zusatzplatten an den vorderen Turmseiten hinzu. In dieser Form erhielt das Fahrzeug den inoffiziellen Namen »Super Pershing«. Obwohl der Panzer vor Kriegsende noch ein bis zwei (je nach Quelle) deutsche Kampffahrzeuge zerstörte, kam es nicht zu dem erhofften Duell mit einem Tiger II, und der »T26E4 temporary pilot number 1« endete auf dem Schrottplatz.

Die Zusatzpanzerung am Bug des »Super Pershing«. Insgesamt dürften die hinzugefügten Panzerplatten das Gewicht des Fahrzeugs um gut 4,5 t erhöht haben – mit erheblichen Folgen für dessen Mobilität.

Der zweite T26E4 am 3. August 1945 auf dem Aberdeen Proving Ground.

Ein Vorserienexemplar des T26E4 bei seiner Erprobung in Fort Knox. Man beachte die Rohrstütze auf dem Heck.

Das überlange Rohr der T15-Kanone führte im Gelände immer wieder dazu, dass das Rohr aufsetzte.

Medium Tank T26E5	
Hersteller	Detroit Arsenal (Chrysler)
Gefertigte Stückzahl	27
Gefechtsgewicht	46.402 kg
Länge	6327 mm (Wanne, mit Kettenblenden), 8649 mm (mit Rohr)
Breite	3513 mm (mit Kettenblenden)
Höhe	2779 mm (Oberseite Kommandantenkuppel)
Motor:	Ford GAF 8-Zylinder-Ottomotor
Leistung kW/PS	368/500
Leistungsgewicht	10,78 PS/t
Höchstgeschwindigkeit	40 km/h (Straße)
Kraftstoffvorrat	693 l
Fahrbereich	130 km (Straße)
Besatzung	5
Bewaffnung	1 x 90-mm-BK M3 L/53, 1 x 7,62-mm-MG M1919A4 koaxial, 1 x 7,62-mm-MG M1919A4 im Bug, 1 x 12,7-mm-M2HB-Fla-MG
Kampfsatz	70 x 90 mm, 550 x 12,7 mm, 5000 x 7,62 mm
Furttiefe	1,22 m
Panzerung (mm/Neigung)	
Fahrerfront	152,4 mm/44°
Wannenbug	101,6 mm/36°
Wannenseiten (vorn/hinten)	76,2 mm/90° bzw. 50,8 mm/90°
Wannenheck (oben/unten)	50,8 mm/80° bzw. 19,5 mm/28°
Wannenoberseite	22,2 mm – 38,1 mm/0°
Wannenunterseite	25,4 mm /0° (vorn); 12,7 mm/0° (hinten)
Turmfront	190,5 mm/90°
Blende	279,4 mm/90°
Turmseiten	89 mm/82° - 90°
Turmheck	127 mm/85° - 90°
Turmdach	25,4 mm/0

T26E5

Der erfolgreiche Einsatz des Sturmpanzers M4A4E2 ließ eine ähnliche Variante des T26 als wünschenswert erscheinen. Der erste Prototyp erhielt die Kennung »T26E5« und wurde ab Juli 1945 auf dem Aberdeen Proving Ground erprobt. Er besaß eine auf 190,5 mm verstärkte Turmfront, während die um 44° geneigte Wannenfront 152,4 mm und die Kanonenblende sogar 279,4 mm stark gepanzert war. Um diesen Gewichtszuwachs an der Front auszugleichen, wurde die Panzerung des Turmhecks auf 127 mm verstärkt. Das auf 46,4 t angestiegene Gewicht machte die Verwendung einer breiteren Kette und einer anderen Getriebeübersetzung nötig, während die schwere Kanonenblende nach einem neuen Ausgleicher an der BK verlangte. Die Beweglichkeit des T26E5 verschlechterte sich damit gegenüber einem M26 kaum, allerdings verkürzte sich die Haltbarkeit insbesondere der Laufwerkskomponenten deutlich. Um Überlastungen und Fahrwerksbrüche zu vermeiden, musste die Geschwindigkeit im Gelände stark reduziert werden. Daher wurden nur 27 Vorserienpanzer gebaut, die die USA nie verließen.

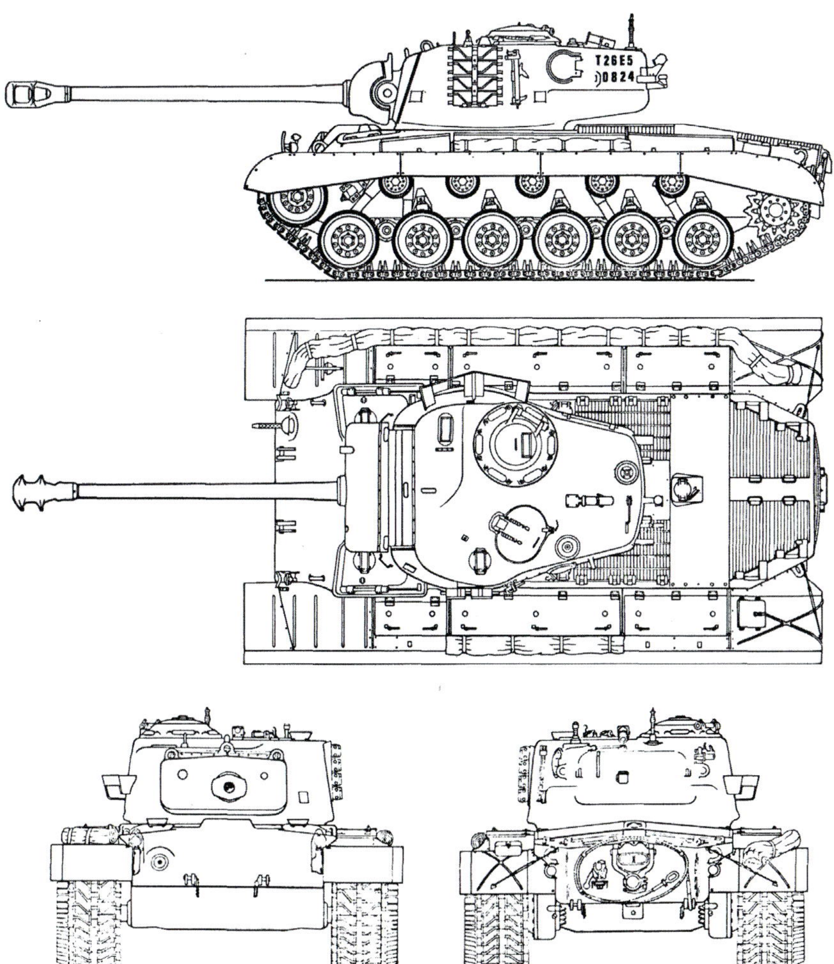

Vier-Seiten-Ansicht eines T26E5. Man beachte die massive und neu geformte Blende. Ähnlich wie bei späten PzKpfw. V Panther ist die untere Hälfte der Blende nicht mehr rund, sondern gerade ausgeführt, um zu verhindern, dass von dort Geschosse ins Wannendach abgelenkt werden.

HVY.TK.T26E5

Der erste T26E5 am 20. Juli 1945 auf dem Aberdeen Proving Ground. Um den Bodendruck zu senken, war der T26E5 mit 127 mm breiten »duckbill grousers« an der Kettenaußenseite versehen, dem amerikanischen Gegenstück zur »Ostkette« der Wehrmacht.

Heavy Tanks

Heavy Tank M6

Unter dem Eindruck der Ereignisse in Europa schlug die Führung der Infanterie (die zu jener Zeit noch für die Panzerwaffe verantwortlich war) am 20. Mai 1940 die Entwicklung eines schweren Kampfpanzers vor. Erste Entwürfe des Ordnance Boards sahen ein Fahrzeug mit zwei Haupttürmen vor, die mit je einer kurzläufigen 75-mm-BK bestückt sein sollten. Hinzu kamen zwei Sekundärtürme mit einer 37-mm-BK beziehungsweise einer 20-mm-MK und je einem koaxialen 7,62-mm-MG. Weitere vier 7,62-mm-MGs in Kugelblenden sollten in der Wanne installiert werden. Bereits im Oktober 1940 wurden diese Pläne jedoch wieder verworfen, jetzt war nur noch ein Drehturm vorgesehen, der mit einer vertikal stabilisierten 76-mm-BK, einer koaxiale 37-mm-BK sowie einem 12,7-mm-MG am Turmheck bestückt sein sollte. Ähnlich wie beim mittleren Panzer M3 war auf der Kommandantenkuppel ein kleiner Drehturm mit einem 7,62-mm-MG vorgesehen. Zwei weitere MGs dieses Kalibers sollten starr im Bug verbaut werden, während der Beifahrer/MG-Schütze zwei beweglich in der Fahrerfront installierte 12,7-mm-MGs bediente. Aufgrund des errechneten Gewichts von über 50 t bestand die größte Schwierigkeit in der Wahl eines passenden Antriebsstrangs. Die Entscheidung fiel zunächst auf einen 825 PS leistenden Flugzeug-Sternmotor und ein automatisches Hydramatic-Getriebe. Kurz darauf wurden jedoch ein benzin-elektrischer Antrieb wie auch ein hydromechanisches Getriebe favorisiert, weshalb schließlich zwei unterschiedliche Prototypen in Auftrag gegeben wurden.

Der »T1E1« hatte einen benzin-elektrischen Antrieb, der »T1E2« ein hydromechanisches Getriebe. Da sich die Entwicklung des T1E1 verzögerte, wurde im August 1941 der T1E2 vor dem ersten E1-Prototyp fertig.

Die Wanne des T1E2 bestand ebenso wie der Turm aus Gussstahl. Der Panzer brachte gut 50 t auf die Waage und offenbarte während seiner Erprobung auf dem Aberdeen Proving Ground eine Reihe von Problemen. Dazu gehörten die mangelhafte innere Auslegung und die schlechte Ergonomie. Daher

Das erste hölzerne Mock-Up des T1 vom Herbst 1940.

Heavy Tank M6/T1E1	
Hersteller	Baldwin Locomotive Works
Gefertigte Stückzahl	43 (M6, M6A1, T1E1)
Gefechtsgewicht	57.379 kg/57.606 kg
Länge	7544 mm (Wanne), 8433 mm (mit Rohr)
Breite	3124 mm
Höhe	2997 mm (Oberkante Turm)
Motor:	Wright G-200 Model 781C9GC1 9-Zyl. Sternmotor
Leistung kW/PS	699/950
Leistungsgewicht	16,56 PS/t bzw. 16,49 PS/t
Höchstgeschwindigkeit	35 km/h (Straße)
Kraftstoffvorrat	1806 l
Fahrbereich	160 km (Straße)
Besatzung	5
Bewaffnung	1 x 76,2-mm-BK M7 L/50, 1 x 37-mm-BK M6 L/56 koaxial, 1 x 7,62-mm-MG M1919A4 und 2 x 12,7-mm-M2HB-MG im Bug, 1 x 7,62-mm-Fla-MG M1919A4
Kampfsatz	75 x 76,2 mm, 202 x 37 mm, 6900 x 12,7 mm, 5500 x 7,62 mm
Furttiefe	1,22 m
Panzerung (mm/Neigung)	
Fahrerfront	82,55 mm/60°
Wannenbug	69,9 mm – 101,6 mm/30° - 90°
Wannenseiten (oben/unten)	44,45 mm/70° bzw. 69,9 mm/90°
Wannenheck	41,4 mm/63
Wannenoberseite	25,4 mm/0°
Wannenunterseite	25,4 mm /0°
Turmfront	82,55 mm/83°
Blende	101,6 mm/90°
Turmseiten	82,55 mm/90°
Turmheck	82,55 mm/90°
Turmdach	25,4 mm/0

Der erste Prototyp T1E2 am 19. September 1941 auf dem Gelände der Baldwin Locomotive Works. Man beachte die MG-Kuppel für den Kommandanten sowie die Abgasanlage mit dem großen Schalldämpfer am Wannenheck.

war es der Besatzung zum Teil nur unter Mühen möglich, den Panzer und seine Waffen zu bedienen. Zudem war die Belüftung des Kampfraums mangelhaft, die Zieleinrichtungen entsprachen nicht den Vorgaben, und einige wartungsintensive Komponenten waren nicht oder nur unter erheblichen Schwierigkeiten zugänglich. Hinzu kamen erhebliche Getriebeprobleme. Da sich die USA mittlerweile im Krieg befanden, sollte der T1E2 trotz dieser zahlreichen und ernsten Mängel als »M6« in

Das Fahrwerk des T1 verfügte wie die anderen zeitgenössischen US-Panzer M3 und M4 über vertikale Kegelstumpffedern (VVSS-Aufhängung).

Serie gehen. Um eine rasche und reibungslose Produktion der geplanten Zahl von Panzern (bis zu 5000 Exemplare) zu gewährleisten, sollten zusätzlich eine Version mit geschweißter Wanne (»T1E3«) sowie eine Variante »T1E4« mit vier gekoppelte GM-6-71-Dieseln und zwei automatischen Hydramatic-Getrieben entstehen, doch keine dieser Varianten verließ das Reißbrett. Im April 1942 wurden der T1E2 als »M6« und der T1E3 als »M6A1« standardisiert und Mittel für den Bau von 1084 Panzern zur Verfügung gestellt. Diese Zahl reduzierte sich kurz darauf auf 115 Exemplare, da die Panzertruppe keine Notwendigkeit für einen schweren Panzer allgemein und schon gar nicht für diesen Typ sah. Später kamen weitere 115

Der Wright G-200, ein Neunzylinder-Sternmotor, trieb alle Ausführungen der M6-Reihe an. Als Panzermotor leistete er 950 PS und basierte auf dem Wright R-1820 Cyclone. Dieser wiederum war als Flugzeugmotor unter anderem in der Douglas DC-3 und der Boeing B-17 zu finden, dort aber mit weitaus höherer Leistung. Für den Einsatz in einem Panzer fehlte ein passendes Getriebe, weshalb für die T1- bzw. M6-Reihe völlig neue Wege beschritten werden mussten.

Der T1E2, der spätere M6, ging zuerst in Serienproduktion. Hier ist die MG-Kuppel noch vorhanden. Aberdeen Proving Ground, 28. Februar 1942.

Heckansicht des T1E2. Im Laufe der Entwicklung wurde die Abgasanlage modifiziert und ein 12,7-mm-MG am Turmheck installiert. Aberdeen Proving Ground, 28. Februar 1942.

T1E1 hinzu, sodass die Planung den Bau von 115 M6 und M6A1 sowie 115 T1E1 (geplante Bezeichnung »M6A2«) vorsah. Die M6 und M6A1 waren dabei als Waffenhilfe für Großbritannien und die T1E1 für die U.S. Army gedacht.

Die Serienexemplare unterschieden sich in einigen Punkten vom Prototyp. Unter anderem fielen das MG am Turmheck sowie ein starres MG im Bug weg, während den MG-Turm des Kommandanten eine zweiteilige Luke im M4-Stil ersetzte. Die Serienfertigung von M6 und M6A1 lief Ende 1942 an, Baldwin komplettierte den ersten M6 im Dezember. Das Fisher Tank Arsenal baute nur einen M6A1, dann wurde der Auftrag storniert. Die US-Armee war nämlich mittlerweile zu der Überzeugung gekommen, den Panzer nicht mehr zu benötigen. Denn zu den noch immer nicht behobenen Problemen des Prototypen kamen nun logistische hinzu: Das hohe Gewicht des Typs erschwerte seine Verschiffung nach Übersee. Die Fertigung wurde daher nach nur acht M6 und dreizehn M6A1 bereits wieder beendet, die (bis auf einen M6A1) sämtlich bei Baldwin entstanden waren. Da die Army jedoch sehr an der Erprobung des benzin-elektrischen Antriebs interessiert war, fertigte Baldwin weitere 20 T1E1, deren letzter erst im Februar 1944 ausgeliefert wurde. Die ursprünglich geplante Standardisierung des T1E1 als »M6A2« erfolgte nicht mehr, diese Bezeichnung blieb stets inoffiziell, taucht aber in einigen Dokumenten auf. Inklusive der beiden Prototypen hat es daher lediglich 43 Fahrzeuge dieser Reihe gegeben.

Die Tests gingen dennoch weiter, Serienpanzer wurden in der ersten Jahreshälfte 1943 auf dem Aberdeen Proving Ground erprobt. Nach wie vor überzeugten sie nicht, auch weil die 76,2-mm-BK mittlerweile als zu leicht für einen schweren Panzer galt. Außerdem hielt man die koaxiale 37-mm-BK für wirkungslos. Zu Testzwecken erhielt der erste T1E1 im Frühjahr

Ein M6-Serienfahrzeug während der Erprobung in Fort Knox. Hier fehlen sowohl die MG-Kuppel als auch das MG am Turmheck. Stattdessen ist auf dem Turm ein 12,7-mm-Fla-MG zu sehen.

1

2

Abb. 1,2 und 3: Der T1E3 oder M6A1 entsprach bis auf die geschweißte Wanne dem M6. Entgegen der üblichen Gepflogenheiten der U.S. Army befand sich beim M6 der Kommandant nicht rechts, sondern links im Turm. Hier abgebildet ist der einzige im Fisher Tank Arsenal gebaute M6A1. General Motors Proving Ground, Michigan, 22. Januar 1943.

3

Dieser T1E1 wurde unbewaffnet dem APG überstellt, da die Erprobung des benzin-elektrischen Antriebs im Vordergrund stand. Gewichte auf der Wannenoberseite sowie auf dem Turm simulierten den Aufbau, das errechnete Gesamtgewicht lag bei 56.245 kg (62 tons). Aberdeen Proving Ground, 30. Mai 1942.

Der erste T1E1 wurde zu Versuchszwecken mit einer 90-mm-BK ausgerüstet und ist hier am 17. März 1943 auf dem Aberdeen Proving Ground, Maryland, zu sehen.

1

1944 erhielten zwei T1E1 den Turm des schweren Panzers T29 und eine 105-mm-BK, ihre Bezeichnung lautete dann »M6A2E1«. Gut zu sehen sind die Staukisten am Heck, sie waren typisch für die Serienpanzer des Modells T1E1 bzw. M6A2. Aberdeen Proving Ground, 7. Juni 1945.

2

3

4

1943 daher die 90-mm-BK T7. Obwohl Schießversuche erfolgreich verliefen, wurde auf die Umrüstung der restlichen Fahrzeuge verzichtet.
Erst im August 1944 sah die U.S. Army die Notwendigkeit, mit einem schwer gepanzerten Fahrzeug und extrem leistungsfähiger Kanone gegen schwere deutsche Panzer und Befestigungsanlagen anzutreten. Nach den Planungen sollte 15 T1E1 mit zusätzlicher Panzerung, einem neuen Turm sowie der neu konstruierten 105-mm-BK T5E1 versehen werden. Die restlichen fünf T1E1 waren als Ersatzteilspender vorgesehen. Diese als »M6A2E1« bezeichneten Panzer sollten bis November 1944 zur Verfügung stehen. Da der Oberbefehlshaber der US-Truppen in Europa, General Dwight D. Eisenhower, den Einsatzwert dieses inzwischen fast 70 t schweren Panzers stark anzweifelte und sich persönlich dagegen aussprach, wurde dieser Plan nicht verwirklicht. Zur Erprobung des Turms und der 105-mm-BK entstanden dennoch zwei M6A2E1, allerdings ohne die vorgesehene Zusatzpanzerung. Mitte Dezember 1944 galt die M6-Serie schließlich endgültig als veraltet.

Assault Tank T14

Anfang 1942 verständigten sich die USA und Großbritannien auf die Entwicklung eines gemeinsamen schweren Panzers zur Infanterieunterstützung. Obwohl die Amerikaner keinen Bedarf an einem solchen Fahrzeug sahen, sollten sie zwei Prototypen auf Basis des M4 entwickeln und bauen, während Großbritannien für seine beiden Prototypen den A27 Cromwell (den späteren A33 Excelsior) nutzen wollte. Einer der beiden Prototypen sollte dann dem jeweils anderen Partner zur Verfügung gestellt werden, damit die beiden konkurrierenden Entwürfe direkt miteinander verglichen werden konnten. Am 30. März 1942 definierten die USA ihre Spezifikationen für den Entwurf und gaben dem Projekt im Mai jenes Jahres den offiziellen Namen »T14«.

Nach Begutachtung eines vom Aberdeen Proving Ground gebauten hölzernen Mock-Ups baute die American Locomotive Company zwei Prototypen, der erste wurde im Juni 1943 fertig, der zweite folgte einen Monat später. Der T14 nutzte den leicht modifizierten 500-PS-Ford-GAZ; das Getriebe sowie die Bewaffnung (75-mm-BK M3 mit koaxialem 7,62-mm-MG und ein 7,62-mm-MG in Kugelblende im Bug) stammten vom M4A3 und Ketten samt Laufwerk im Grundsatz vom schweren Panzer M6. Zugleich wurden Vorkehrungen getroffen, eine britische 57-mm-BK (6-Pfünder), eine 76,2-mm-BK oder eine 105-mm-Haubitze aus US-Produktion installieren zu können.

Um den Schutzeffekt zu erhöhen, war die Panzerung so weit wie möglich schräg gestellt. Die Front der geschweißten Wanne war bei einer Neigung von 30° 50,8 mm stark, die 60° geneigten oberen Seitenwände wiesen eine ebenso starke Panzerung auf. Der gegossene Turm hatte eine Frontneigung von 60° und eine Stärke von 76,2 mm. Die senkrechten Turmseitenwände erreichten eine Stärke von 101,6 mm. Laufwerk und untere Wannenseiten wurden zusätzlich durch klappbare, weit herunterreichende Schürzen aus 12,7-mm-Panzerstahl geschützt.

Die Erprobung des T14 offenbarte eine Reihe mechanischer Probleme, unter anderen an Fahrwerk und Ketten. Im Jahre 1944 in Großbritannien mit dem T14 durchgeführte Tests kamen zu einem ähnlichen Ergebnis. Da die US-Armee ohnehin nur geringes Interesse an diesem Fahrzeug hatte und die Briten zu jener Zeit mit dem Churchill bereits über einen vergleichbaren Panzer verfügten, wurde das Test- und Entwicklungsprogramm in aller Stille eingestellt und Ende 1944 auch offiziell beendet.

Assault Tank T14	
Hersteller	American Locomotive Company
Gefertigte Stückzahl	2 Prototypen
Gefechtsgewicht	42.606 kg
Länge	6120 mm (Wanne, mit Kettenblenden)
Breite	3083 mm (mit Kettenblenden)
Höhe	2769 mm (Oberseite Kommandantenkuppel)
Motor:	Ford GAZ 8-Zylinder-Ottomotor
Leistung kW/PS	382,5/520
Leistungsgewicht	11,74 PS/t
Höchstgeschwindigkeit	35 km/h (Straße)
Kraftstoffvorrat	750 l
Fahrbereich	160 km (Straße)
Besatzung	5
Bewaffnung	1 x 75-mm-BK M3 L/37, 2 x 7,62-mm-M1919A4-MG, 1 x 12,7-mm-Fla-MG M2HB
Kampfsatz	k.A
Furttiefe	0,91 m
Panzerung (mm/Neigung)	
Wannenfront	50,8 mm/30°
Wannenbug	101,6 mm/k.A
Wannenseite (oben/unten)	50,8 mm/60° bzw. 63,5 mm/90° + 12,7 mm /90°
Wannenheck (oben/unten)	50,8 mm/k.A
Wannenoberseite	25,4 mm/0°
Wannenunterseite	25,4 mm/0° (vorn); 12,7 mm/0° (hinten)
Turmfront	76,2 mm/60°
Blende	k.A
Turmseiten	101,6 mm/90°
Turmheck	101,6 mm/90°
Turmdach	25,4 mm/k.A

Der erste Prototyp des Sturmpanzers T14 während seiner Erprobung auf dem Aberdeen Proving Ground am 2. August 1943.

Bei der Erprobung des T14 in Aberdeen und Fort Knox zeigte sich, dass das Laufwerk nicht ausgereift und überlastet war. Aberdeen Proving Ground, 2. August 1943.

Der T14 war mit dem V8-Benzinmotor Ford GAZ ausgerüstet, einer etwas stärkeren Version des GAA aus dem M4A3. Die Konstrukteure hatten jedoch Vorkehrungen getroffen, dass später auch die V12-Ausführung hätte verbaut werden können.

Werksaufnahmen des ersten T14 auf dem Gelände von ALCO im Sommer 1943 vor der Auslieferung zum Aberdeen Proving Ground.

Anhang

Literaturverzeichnis

Armored Ground Forces Board, Development of Armored Vehicles Volume I Tanks, 1947
Chamberlain, Peter and Ellis, Chris, British and American Tanks of World War Two, Cassel 1969
Crismon, Fred W., U.S. Military Tracked Vehicles, Motorbooks 1992
Gillie, M.H., Forging the Thunderbolt, History of the U.S. Army´s Armored Forces 1917 – 45, The Military Service Publishing Company 1947
Hunnicutt, R.P., Firepower – A History of the American Heavy Tank, Presidio 1988
Hunnicutt, R.P., Pershing – A History of the Medium Tank Series T20, Presidio 1996
Hunnicutt, R.P., Sherman – A History of the AmericanMedium Tank, Presidio 1977
Hunnicutt, R.P., Stuart – A History of the American Light Tank, Presidio 1992
Icks, Robert J.; Jones, Ralph E. and Rarey, George H., The Fighting Tanks from 1916 to 1933, WE Publishing 1966
Ogorkiewicz, Richard, Tanks – 100 Years Of Evolution, Osprey Publishing 2015
Zaloga, Steven J., Early US Armor, Osprey Publishing 2017
Zaloga, Steven J., M24 Light Tank Tank 1943 – 85, Osprey Publishing 2003
Zaloga, Steven J., M26/M46 Pershing, Osprey Publishing 2000
Zaloga, Steven J., M3 & M5 Stuart Light Tank 1940 - 45, Osprey Publishing 1999
Zaloga, Steven J., M3 Lee/Grant Medium Tank 1941 – 45, Osprey Publishing 2005
Zaloga, Steven J., M4 (76mm) Sherman Medium Tank 1943 – 65, Osprey Publishing 2003
Zaloga, Steven J., Sherman Medium Tank 1942 – 45, Osprey Publishing 1993
Zaloga, Steven J., US Flamethrower Tanks of World War II, Osprey Publishing 2013
Zaloga, Steven J., US Marine Corps Tanks of World War II, Osprey Publishing 2012

WEITERE INTERESSANTE BÜCHER ZUM THEMA

Erfolgsautor Alexander Lüdeke erklärt und beschreibt in diesem Band neben den Panzertypen – vom Spähpanzer bis zum Königstiger – auch Hintergründe, Strukturen und Einsatzgrundsätze.
256 Seiten, 300 Abb.,
Format 230 x 265 mm
ISBN 978-3-613-04182-0
€ 39,90 / € (A) 41,10

Alexander Lüdeke präsentiert in diesem Standardwerk die schweren Panzer der Sowjets, die von 1939 bis 1945 gebaut wurden, mit allen technischen Daten, Fakten und Details.
240 Seiten, 286 Abb.,
Format 230 x 265 mm
ISBN 978-3-613-04451-7
€ 34,90 / € (A) 35,90

Der Kampfpanzer M4 Sherman war der berühmteste, vielseitigste und am meisten gebaute US-Panzer. Dieser Band erzählt dessen Entwicklungs- und Einsatzgeschichte und erklärt alle wichtigen Ausführungen.
160 Seiten, 253 Abb.,
Format 230 x 265 mm
ISBN 978-3-613-04058-8
€ 29,90 / € (A) 30,80

In Zeiten der deutschen Luftangriffe auf England löste der Sturmpanzer Churchill ab 1941 seinen Vorgänger Matilda II ab. Dieses Buch bietet dem Leser einen umfassenden Überblick zum »Churchill« und allen Varianten.
160 Seiten, 180 Abb.,
Format 230 x 265 mm
ISBN 978-3-613-04118-9
€ 34,90 / € (A) 35,90

Leseproben zu allen Titeln auf unserer Internetseite